北大の化学
15カ年［第2版］

岩浅泰至 編著

教学社

はしがき

本書は，北海道大学の前期日程の化学の入試問題について，2022 年度から 2008 年度の 15 カ年の問題を「物質の構造・状態」，「物質の変化」，「無機物質」，「有機化合物」，「高分子化合物」に分類し，年度順に並べ，難易度をつけたものである。

北海道大学の化学は，思考力を必要とする問題が多く，特に最近の話題を取り入れたリード文からの思考問題が増加し，難化傾向が続いている。本格的な計算問題が多く，描図問題も出題されている。それらの問題に対処するには，基礎学力をつけたうえで入試問題にあたり，思考力・応用力を磨くしか方法はない。

過去の入試問題を通して，出題形式，求められている能力や難易度の推移，各分野が入試問題に占める割合の変遷などを知ることができる。入試問題を分析することで，試験時間の配分，問題を解答する順序など実際の試験での対策を立てることもできる。

北海道大学が求めている能力は，入試問題からもわかるように論理的思考力である。問題文中に説明された内容を的確に理解し，これまでに身につけた基礎学力を適用し，筋道立てて考えながら課題を解決していく能力が必要である。

北海道大学の基本理念は「フロンティア精神」，「国際性の涵養」，「全人教育」および「実学の重視」である。アドミッション・ポリシーでは，歴史と伝統を継承しながら広く世界に優秀な人材を求め，学士課程教育を受けるにふさわしい学力，すなわち基礎知識・基礎技能・数理能力・語学力・理解力・読解力を備えた学生，また，大学入学以降の学びで必要な問題解決能力・創造力・倫理性・思考の柔軟性・コミュニケーション能力・論理的思考力・リーダーシップ，人間性や学ぶ意欲などを備えた学生を，多様な選抜制度により受け入れていると示されている。

20 年後には職業も一変するといわれている，激動の世の中である。将来を見据えて自らの道を選び，受験勉強を通して大きく成長してほしい。受験生の皆さんが，本書を活用して見事合格を勝ち取り，北海道大学という恵まれた環境の中で未来を切り開いていくことを願っている。

月並みだが，クラーク博士の言葉を贈ろう。

「少年よ　大志を抱け」

岩浅 泰至

目次

【お断り】

学習指導要領の変更により，問題に現在使われていない表現がみられることがありますが，出題時のまま収載しています。解答・解説につきましても，出題時の教科書の内容に沿ったものとなっています。

なお，本書に掲載されている入試問題の解答・解説は，出題校が公表したものではありません。

本書の活用法

①　北海道大学の問題の特徴

北海道大学の化学は，出題数は大問３題で，各大問が独立した２つの問題に分かれていることがほとんどである。第１問は理論化学で，特に物質の構造・状態，熱化学，反応速度，化学平衡，酸・塩基，電池・電気分解などが頻出である。第２問は無機化学と理論化学の融合問題，第３問は有機化学で，Ⅰは有機化合物，Ⅱは高分子化合物からよく出題されている。また，問題のリード文は十数行になることも多く，文章を素早く正確に読み取る能力が必要になる。さらに，計算問題は答えのみを求められるが，問題量も多く，正確な計算力を身につけておくことが重要である。

②　基礎力を充実させる

まず，教科書をしっかりと読み込んで基礎力を身につけよう。教科書や参考書などの各分野の重要事項や基本概念を理解し，そこに出ている問題を実際に解くことにより，内容を定着させよう。

③　本書の問題を解いてみる

本書は，2022～2008 年度の 15 カ年分の前期日程の問題を「第１章　物質の構造・状態」，「第２章　物質の変化」，「第３章　無機物質」，「第４章　有機化合物」，「第５章　高分子化合物」の大きく５分野に分類し，年度順に並べたものである。難易度は，Ａが「やや易しい」，Ｂが「標準」，Ｃが「やや難しい」である。Ａの目安は「教科書の基本内容を理解していれば，十分解答できる問題」，Ｂの目安は「問題文を的確に理解しなければならず，解答するには少し思考力や応用力を要する問題」，Ｃの目安は「問題を１つ１つ論理的に考察する必要があり，解答するには時間と計算力を要する問題」である。

学習した分野の問題を，ポイントを参考にして実際に解いてみよう。過去問を解くことにより，各分野においてどういった内容が問われているか，どのようなレベルまで要求されているか，傾向がわかってくると思う。できなかった問題は，解説をよく読み，なぜできなかったのか原因を探ろう。

答えを導くためには，化学の基本的な考え方や解法を定着させる必要がある。そのためには，もう一度教科書に戻り，基本事項や内容を繰り返し徹底的に学習しよう。

④　時間配分に注意しよう

試験時間は，2016 年度までは２科目 120 分であったが，2017 年度以降は２科目 150 分となっている。年度別に全問を時間を計って解くなど工夫してみよう。時間配分を考慮することが大切になる。計算なども手抜きせず，筆算で確実に解いていくことにより，正確な計算力が身につくだろう。

北大の化学　傾向と対策

第1章　物質の構造・状態

番号	難易度	内　　容	年度	大問	中問
1	B	電子式，水素結合	2022	1	Ⅰ
2	B	ヘンリーの法則，浸透圧，溶液の性質	2022	1	Ⅱ
3	A	非金属元素の単体，結晶格子	2021	2	Ⅰ
4	B	原子構造，化学結合	2020	1	Ⅰ
5	C	気体，浸透圧	2020	1	Ⅱ
6	B	凝固点降下	2020	2	Ⅰ
7	C	電子配置，水の生成反応	2019	1	Ⅰ
8	B	水の状態変化	2018	1	Ⅰ
9	B	金属結晶の構造	2018	2	Ⅰ
10	B	炭酸ナトリウムの製法，イオン結晶の構造	2018	2	Ⅱ
11	B	混合気体の圧力，飽和蒸気圧	2016	1	Ⅱ
12	A	炭素の同素体	2016	2	Ⅱ
13	A	コロイド溶液の性質，浸透圧	2015	2	Ⅱ
14	A	炭素とケイ素の化合物	2014	1	Ⅰ
15	A	鉄の製法と鉄の化合物の反応，結晶格子	2014	1	Ⅱ
16	B	原子と分子の構造，気体分子の数，銅の原子量	2012	1	Ⅰ
17	B	酢酸溶液の凝固点降下，会合，電離平衡	2011	1	Ⅰ
18	A	実在気体と理想気体，分子の極性と立体構造	2010	1	Ⅰ
19	B	結晶格子，濃度，イオンの確認	2009	2	Ⅰ
20	B	液体混合物の蒸留，分圧	2008	1	Ⅱ
21	A	コロイド	2008	2	Ⅱ

傾向

第1章の内容は「物質の構成と化学結合」,「物質量と化学反応式」,「物質の状態変化」,「気体の性質」,「溶液の性質」,「固体の構造」である。解答形式は，記述・計算・選択問題が中心である。選択問題では，語句や数値を選ぶもののほか，正文（誤文）を選ぶものや，正しいグラフを選択するものも出題されることがある。例年，基本的な問題が出題されているが，2016 年度以降，図を読み取る問題が目立ち，グラフを描く問題も出題されている。さらに 2017 年度以降は試験時間が 2 科目 120 分から 150 分になるとともに問題量や計算量も多くなり，難化傾向がみられる。2020 年度[1] I ではニホニウムの核融合や双極子モーメントなど新しい内容も出題されている。

「物質量と化学反応式」の分野では，ほかの分野と絡めた化学反応の量的関係などの計算問題が出題されている。「物質の状態変化」の分野では，状態図から状態の変化や飽和蒸気圧の問題が出題されている。「気体の性質」の分野では，気体の状態方程式を用いた計算問題や分圧に関する問題が頻出である。「溶液の性質」の分野では，浸透圧や凝固点降下の問題が頻出である。コロイド溶液の性質も押さえておこう。「固体の構造」の分野では，金属結晶の構造に関する問題や単位格子の図から読み取る問題が出題されている。

対策

読解力や思考力を要する問題が出題されているが，まずは教科書に記載のある事項を学習し，基本的な問題の演習を行おう。1つ1つの化学用語・法則・化学的概念の中身をよく理解し，化学に特有なものの見方・考え方に習熟しておきたい。基礎固めから思考力の養成を目指すには，過去問に向きあい，自分で解いてみて，慣れることが一番である。

「物質量と化学反応式」の分野では，教科書で扱われている重要な反応はすべて化学反応式で書けるようにしておこう。

「物質の状態変化」の分野では，物質の三態変化について，状態図や温度とエネルギーの関係を表すグラフなどを自然現象などと関連づけて理解することが必要である。常々「なぜ？」と疑問をもち，普段から考える習慣を身につけ，思考力を養うことも大切である。

「気体の性質」の分野では，圧力と体積，温度と体積の関係，実在気体の圧力や温度に関するグラフを十分に理解しよう。また，混合気体の分圧や蒸気圧の計算問題を，気体の状態方程式やモル分率を用いて解けるように練習しよう。

「溶液の性質」の分野では，溶解度曲線や蒸気圧降下と沸点上昇，冷却曲線のグラフを十分に理解しよう。固体の溶解度や気体の溶解度，浸透圧の計算問題やコロイドの問題の演習もしておこう。

「固体の構造」の分野では，金属結晶の構造やイオン結晶の構造，ダイヤモンドと黒鉛の図を十分に理解しよう。また，単位格子に含まれる粒子数，充填率，結晶の密度計算に注意し，それらに関する演習問題を行おう。

第2章 物質の変化

番号	難易度	内容	年度	大問	中問
22	B	熱化学，格子エネルギー	2021	1	I
23	C	反応速度，化学平衡	2021	1	II
24	B	濃度平衡定数と圧平衡定数	2019	1	II
25	C	リチウムイオン電池	2019	2	II
26	B	弱酸の電離，二段中和	2018	1	II
27	C	電気陰性度，結合エネルギー，反応熱	2017	1	I
28	B	圧平衡定数	2017	1	II
29	B	電気分解，状態変化	2017	2	II
30	B	反応速度，半減期	2016	1	I
31	B	水の電気分解，電気分解の法則	2015	1	
32	B	弱酸の電離平衡と緩衝溶液の pH	2014	2	1
33	A	窒素の酸化物の反応，反応速度	2014	2	II
34	B	プロパンの燃焼と熱化学	2013	1	I
35	A	弱酸の電離平衡，pH，電離定数	2013	1	II
36	B	混合気体，気体反応の平衡定数	2012	1	II
37	C	銅の電解精錬	2012	2	II
38	B	結合エネルギー	2011	1	II
39	B	反応速度，化学平衡	2011	2	II
40	B	反応速度	2010	1	II
41	B	溶存酸素量の測定	2010	2	II
42	C	溶解度，水酸化カルシウムの反応	2009	1	
43	B	沈殿滴定	2009	2	II
44	A	中和滴定，電離平衡，pH	2008	1	I
45	B	アンモニアの合成，結合エネルギーと反応熱，平衡移動	2008	2	1

傾向

第2章の内容は「化学反応と熱・光」，「化学反応の速さと平衡」，「酸と塩基」，「酸化還元反応」である。解答形式は，記述・計算・選択問題が中心である。選択問題は，語句や数値を選ぶもののほか，正文（誤文）を選ぶものや，正しいグラフを選択するものも出題されている。また，2021 年度1 I・2019 年度2 II では論述問題が，2017

年度2Ⅱ・2016年度1Ⅰ・2008年度2Ⅰではグラフを描く問題が出題された。

「化学反応と熱・光」の分野では，ヘスの法則を用いた反応熱（2021年度1Ⅰ，2013年度1Ⅰ）や結合エネルギーの計算問題（2017年度1Ⅰ，2011年度1Ⅱ）が頻出である。「化学反応の速さと平衡」の分野では，見かけ上の生成速度を求める問題（2021年度1Ⅱ），反応速度式から半減期を求める問題（2016年度1Ⅰ），反応速度と化学平衡に関する問題（2011年度2Ⅱ）が出題されている。また，濃度平衡定数や圧平衡定数に関する問題（2019年度1Ⅱ，2017年度1Ⅱ）は頻出である。「酸と塩基」の分野では，弱酸の電離平衡（2014年度2Ⅰ，2013年度1Ⅱ）や二段中和に関する問題（2018年度1Ⅱ）が出題された。「酸化還元反応」の分野では，リチウムイオン電池に関する問題（2019年度2Ⅱ）が出題された。また，電気分解に関する計算問題（2017年度2Ⅱ，2015年度1，2012年度2Ⅱ）は頻出である。

対策

この章は熱化学，反応速度，化学平衡，酸・塩基，酸化・還元，電池・電気分解など主要分野からなる。問題文の読解力を試す問題や思考力を要する問題が出題されているが，計算問題のウエートが大きいので，基礎固めから思考力の養成に向けて，幅広く練習問題に取り組んでおきたい。計算結果のみを答える形式となっているので，正確な計算力を身につけておくことが重要である。また，実験に関する問題やグラフを使った問題もよく取り上げられている。教科書に出ている実験やデータの図表化の仕方，グラフの読み取りなどには，日頃から注意して慣れておく必要がある。

「化学反応と熱・光」の分野では，反応熱を熱化学方程式を利用しヘスの法則を用いて求める方法とエネルギー図を用いて求める方法の，どちらにも慣れておこう。特に，結合エネルギー，格子エネルギーなどに関する問題は，エネルギー図を用いて考えるようにしたい。

「化学反応の速さと平衡」の分野では，反応速度と濃度の関係や反応速度定数の求め方について押さえておこう。触媒のはたらきと活性化エネルギーの関係，濃度平衡定数と圧平衡定数の関係，電離定数と加水分解定数の関係なども，しっかりと理解しよう。計算も複雑になるので，計算力をつけるためにも多くの問題演習を行いたい。

「酸と塩基」の分野では，弱酸や弱塩基の電離定数と電離度の関係や，中和滴定を利用した炭酸ナトリウムの二段階滴定，逆滴定，緩衝溶液のpH，難溶性塩の溶解度積などに関する問題の演習を十分に行おう。

「酸化還元反応」の分野では，基本的な電池の原理を整理して完全にマスターしておこう。リチウムイオン電池や燃料電池に関することも話題になりやすい。日頃から新しい電池のニュースに接したら興味をもつことも大切である。電気分解に関する計算問題は頻出であるので，酸化還元滴定などの計算問題の練習を十分に行おう。

第3章 無機物質

番号	難易度	内容	年度	大問	中問
46	A	鉄とその化合物，結晶格子	2022	2	I
47	A	ハロゲン	2022	2	II
48	B	典型金属元素，鉛蓄電池，pH，溶解度積	2021	2	II
49	A	マンガン・クロムとその化合物，酸化・還元	2020	2	II
50	B	希ガス，アンモニア，オストワルト法，イオン結晶	2019	2	I
51	B	鉄の製法，二酸化炭素，めっき	2017	2	I
52	B	アルミニウム，溶融塩電解	2016	2	I
53	B	11族元素の性質，結晶格子	2015	2	I
54	A	リンとリン酸の製法，化学結合	2013	2	I
55	B	アルカリ土類金属，溶解度積	2013	2	II
56	B	硫酸の製法と性質，電離度・電離定数	2012	2	I
57	A	元素の性質，酸化剤の反応式	2011	2	I
58	A	錯イオン，金属イオンの沈殿	2010	2	I

傾向

第3章の内容は「非金属元素の性質」，「典型金属元素の性質」，「遷移元素の性質」，「無機物質と人間生活」である。解答形式は記述・計算・選択問題が中心で，選択問題は語句や数値，正文（誤文）を選ぶものなどがある。

非金属元素に関する問題（2022年度2 II，2019年度2 I，2013年度2 I，2012年度2 I），典型金属元素に関する問題（2021年度2 II，2016年度2 I），遷移元素に関する問題（2022年度2 I，2020年度2 II，2017年度2 I，2015年度2 I）が出題されているが，単体や化合物の性質に関する各論，金属イオンの反応や気体の製法，無機化学工業に関した問題が目につく。いずれも量的関係をはじめ，ほかの理論分野と関連した問題が出題されている。

対策

問題文が長く読解力を要する問題や思考力を試す問題が出題されているが，基本の積み重ねであるから，教科書をしっかりと整理しよう。まずは周期表を活用して，主な単体・化合物の性質と反応をよく理解し，重要な気体については製法や捕集法を実験装置とともに正確に把握し，化学反応式を暗記しておこう。特に，イオン交換膜法，アンモニアソーダ法（ソルベー法），ハーバー・ボッシュ法，接触法，オストワルト法，鉄の製錬，銅の電解精錬，溶融塩電解（融解塩電解）など工業的製法は，触媒も含めてきちんと押さえておく必要がある。

無機物質は，ほかの理論分野との関連に目を向けた理解が必要である。特に結晶構造，酸・塩基反応，酸化還元反応，反応速度，化学平衡などとの関連には注意しておこう。教科書に記載のある事項を整理して，基本的な問題の演習を繰り返すことにより知識を定着させたい。

第4章 有機化合物

番号	難易度	内　　容	年度	大問	中問
59	B	芳香族化合物	2022	3	Ⅰ
60	B	芳香族化合物の反応と分離	2021	3	Ⅰ
61	B	元素分析，アニリン	2020	3	Ⅰ
62	A	元素分析，エステル	2019	3	Ⅰ
63	B	芳香族化合物の分離	2018	3	Ⅰ
64	C	エステル化，ヨードホルム反応，元素分析	2017	3	Ⅰ
65	A	不飽和炭化水素の反応，異性体	2016	3	Ⅰ
66	A	有機化合物の反応と性質	2015	3	Ⅰ
67	B	芳香族化合物の構造決定	2014	3	Ⅰ
68	B	芳香族エステルの構造決定	2013	3	Ⅱ
69	B	芳香族化合物の分離と性質	2012	3	Ⅰ
70	B	分子式 C_4H_8O の化合物，異性体	2011	3	Ⅰ
71	B	アルコールの構造決定	2009	3	Ⅰ
72	A	芳香族化合物の分離，元素分析	2008	3	Ⅰ

傾向

第４章の内容は「有機化合物の特徴と構造」，「炭化水素」，「アルコールと関連化合物」，「芳香族化合物」，「有機化合物と人間生活」である。解答形式は，記述・計算・選択問題が中心である。選択問題は，語句や正文（誤文），構造式を選ぶものなどが出題されている。また，元素分析に伴う計算問題は頻出である。

有機化合物，特に芳香族化合物の構造決定の問題が非常に多い。この構造決定問題は有機化学の総合力が問われる問題ともいえるので，力をつけておく必要がある。それに伴い，元素分析の計算問題や構造異性体，立体異性体に関する問題や酸化反応，ヨードホルム反応なども出題されている。また，酸とアルコールからなるエステルも頻出で，有機化合物の反応や性質について幅広い観点から問われている。さらに，有機化合物の分離に関する問題も頻出である。さまざまな有機化合物の反応と性質，構造の推定など，思考力を要する内容が出題されている。

まずは教科書に記載のある事項を整理し，主な化合物の構造・性質・反応をよく理解しておこう。有機化合物の反応は，構造式を用いて実際にアセチレンを中心にした脂肪族化合物の反応系統図や，ベンゼンを中心にした芳香族化合物の反応系統図を書いて覚えるとよい。次に，元素分析から分子式を求める問題演習を数多くこなし，分子式，構造式の決定問題に慣れておこう。そのとき，関連する問題の演習を重ねれば，有機化合物の性質や反応，ヨードホルム反応，芳香族化合物の置換基の配向性を含めた構造異性体や立体異性体を理解するのにも役立つ。

また，マルコフニコフ則やアルケンの酸化反応，不飽和アルコールのエノール形とケト形，ザイツェフ則，銀鏡反応，フェーリング液の還元なども理解しておきたい。

第5章 高分子化合物

番号	難易度	内容	年度	大問	中問
73	B	多糖類	2022	3	II
74	B	核酸，水素結合	2021	3	II
75	B	合成高分子化合物，ゴム	2020	3	II
76	C	アミノ酸，タンパク質	2019	3	II
77	B	芳香族化合物の反応，合成洗剤	2018	3	II
78	B	イオン交換樹脂，高分子化合物，アミノ酸	2017	3	II
79	B	タンパク質，アミノ酸	2016	3	II
80	B	油脂・セッケンの性質	2015	3	II
81	C	単糖と糖類の結合	2014	3	II
82	B	α-アミノ酸，トリペプチドのアミノ酸配列	2013	3	I
83	C	糖類の性質，アルデヒド基の検出，逆滴定	2012	3	II
84	B	アミノ酸，テトラペプチドのアミノ酸配列	2011	3	II
85	B	エステルの構造決定，高分子化合物	2010	3	I
86	B	糖類の性質と構造	2010	3	II
87	C	糖，アミノ酸	2009	3	II
88	A	天然高分子化合物，糖，発酵	2008	3	II

傾向

第5章の内容は「天然高分子化合物」，「合成高分子化合物」，「高分子化合物と人間生活」である。解答形式は，記述・計算・選択問題が中心である。選択問題では，語句や構造式を選ぶもののほか，正文（誤文）を選ぶものも出題されている。

「天然高分子化合物」の分野では，糖類やアミノ酸，タンパク質に関する問題が多いので注意したい。また，核酸に関する問題（2021年度3 II）も出題されている。「合成高分子化合物」の分野では，合成繊維に関する問題（2020年度3 II），プラスチックに関する問題（2020年度3 II，2010年度3 I），ゴムに関する問題（2020年度3 II，2017年度3 II），機能性高分子に関する問題（2017年度3 II）が出題された。

対策

まずは教科書に記載のある事項をしっかりと整理しよう。

「天然高分子化合物」は頻出分野であり，細かいところまで気をつけて整理しておく必要がある。糖類については，単糖類の構造式を押さえたうえで，二糖類，多糖類の構造を考えていきたい。そのときに，実際に構造式を書いて確認する努力を怠らないようにしよう。アミノ酸については，種類と性質・反応をしっかりと押さえよう。また，ペプチドの異性体に注意しよう。タンパク質については，構造と反応を整理しておこう。

「合成高分子化合物」については，単量体から重合でできる化合物の構造に注意しながら，教科書に忠実にまとめることが大切である。熱硬化性樹脂やイオン交換樹脂についても理解しておこう。また，プラスチックと環境問題についても学習しておく必要がある。

教科書に記載のある事項を整理して，問題演習を繰り返すことにより知識を定着させたい。

第1章
物質の構造・状態

・物質の構成と化学結合
・物質量と化学反応式
・物質の状態変化
・気体の性質
・溶液の性質
・固体の構造

1 電子式，水素結合

（2022 年度 1 Ⅰ）

必要があれば次の数値を用いよ。

原子量：H＝1.0，C＝12，N＝14，O＝16

アボガドロ定数：6.0×10^{23}/mol

Ⅰ 次の問 1，問 2 に答えよ。

問 1 次の文章を読み，（1）～（4）に答えよ。

酸素と硫黄は，同じ 16 族元素であるため，似た性質をもっている。酸素原子では，最外殻電子は ［（ア）］ 殻にあり，価電子の数は ［（イ）］ 個である。一方，硫黄原子の最外殻電子は ［（ウ）］ 殻にあり，酸素原子と同じく価電子の数は ［（イ）］ 個である。

酸素などの第 2 周期までの元素の原子からなる分子は，多くの場合に，構成原子のまわりに 8 個の価電子（水素原子の場合は 2 個の価電子）をもつ電子配置をとる。これはオクテット則と呼ばれている。一方で，(i)硫黄原子を中心にもつ分子には，オクテット則を満たさないものもある。また，化合物中の酸素原子の酸化数はふつう－2 とするが，硫黄原子は様々な酸化数をとる。例えば，硫酸 H_2SO_4 では硫黄原子の酸化数は ［（エ）］ となる。

電子は負の電荷をもつので，電子対どうしは互いに反発しあい，分子内で最も離れた位置関係になろうとする。したがって，H_2O，CH_4，CO_2 といった様々な分子について，分子内の電子対の間に生じる反発を考えれば，分子の形を予想できる。(ii)硫酸イオン $SO_4{}^{2-}$ についても，硫黄原子まわりの共有電子対が最も離れた位置関係になるような形をとる。

（1） 上の空欄 ［（ア）］ ～ ［（エ）］ にあてはまる適切な語句や数字を答えよ。

（2） 次の（あ）～（お）から，H_2O と非共有電子対の組の数が同じ分子をすべて選択し，記号で答えよ。

（あ） H_2S　　（い） CO_2　　（う） O_2

(え)　H_2　　　　(お)　N_2

(3)　下線部(i)に関して，H_2SO_4 の電子式は，硫黄原子のまわりに12個の価電子があるとして書くこともできるが，オクテット則を満たすように書くこともできる。硫黄原子のまわりに(A)12個の価電子がある場合と(B)オクテット則を満たす場合について，それぞれの電子式を記せ。ただし，硫黄原子以外の原子についても，まわりの価電子を省略せずに記すこと。また，(A)は酸素原子の原子価が2となるように描きなさい。

(4)　下線部(ii)に関して，硫酸イオン SO_4^{2-} の形は，オクテット則を満たす電子配置から予想できる。SO_4^{2-} の形の説明として最も適切なものを次の(か)～(こ)から一つ選び，記号で答えよ。

(か)　4つの酸素原子は正方形の頂点にあり，その正方形の中心に硫黄原子がある。

(き)　4つの酸素原子は正方形の頂点にあり，SO_4^{2-} の分子の形は四角錐形になる。

(く)　4つの酸素原子はひし形の頂点にあり，そのひし形の中心に硫黄原子がある。

(け)　4つの酸素原子は正四面体の頂点にあり，その正四面体の中心に硫黄原子がある。

(こ)　4つの酸素原子と硫黄原子は一直線上に並び，硫黄原子の両側に酸素原子が二つずつある。

問2　次の文章を読み，(1)～(3)に答えよ。

H_2O の沸点は，ほかの同族元素の原子の水素化合物の沸点に比較すると著しく高い。これは，H_2O では分子間に強い水素結合が存在するためである。(iii)氷は水分子からなる結晶であり，1.0×10^5 Pa では，一つの水分子に対してまわりの水分子は正四面体の頂点方向から水素結合で結合している。水素結合や［(オ)］などを総称して分子間力と呼ぶ。分子量が大きいほど，［(オ)］は一般に強くなる。

（1）　[(オ)] に入る適切な語句を答えよ。

（2）　第5周期までの14族，15族，16族の元素について，同族元素の原子の水素化合物の中で最も沸点が低い物質の分子式をそれぞれ答えよ。

（3）　下線部(iii)に関し，1.0×10^{5} Pa において氷 $1.0\ \mathrm{cm}^{3}$ の水素結合をすべて切るのに必要なエネルギー〔kJ〕を有効数字2桁で答えよ。ただし，氷の中の水分子一つがA個の他の水分子との間に水素結合を形成しているとき，水分子 M 個の中には合計 $M \times \dfrac{\mathrm{A}}{2}$ 個の水素結合があるとする。また，水素結合一つを切るのに必要なエネルギーは 4.0×10^{-20} J として，氷の密度は $0.90\ \mathrm{g/cm^{3}}$ とする。

解　答

問1　(1) (ア)L　(イ)6　(ウ)M　(エ)+6

(2)―(あ)・(お)

(3) (A)

```
         :O:
          ··
      ··  ··  ··
   H:O :S :O :H
      ··  ··  ··
          ··
         :O:
```

(B)

```
          ··
         :O:
      ··  ··  ··
   H:O :S :O :H
      ··  ··  ··
         :O:
          ··
```

(4)―(け)

問2　(1)ファンデルワールス力

(2) 14族：CH_4　15族：PH_3　16族：H_2S

(3) 2.4kJ

ポイント

問1(3)の硫酸の2種類の電子式を書く問題は，本文の説明を正確に読み取る必要がある。問2(3)は，氷の結晶中では，1個の水分子は他の4個の水分子と水素結合を形成するが，水素結合は他の水分子と重複するから，水分子1個の中に2個の水素結合があると考える。

解　説

問1　(1)　(ア)〜(ウ)　酸素原子の電子配置はK殻に2個，L殻に6個であり，硫黄原子の電子配置はK殻に2個，L殻に8個，M殻に6個である。価電子の数は，最外殻電子の数が1〜7個の場合，最外殻電子の数と等しい。

(エ)　化合物中の水素原子の酸化数は+1，酸素原子の酸化数は−2とし，化合物中の原子の酸化数の総和は0とするから，硫酸 H_2SO_4 の硫黄原子の酸化数を x とすると

$$(+1)\times 2+x+(-2)\times 4=0 \qquad \therefore\ x=+6$$

(2)　H_2O の電子式は，H:Ö:H（Oの上下に非共有電子対）で，2組の非共有電子対を有する。(あ)〜(お)の各物質の電子式は次のようになる。

(あ)H:S:H（Sの上下に非共有電子対）　(い)O::C::O（各Oの上下に非共有電子対）　(う)O::O（各Oの上下に非共有電子対）　(え)H:H　(お):N⋮⋮N:

したがって，2組の非共有電子対を有する物質は(あ)H_2S と(お)N_2 である。

(3)　(A)は，酸素原子の原子価が2となるから，

```
      O
      ‖
 −O−S−O−
      ‖
      O
```

になり，硫黄原子も酸素原子も価電子が6であるから，非共有電子対を含めた電子式は

```
        :O:
         ··
    ··   ··  ··
   ·O :S :O ·
    ··   ··  ··
         ··
        :O:
```

にな

る。

したがって，H_2SO_4 の電子式は，

$$\begin{array}{ccccccccc} & & & & :\ddot{\mathrm{O}}: & & & & \\ & & & & \cdot\cdot & & & & \\ \mathrm{H} & : & \ddot{\underset{\cdot\cdot}{\mathrm{O}}} & : & \mathrm{S} & : & \ddot{\underset{\cdot\cdot}{\mathrm{O}}} & : & \mathrm{H} \\ & & & & \cdot\cdot & & & & \\ & & & & :\underset{\cdot\cdot}{\mathrm{O}}: & & & & \end{array}$$

となる。

(B)は $\cdot\ddot{\underset{\cdot\cdot}{\mathrm{S}}}\cdot$ と2個の $\cdot\ddot{\underset{\cdot\cdot}{\mathrm{O}}}:\mathrm{H}$ が共有結合をつくり，$\mathrm{H}:\ddot{\underset{\cdot\cdot}{\mathrm{O}}}:\ddot{\underset{\cdot\cdot}{\mathrm{S}}}:\ddot{\underset{\cdot\cdot}{\mathrm{O}}}:\mathrm{H}$ となる。残りの酸素原子は $:\ddot{\underset{\cdot}{\mathrm{O}}}\cdot$ から $:\ddot{\underset{\cdot\cdot}{\mathrm{O}}}$ へ電子が移動して空軌道がつくられ，硫黄原子の非共有電子対と配位結合すると，H_2SO_4 の電子式は

$$\begin{array}{ccccccccc} & & & & :\ddot{\mathrm{O}}: & & & & \\ \mathrm{H} & : & \ddot{\underset{\cdot\cdot}{\mathrm{O}}} & : & \ddot{\underset{\cdot\cdot}{\mathrm{S}}} & : & \ddot{\underset{\cdot\cdot}{\mathrm{O}}} & : & \mathrm{H} \\ & & & & :\underset{\cdot\cdot}{\mathrm{O}}: & & & & \end{array}$$

となる。

(4) 硫酸イオン SO_4^{2-} で生じる配位結合は，結合のできる過程が異なるだけで，できた結合は普通の共有結合と全く変わらないから，硫酸イオンの4個のS−O結合はすべて同等である。したがって，硫酸イオンの共有電子対間の反発をできるだけ小さくするために，空間的に最も離れた方向，つまり正四面体の中心に硫黄原子が存在し，頂点に4つの酸素原子が存在する形となる。

問2 (1) ファンデルワールス力や水素結合など，分子間にはたらく静電気的な引力を分子間力という。

(2) 14族元素の水素化合物はいずれも無極性分子で，分子量が大きいほど沸点が高い。したがって，14族元素の水素化合物の中で最も沸点が低いのは，分子量が最も小さいメタン CH_4 である。15，16族の水素化合物では，アンモニア NH_3，水 H_2O の分子間にはファンデルワールス力よりも強い水素結合がはたらいているから，ほかの同族の水素化合物の沸点と比べて著しく高い。したがって，15，16族元素の水素化合物の中で最も沸点が低いのはそれぞれ第3周期の水素化合物で，ホスフィン（水素化リン）PH_3，硫化水素 H_2S である。

(3) 氷の結晶では，1個の水分子に対して4個の水分子が水素結合している。したがって，氷 $1.0\,\mathrm{cm}^3$ の水素結合をすべて切るのに必要なエネルギーは

$$\frac{1.0\times0.90}{18}\times6.0\times10^{23}\times\frac{4}{2}\times4.0\times10^{-20}=2.4\times10^{3}\,[\mathrm{J}]$$

$$=2.4\,[\mathrm{kJ}]$$

2 ヘンリーの法則，浸透圧，溶液の性質

（2022 年度 1 Ⅱ）

必要があれば次の数値を用いよ。
気体定数：8.3×10^{3} Pa･L/(K･mol)

Ⅱ　次の問 1 ～問 3 に答えよ。

問 1　次の文章を読み，（1）～（3）に答えよ。ただし，気体は理想気体とし，水の蒸気圧は無視する。

容積 700 mL の密閉容器に 600 mL の水と 0.013 mol の窒素を入れ，20 ℃ で充分な時間放置した。このとき，容器の上部には体積 100 mL の空間が存在し，窒素の一部が水に溶けた状態で平衡に達している。この空間内の圧力 p〔Pa〕は，気体の窒素の物質量 x〔mol〕および水に溶けた窒素の物質量 y〔mol〕から求めることができる。

上記の物質量 x〔mol〕は，容器の上部の圧力 p〔Pa〕を用いると，以下のように表すことができる。

$x=$ [(A)] $\times p$　　(1)

窒素の圧力が 1.01×10^{5} Pa，20 ℃ のときに，窒素は，水 1 L に対して 7.1×10^{-4} mol 溶解する。溶解度の小さい気体の水に対する溶解度については，[(カ)] の法則が成り立つ。この法則を用いると，物質量 y〔mol〕は

$y=$ [(B)] $\times p$　　(2)

となる。得られた(1)式と(2)式を用いると，圧力 p は [(C)]〔Pa〕と求まる。

（1）[(カ)] に適する語句を答えよ。

（2）[(A)] ～ [(C)] に入る数値をそれぞれ有効数字 2 桁で求めよ。

(3) ［(カ)］の法則が成り立たない気体を次の(さ)～(そ)の中から二つ選び，記号で答えよ。

(さ) 水 素　　(し) 塩化水素　　(す) メタン

(せ) ヘリウム　　(そ) アンモニア

問 2 内径が一定の左右対称であり，充分な長さをもつ細いU字管の底を半透膜で仕切った(図1)。この半透膜の右側に以下に示す水溶液Aを100 mL入れ，左側に水溶液Bを100 mL入れ，20 ℃，大気圧下で一定時間放置することで平衡状態に達した。ただし，半透膜は，水分子以外は通さないものとする。

水溶液A：0.059 gの塩化ナトリウム(式量は59)を水に溶かして500 mLにした水溶液

水溶液B：以下の4種類の水溶液(a)～(d)のいずれか

(a) 0.111 gの塩化カルシウム(式量は111)を水に溶かして500 mLにした水溶液

(b) 0.150 gの塩化カリウム(式量は75)を水に溶かして500 mLにした水溶液

(c) 0.171 gのスクロース(分子量は342)を水に溶かして500 mLにした水溶液

(d) 0.180 gのグルコース(分子量は180)を水に溶かして500 mLにした水溶液

放置後に水溶液Aの液面が水溶液Bより高くなり，かつ左右の液面の差が最大になる水溶液Bを(a)～(d)から選び，記号で答えよ。ただし，電解質は完全に電離し，水の蒸発による液量の変化は無視できるものとする。

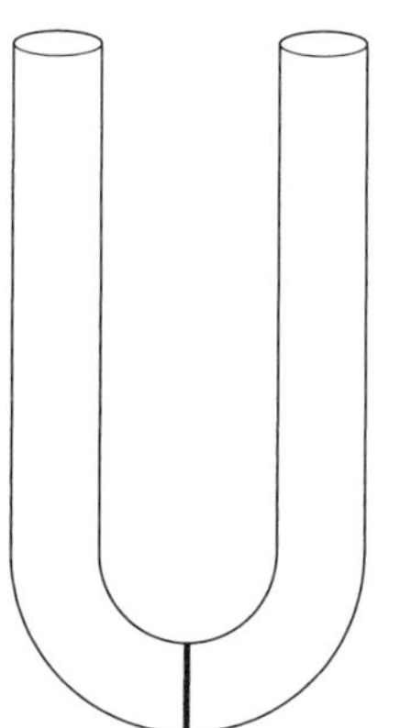

図1　半透膜を付けたU字管

問 3　次に示す溶解と溶液に関連する現象または事項に関する記述(た)～(な)の中で，誤りを含むものをすべて選び，記号で答えよ。

(た)　不揮発性の物質を溶かした希薄溶液の蒸気圧は純粋な溶媒(純溶媒)の蒸気圧と等しいが，それの沸点は純溶媒の沸点より高い。

(ち)　弱電解質の希薄溶液の凝固点降下度は，存在する溶質粒子(分子，イオン)の質量モル濃度で決定される。

(つ)　溶液を冷却すると，過冷却状態が生じ，その状態から凝固が始まる。温度は一時的に上昇し，それ以降の温度は，すべてが凝固するまで一定となる。

(て)　塩化ナトリウムのようなイオン結晶が水に溶解する場合，イオンに水和が起こり，イオン間の結合は切断される。

(と)　水酸化鉄(Ⅲ)のコロイド粒子を含む溶液に少量の電解質を加えると沈殿が生じる。この現象を塩析という。

(な)　溶質の固体を含む飽和溶液では，固体が溶液に溶け出す速さと溶液から固体が析出する速さが等しくなる。この状態を溶解平衡という。

解 答

問1 (1)ヘンリー

(2) (A)4.1×10^{-8} (B)4.2×10^{-9} (C)2.9×10^{5}

(3)―(し)・(そ)

問2 (c)

問3 (た)・(つ)・(と)

ポイント

問1(2)は，ヘンリーの法則を用いた計算問題で，計算力が試される。問2は，非電解質と電解質の希薄溶液に注意し，すべての溶質粒子のモル濃度が最小のものを選択する。

解 説

問1 (1) 溶解度の小さい気体では，温度が一定ならば，一定量の溶媒に溶ける気体の質量（あるいは物質量）は，その気体の圧力に比例する。これをヘンリーの法則という。

(2) (A) 容器の空間の気体には，気体の状態方程式が成り立つ。体積を V〔L〕，気体定数を R，絶対温度を T〔K〕とすると，$pV=xRT$ であるから，気体の窒素の物質量 x〔mol〕は

$$x=\frac{V}{RT}\times p=\frac{0.100}{8.3\times10^{3}\times(20+273)}\times p=4.11\times10^{-8}\times p$$

$$\fallingdotseq 4.1\times10^{-8}\times p\text{〔mol〕} \quad \cdots\cdots(1)$$

(B) ヘンリーの法則より，気体の溶解量は圧力に比例する。また，気体の溶解量は，溶媒（水）の量にも比例するから，溶けた窒素の物質量 y〔mol〕は

$$y=7.1\times10^{-4}\times\frac{600}{1000}\times\frac{p}{1.01\times10^{5}}=4.21\times10^{-9}\times p$$

$$\fallingdotseq 4.2\times10^{-9}\times p\text{〔mol〕} \quad \cdots\cdots(2)$$

(C) 最初に入れた窒素の物質量は，気体の窒素と水に溶けた窒素の物質量の合計であるから，(1)式と(2)式より

$$0.013=x+y=4.11\times10^{-8}\times p+4.21\times10^{-9}\times p=4.53\times10^{-8}\times p$$

$$\therefore\ p=\frac{0.013}{4.53\times10^{-8}}=2.86\times10^{5}\fallingdotseq 2.9\times10^{5}\text{〔Pa〕}$$

(3) ヘンリーの法則は，溶解度の小さい気体のみで成り立つ。したがって，水に溶けやすい塩化水素 HCl，アンモニア NH_3 では成り立たない。

問2 希薄溶液の浸透圧は，溶液のモル濃度と絶対温度に比例する。電解質水溶液の場合は，溶液中のすべての溶質粒子（生じたイオンを含む）のモル濃度と絶対温度に比例する。

水溶液AでNaCl $\longrightarrow$ $Na^{+}+Cl^{-}$ と電離するから，溶質粒子のモル濃度は

$$\frac{0.059}{59}\times2\times\frac{1000}{500}=4.0\times10^{-3}\text{〔mol/L〕}$$

水溶液(a)は $CaCl_2 \longrightarrow Ca^{2+}+2Cl^{-}$ と電離するから，溶質粒子のモル濃度は

$$\frac{0.111}{111}\times3\times\frac{1000}{500}=6.0\times10^{-3}\text{〔mol/L〕}$$

水溶液(b)は $KCl \longrightarrow K^{+}+Cl^{-}$ と電離するから，溶質粒子のモル濃度は

$$\frac{0.150}{75}\times2\times\frac{1000}{500}=8.0\times10^{-3}\text{〔mol/L〕}$$

水溶液(c)のスクロースは電離しないから，モル濃度は

$$\frac{0.171}{342}\times\frac{1000}{500}=1.0\times10^{-3}\text{〔mol/L〕}$$

水溶液(d)のグルコースは電離しないから，モル濃度は

$$\frac{0.180}{180}\times\frac{1000}{500}=2.0\times10^{-3}\text{〔mol/L〕}$$

放置後に水溶液Aの液面が水溶液Bより高くなるから，水溶液Bのモル濃度は水溶液Aのモル濃度より小さく，水溶液(c)か(d)であることがわかる。また，左右の液面の差が最大になることから，水溶液Aと水溶液Bのモル濃度の差が大きいことがわかる。したがって，水溶液Bは(c)である。

問3　(た)　誤文。不揮発性の物質を溶かした希薄溶液の蒸気圧は，純粋な溶媒（純溶媒）の蒸気圧よりも低くなる。

(ち)　正文。弱電解質の希薄溶液の凝固点降下度は，電離して存在するすべての溶質粒子の質量モル濃度に比例する。

(つ)　誤文。溶液を冷却すると，まず溶媒のみが凝固するので，残った溶液の濃度が上昇し，凝固点降下が大きくなるため，凝固点が徐々に下がり続ける。

(て)　正文。イオン結晶を水に溶解させると，極性分子である水分子に囲まれ，イオンが水和して水中に拡散していく。

(と)　誤文。少量の電解質によって疎水コロイド中のコロイド粒子が沈殿する現象を凝析という。

(な)　正文。飽和溶液では，固体が溶液に溶け出す速さと溶液から固体が析出する速さが等しくなり，平衡状態（溶解平衡）に達している。

3 非金属元素の単体，結晶格子

(2021 年度 2 Ⅰ)

Ⅰ 原子番号 20 までの非金属元素の単体と同素体に関する次の文章を読み，問 1 ～問 5 に答えよ。

単体 A は大気中に含まれており，その同素体である単体 B は単体 A に強い紫外線をあてると生じる。単体 C と単体 D は同素体の関係にあり，単体 C は赤褐色の粉末で，マッチ箱の側薬などに使われている。一方，単体 D は毒性が強く，空気中で自然発火するため，水中に保存される。単体 E と単体 F は標準状態(温度：273 K，圧力：1.013×10^5 Pa)で共に正四面体形の構造が繰り返された結晶構造をとり，同素体ではないが同一族の元素の関係にある。また，単体 F の結晶の電気伝導度は単体 E の結晶よりも高い。<u>単体 G の水溶液は漂白剤や消毒剤に用いられ</u>(i)，アルコール消毒液の代替として新型コロナウイルスを除去する際にも使われている。

問 1 単体 A と単体 B の化学式を答えよ。

問 2 単体 B を検出するときに使用する反応として最も適切なものを(あ)～(お)から一つ選び，記号で答えよ。

(あ) ヨウ素デンプン反応　　(い) 炎色反応

(う) ビウレット反応　　(え) けん化

(お) 銀鏡反応

問 3 単体 C，単体 D，単体 E の名称を答えよ。

問 4 単体 F の単位格子は立方体であり，図 1 のように面心立方格子(立方体の各面の中心，および各頂点に白色の○で表された原子が存在)のすき間に原子(灰色の●で表す)が入り込んだ構造となる。すき間に入り込んだ原子(灰色の●)は，原子全体がこの単位格子に属している。単体 F の単位

格子の一辺の長さ a(図1)を 5.5×10^{-8} cm，単体Fを構成する原子の原子半径を 1.1×10^{-8} cm としたとき，単体Fの充填率〔%〕を有効数字2桁で答えよ。ただし，原子はある一定の原子半径をもつ球であると仮定し，円周率は3.14とする。

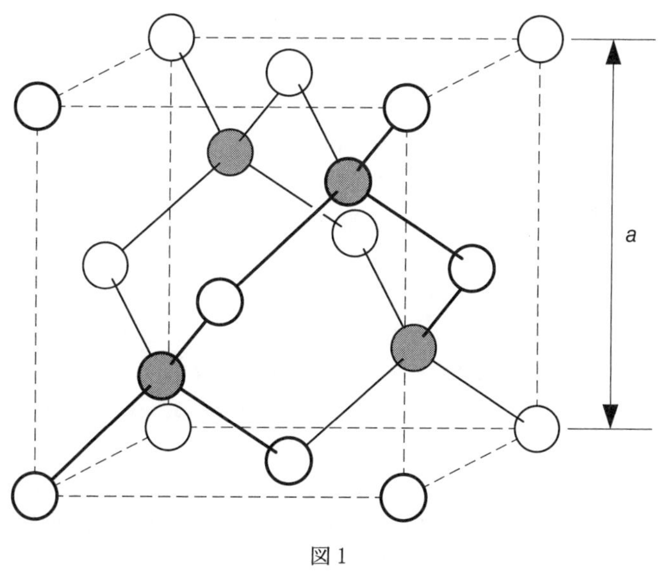

図1

問5　下線部(i)について，そのような効果が表れるのは単体Gと水の反応により生じるある化合物が電離したときに強い酸化作用をもつためである。その化合物名を答えよ。また，その化合物から生じるイオンの酸化作用を表すイオン反応式を示せ。

解 答

問1 単体A：O_2 単体B：O_3

問2 (あ)

問3 単体C：赤リン 単体D：黄リン（白リン） 単体E：ダイヤモンド

問4 27 %

問5 化合物名：次亜塩素酸

イオン反応式：$ClO^- + 2H^+ + 2e^- \longrightarrow Cl^- + H_2O$

ポイント

同素体は，同じ元素からなる単体で，性質の異なる物質どうしである。問4の充填率を求める問題は，図1の単位格子中に含まれる原子数から求める。問5は，次亜塩素酸イオンが強い酸化作用をもつ。

解 説

問1・問2 酸素の単体には，O_2（単体A）のほか，同素体としてオゾン O_3（単体B）がある。酸素 O_2 に強い紫外線を当てるとオゾン O_3 が生じる。オゾンは水で湿らせたヨウ化カリウムデンプン紙を青紫色に変える（ヨウ素デンプン反応）ことで検出できる。

$$2KI + O_3 + H_2O \longrightarrow I_2 + 2KOH + O_2$$

問3 リンには，赤リン（単体C）や黄リン（単体D）などの同素体が存在する。赤リンは赤褐色の粉末で，マッチ箱の側薬などに使われる。黄リンは淡黄色の固体であるが，精製すると白色になるので，白リンとも呼ばれる。黄リンは空気中では自然発火するので水中に保存する。炭素の同素体には，ダイヤモンド（単体E）と黒鉛などがある。ダイヤモンドは無色透明で正四面体結晶であるが，電気伝導性はない。黒鉛は，黒色不透明で層状の平面構造で，電気伝導性がある。ケイ素（単体F）は，ダイヤモンドと同じ構造の共有結合の結晶を形成する。ケイ素の電気伝導性は金属と非金属の中間の大きさで，半導体の性質を示す。

問4 図1の単位格子には，立方体の各面の中心に球の $\frac{1}{2}$ の原子が6個，各頂点に球の $\frac{1}{8}$ の原子が8個，面心立方格子と同じ配列のすき間に原子が4個存在するから，単位格子中の原子の数は $\frac{1}{2}\times 6+\frac{1}{8}\times 8+4=8$ 個である。原子の原子半径を r とすると

$$(\text{充塡率}) = \frac{(\text{原子8個分の体積})}{(\text{単位格子の体積})} = \frac{\frac{4\pi r^3}{3}\times 8}{a^3}\times 100$$

$$= \frac{\frac{4\times 3.14\times (1.1\times 10^{-8})^3}{3}\times 8}{(5.5\times 10^{-8})^3}\times 100 = 26.7 \fallingdotseq 27\,〔\%〕$$

問5　塩素（単体G）は水に溶け，その一部が水と反応して，塩化水素 HCl と次亜塩素酸 HClO を生じる。

$Cl_2 + H_2O \rightleftarrows HCl + HClO$

次亜塩素酸は弱酸であるが，次亜塩素酸イオン ClO^- が強い酸化作用をもつので，塩素水は消毒剤や漂白剤に用いられる。

$ClO^- + 2H^+ + 2e^- \longrightarrow Cl^- + H_2O$

4 原子構造，化学結合

(2020年度 1 I)

必要があれば次の数値を用いよ。
電子の電荷の大きさ；1.60×10^{-19} C

I 次の文章を読み，問1～問6に答えよ。

物質は原子とよばれる小さな粒子からできており，その原子は正の電荷を持つ陽子，負の電荷を持つ電子，電気的に中性である中性子の3種類の基本的粒子からなっている。陽子と中性子は原子核とよばれる原子の中心部分に存在し，電子は原子核から離れて原子核の周囲に存在している。元素の違いは原子が持つ陽子数に基づき，陽子数を原子番号，陽子と中性子の数の和を [(ア)] という。人工元素を合成する研究において，最近，日本の研究者が (i)113番目の元素としてニホニウム Nh の合成に成功している。

原子中の電子は原子核よりはるかに大きな空間に広がり，原子を結びつけることで化学結合が生まれ，分子を形成する。水分子を例にして化学結合を考えると，水素原子と酸素原子がそれぞれ価電子を出し合って共有電子対を作ることで共有結合が形成される。さらに，水分子中の酸素原子は [(イ)] 電子対を持ち，これを水素イオンに提供して共有結合を形成し，オキソニウムイオンとなる。(ii)このようにしてできる共有結合を，特に [(ウ)] 結合とよぶ。また，(iii)異なる原子間で共有結合が形成されると，電子対はどちらか一方の原子に偏って存在する。

原子は，電子を放出したり受けとることでイオンになる。例えば，ナトリウム原子は1個の価電子を放出してナトリウムイオン Na^+ になり，塩素原子は1個の電子を受け取り塩化物イオン Cl^- になる。これらの(iv)イオンが静電気力で引き合って結びつく結合をイオン結合という。

この他にも，鉄や銅のような金属原子は陽性が強いために価電子はもとの原子から離れやすく，すべての原子によって共有される [(エ)] となり，(v)金属結合を形成する。

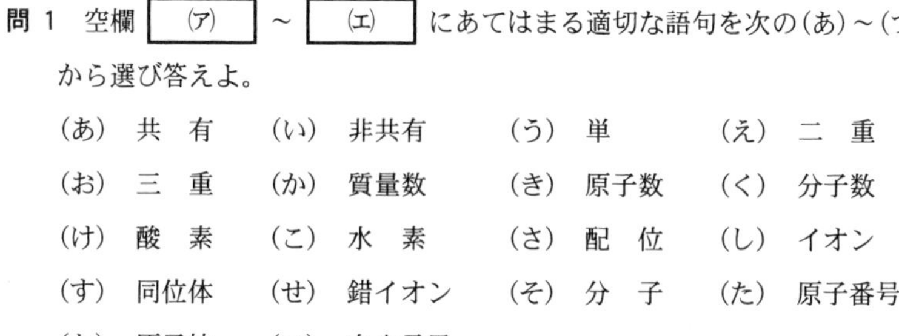

問 1　空欄 ［(ア)］ ～ ［(エ)］ にあてはまる適切な語句を次の(あ)～(つ)から選び答えよ。

(あ)　共　有	(い)　非共有	(う)　単	(え)　二　重
(お)　三　重	(か)　質量数	(き)　原子数	(く)　分子数
(け)　酸　素	(こ)　水　素	(さ)　配　位	(し)　イオン
(す)　同位体	(せ)　錯イオン	(そ)　分　子	(た)　原子番号
(ち)　原子核	(つ)　自由電子		

問 2　下線部(i)について，1個のニホニウム Nh は，亜鉛 $^{70}_{30}\mathrm{Zn}$ とビスマス $^{209}_{83}\mathrm{Bi}$ の原子核を1個ずつ衝突させ，含まれている陽子数と中性子数は変わらずに1個の原子核にした後，中性子が一つ放出されることで合成される。合成されたニホニウムの陽子数，中性子数を答えよ。

問 3　下線部(ii)に関連し，アンモニア分子に水素イオンを ［(ウ)］ 結合させて作られるアンモニウムイオンの電子式を下記の例にならって記せ。

(例)　$\left[:\ddot{\underset{..}{\mathrm{O}}}:\mathrm{H}\right]^-$

問 4　下線部(iii)に関連し，次の文章を読んで(1)～(3)に答えよ。

異なる原子間の共有結合中に生じる電子対の偏りはイオン結合が混在した状態と考えることができる。この電子対の偏りの程度は，正電荷 $+q$〔C〕と負電荷 $-q$〔C〕が距離 r〔m〕離れているときに式(1)で定義される双極子モーメントの大きさ μ により調べられる。

$$\mu = qr\,〔\mathrm{C \cdot m}〕 \qquad (1)$$

例えば，実際のフッ化水素 HF 分子の結合距離は 9.17×10^{-11} m，双極子モーメントの大きさは 6.09×10^{-30} C·m である。この値と 100 % イオン結合であると仮定した場合の HF 分子の双極子モーメントの大きさとの比は 0.415 となることから，実際の HF 分子の結合には 41.5 % のイオン結合が含まれていると考えられる。なお，結合距離はイオン結合の割合によらず変化しないものとする。

(1) 次の空欄 (オ) に当てはまる適切な語句を答えよ。

下線部(iii)は，各原子が電子対を引きつけようとする強さの差によって生じている。この強さを相対的な数値で表したものを (オ) という。

(2) 塩化水素 HCl が H^+ と Cl^- の 100 % イオン結合であると仮定した場合，双極子モーメントの大きさ〔C·m〕を有効数字 2 桁で答えよ。ただし，H と Cl の間の結合距離は 1.27×10^{-10} m である。

(3) 臭化水素 HBr の実際の双極子モーメントの大きさが 2.76×10^{-30} C·m，HBr の結合距離が 1.43×10^{-10} m のとき，HBr に含まれるイオン結合の割合〔%〕を有効数字 2 桁で答えよ。

問 5 下線部(iv)のイオン結合に関連して，次の(は)～(ほ)から<u>正しいものを二つ選び</u>，記号で答えよ。

(は) フッ化物イオン F^-，ナトリウムイオン Na^+，マグネシウムイオン Mg^{2+} の中で，イオン半径が最も大きいイオンは Mg^{2+} である。

(ひ) フッ素原子 F の電子親和力は，F^- から電子 1 個を取り去るのに必要なエネルギーと大きさが等しい。

(ふ) フッ化ナトリウム NaF よりも塩化ナトリウム NaCl の方が融点は低い。

(へ) ナトリウム原子 Na が電子 1 個を失って Na^+ になるとき，エネルギーが放出される。

(ほ) カリウムイオン K^+ は同じ周期の希ガス原子と同じ電子配置を持つ。

問 6 下線部(v)の金属結合をもつ下記の(ま)～(め)の元素について，原子半径が融点に影響を及ぼしている。最も融点が高いものを記号で示せ。

(ま) カリウム　　(み) セシウム

(む) ナトリウム　　(め) ルビジウム

解　答

問1　(ア)―(か)　(イ)―(い)　(ウ)―(さ)　(エ)―(つ)

問2　陽子数：113　中性子数：165

問3

$$\left[\begin{array}{c} \mathrm{H} \\ \mathrm{H:\ddot{N}:H} \\ \mathrm{H} \end{array}\right]^{+}$$

問4　(1)電気陰性度　(2)2.0×10^{-29} C·m　(3) 12％

問5　(ひ)・(ふ)

問6　(む)

ポイント

問2のニホニウムの核融合の問題は，中性子を$^{1}_{0}n$とすると，反応の前後で質量数と原子番号の合計数は等しくなる。問4は電子の電荷の大きさ $q=1.60\times10^{-19}$〔C〕を用いて，与えられた双極子モーメントの大きさの式を活用する。

解　説

問1　(ア)　陽子と中性子の数の和を質量数という。

(イ)・(ウ)　原子の非共有電子対がほかの原子に提供されてできる共有結合を，配位結合という。

$$\mathrm{H:\ddot{\underset{..}{O}}:H} + \mathrm{H^+} \longrightarrow \left[\begin{array}{c} \mathrm{H:\ddot{\underset{..}{O}}:H} \\ \mathrm{H} \end{array}\right]^{+}$$

水　　水素イオン　　オキソニウムイオン

(エ)　金属原子の価電子は，もとの原子に固定されずに，金属中を自由に動き回ることができる。このような電子を自由電子という。

問2　下線部(i)の反応は，中性子を$^{1}_{0}n$で表すと，次のようになる。

$$^{70}_{30}\mathrm{Zn} + ^{209}_{83}\mathrm{Bi} \longrightarrow ^{278}_{113}\mathrm{Nh} + ^{1}_{0}\mathrm{n}$$

ニホニウム Nh の（原子番号）=（陽子数）であるから，陽子数は113になる。また，（質量数）=（陽子数）+（中性子数）であるから，中性子数は278−113=165になる。

問3　アンモニウムイオンNH_4^+は，アンモニアNH_3に水素イオンH^+が配位結合してできる。

$$\mathrm{H:\ddot{\underset{..}{N}}:H} \atop \mathrm{H} \quad + \quad \mathrm{H^+} \longrightarrow \left[\begin{array}{c} \mathrm{H} \\ \mathrm{H:\ddot{\underset{..}{N}}:H} \\ \mathrm{H} \end{array}\right]^{+}$$

アンモニア　　水素イオン　　アンモニウムイオン

問4　(1)　原子が共有電子対を引きつける強さを電気陰性度という。

(2)　塩化水素 HCl が100％イオン結合であると仮定した場合の，双極子モーメントの大きさμは，電子の電荷の大きさqが1.60×10^{-19}〔C〕で，HとClの間の結合距離rが1.27×10^{-10}〔m〕であるから

$$\mu=qr=1.60\times10^{-19}\times1.27\times10^{-10}=2.03\times10^{-29}$$
$$\fallingdotseq2.0\times10^{-29}〔\mathrm{C\cdot m}〕$$

(3) 100％イオン結合をしたときの双極子モーメントのx〔％〕が実際の双極子モーメントであるから

$$1.60\times10^{-19}\times1.43\times10^{-10}\times\frac{x}{100}=2.76\times10^{-30}$$

$$x=12.0\fallingdotseq12〔\%〕$$

問5 (は) 誤文。同一の電子配置をもつイオンは，原子番号が大きくなるほど原子核中の正電荷が増加し，電子がより強く原子核に引きつけられるため，イオン半径は小さくなる。

(ひ) 正文。原子が電子を1個受け取るときに放出されるエネルギーを電子親和力といい，1価の陰イオンから電子1個を取り去るのに必要なエネルギーと大きさが等しい。

(ふ) 正文。F^-のイオン半径よりもCl^-のイオン半径のほうが大きい。よって，NaFよりもNaClのほうがイオン間距離は大きく，はたらくクーロン力は弱く，融点は低くなる。

(へ) 誤文。原子から電子を1個取り去るのに必要なエネルギーをイオン化エネルギーといい，そのときエネルギーは吸収される。

(ほ) 誤文。カリウムKは第4周期の元素であるが，カリウムイオンK^+は第3周期のアルゴン原子と同じ電子配置になる。

問6 アルカリ金属では，原子半径が小さいほど融点が高い。原子半径は，Na＜K＜Rb＜Csの順であるから，最も融点が高いものはナトリウムである。

5 気体，浸透圧

（2020 年度 1 Ⅱ）

必要があれば次の数値を用いよ。
気体定数：8.3×10^3 Pa・L/(K・mol)

Ⅱ　次の文章を読み，問1～問5に答えよ。

(A)　図Aに示すような断面積一定の筒状容器に水および，ある金属酸化物 X_2O_3 の粉末 n〔mol〕が離して入れられている。ここで，水の体積（V_0〔L〕）は半透膜により左右に二等分されている。また，水と金属酸化物 X_2O_3 を隔てる空間には酸素ガスが満たされており，ある高分子の粉末 w〔g〕（平均分子量：M）が入った小瓶が設置されている。

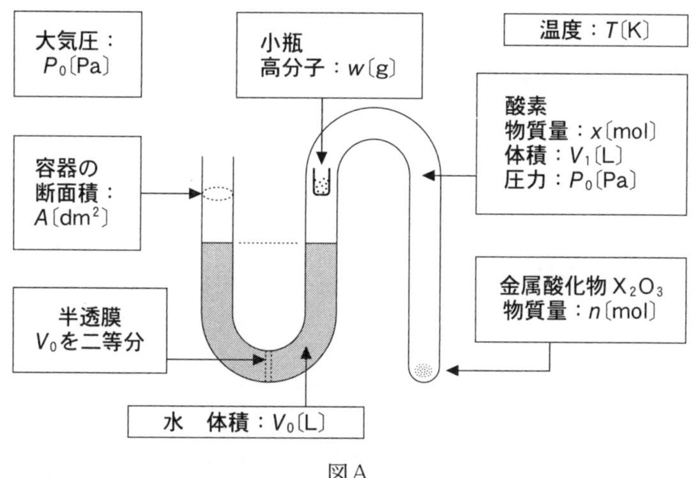

図A

(B)　ここで小瓶を反転させ高分子粉末を半透膜で仕切られた右側の部分の水に全量加え完全に溶解させたところ，十分時間が経過したのちに，図Bに示すように左右の液面の高さの差が $2h$〔dm〕となった。また，このときの酸素の圧力は P_1〔Pa〕，体積は V_2〔L〕であった。

(C)　次に，物質量 n〔mol〕の金属酸化物 X_2O_3 のみを一定時間加熱したところ，不可逆反応(1)が進行し，金属Xと酸素ガスが生成した。

$$X_2O_3 \longrightarrow 2X + \frac{3}{2}O_2 \qquad (1)$$

続いて加熱を止めたところ酸素の発生は止み，系の温度は元の温度 T〔K〕に戻った。その後十分時間が経過したのちに，図Cに示すように左右の液面の高さの差は0.0 dmとなった。このときの酸素の圧力は P_2〔Pa〕，体積は V_1〔L〕であり，未反応の X_2O_3 の物質量は加熱前の $\frac{2}{3}$ であった。

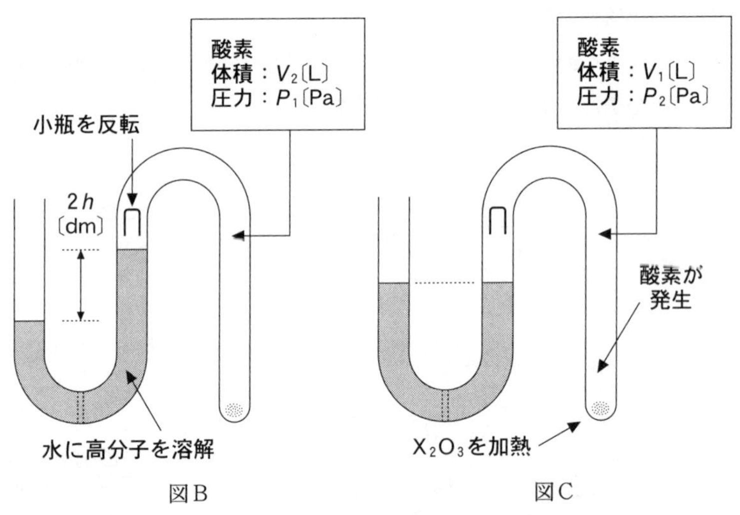

図B　　　　図C

さて，図Bにおける酸素の体積 V_2 は液面位の変化により［(ア)］〔L〕と表されることから，酸素の圧力 P_1 は［(イ)］〔Pa〕と表すことができる。このとき，(i)水が半透膜を通って高分子水溶液側に移動しようとする圧力は，液面差 $2h$ に相当する水溶液柱の圧力と，容器内の酸素と外気(空気)との圧力差に相当する圧力［(ウ)］〔Pa〕の和に等しいと見なすことができる。一方，図Cにおいて，式(1)により生成した酸素の物質量は［(エ)］〔mol〕であるので，酸素の物質量増加を考慮するとこのときの酸素の圧力 P_2 は P_0 +［(オ)］〔Pa〕と表すことができる。

なお，気体は全て理想気体とみなせ，気体の水への溶解や小瓶，高分子，X_2O_3 および X の体積，高分子の溶解や気体の圧力変化に伴う水溶液の体積変化は無視できるものとする。また大気圧は常に一定，系の温度は加熱時を除いて常に一定であり，加熱に伴う高分子の性質変化等はないものとする。

問 1　下線部(i)について，これに相当する圧力を一般に何と呼ぶか答えよ。

問 2　(ア)～(ウ)に入る量を P_0，V_0，V_1，h，A のうち適切なものを用いて表せ。ただし，$\mathrm{dm} = 10^{-1}\,\mathrm{m}$ であることに注意せよ。

問 3　(エ)，(オ)に入る量を P_0，V_0，V_1，n，R，T のうち適切なものを用いて表せ。なお，R は気体定数とする。

問 4　図Cにおける下線部(i)の圧力を計算し，Pa 単位にて有効数字 2 桁で答えよ。ただし，必要に応じて以下の値を用いること。

$V_0 = 0.83\,\mathrm{L}$，$V_1 = 1.66\,\mathrm{L}$，$P_0 = 1.0 \times 10^5\,\mathrm{Pa}$，

$n = 1.0 \times 10^{-3}\,\mathrm{mol}$，$T = 300\,\mathrm{K}$，$w = 3.0\,\mathrm{g}$

問 5　高分子の平均分子量 M を有効数字 2 桁で答えよ。ただし，必要に応じて問 4 に示した値を用いること。

解答

問1 浸透圧

問2 (ア) V_1-hA (イ) $\dfrac{P_0V_1}{V_1-hA}$ (ウ) $\dfrac{hAP_0}{V_1-hA}$

問3 (エ) $\dfrac{1}{2}n$ (オ) $\dfrac{nRT}{2V_1}$

問4 7.5×10^2 Pa

問5 2.4×10^4

ポイント

長さの単位として dm（10^{-1}m）が使用されており，1〔dm^3〕=1〔L〕である。浸透圧のU字管の問題では，(浸透圧)＝(水溶液柱の圧力)＋(酸素と外気との圧力差）である。

解説

問1 水分子が半透膜を通って水溶液側に移動しようとする圧力を，浸透圧という。

問2 (ア) 図Bにおいて左右の液面の高さの差が $2h$〔dm〕であるから，図Aの状態より酸素の液面が h〔dm〕減少する。また，容器の断面積が A〔dm^2〕であるから，酸素の体積は hA〔dm^3〕$=hA$〔L〕減少する。

$$V_2=V_1-hA\text{〔L〕}$$

(イ) 図Aと図Bの一定量の酸素において，温度が一定であるから，ボイルの法則により

$$P_1\times(V_1-hA)=P_0V_1 \qquad \therefore\ P_1=\frac{P_0V_1}{V_1-hA}\text{〔Pa〕}$$

(ウ) 容器内の酸素の圧力 P_1 と外気の圧力 P_0 の差は，(イ)より

$$P_1-P_0=\frac{P_0V_1}{V_1-hA}-P_0=\frac{hAP_0}{V_1-hA}\text{〔Pa〕}$$

問3 (エ) 物質量 n〔mol〕の金属酸化物 X_2O_3 が反応後，未反応の X_2O_3 が $\dfrac{2}{3}n$〔mol〕になるから

$$X_2O_3 \longrightarrow 2X + \frac{3}{2}O_2$$

	X_2O_3	$2X$	$\frac{3}{2}O_2$	
反応前	n	0	0	〔mol〕
変化量	$-\frac{1}{3}n$	$+\frac{2}{3}n$	$+\frac{1}{2}n$	〔mol〕
反応後	$\frac{2}{3}n$	$\frac{2}{3}n$	$\frac{1}{2}n$	〔mol〕

したがって，生成した酸素の物質量は $\dfrac{1}{2}n$〔mol〕である。

(オ)　酸素の物質量増加による圧力増加量を P_3〔Pa〕とすると，気体の状態方程式より

$$P_3V_1=\frac{1}{2}nRT \qquad \therefore \quad P_3=\frac{nRT}{2V_1}\text{〔Pa〕}$$

問4　図Cにおける浸透圧は，酸素の物質量増加による圧力増加量，つまり P_3〔Pa〕であるから

$$P_3=\frac{nRT}{2V_1}=\frac{1.0\times10^{-3}\times8.3\times10^3\times300}{2\times1.66}=7.5\times10^2\text{〔Pa〕}$$

問5　ファントホッフの法則により，浸透圧 P_3〔Pa〕，溶液の体積 $\frac{V_0}{2}$〔L〕，絶対温度 T〔K〕，溶質の質量 w〔g〕とすると，高分子の平均分子量 M は

$$M=\frac{wRT}{P_3\frac{V_0}{2}}=\frac{3.0\times8.3\times10^3\times300}{7.5\times10^2\times\frac{0.83}{2}}=2.4\times10^4$$

6 凝固点降下

(2020 年度 2 I)

I 凝固点降下に関する次の問1～問7に答えよ。

ビーカーに100 g の水を入れ，非電解質Zを6.84 g 溶かした後，かき混ぜながらゆっくりと冷却した。この水溶液の温度変化を示す冷却曲線は図1のようになった。

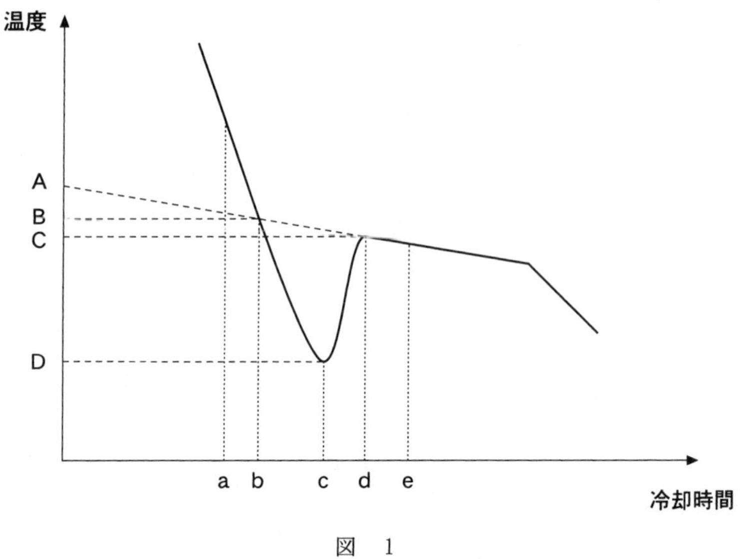

図 1

問 1 液体を冷却していくと凝固点以下になってもすぐには凝固しない。この現象を何というか。その名称を答えよ。

問 2 この水溶液の凝固点は図中の温度A，B，C，Dのうち，どの温度か。記号で答えよ。

問 3 図中の冷却時間a，b，c，d，eのうち，水溶液が一番高い濃度を示すのはどの時点か。記号で答えよ。

問 4　次の(イ)～(二)に記す現象または事項のうち，凝固点降下に関係しない現象，事項を一つ選び，記号で答えよ。

（イ）　海水は凍りにくい。

（ロ）　ナフタレンを利用した防虫剤とパラジクロロベンゼンを利用した防虫剤を混合すると，常温でも液体になり，衣類にシミができることがある。

（ハ）　自動車のエンジンの冷却水にエチレングリコールを混ぜる。

（二）　携帯用冷却パックには，硝酸アンモニウムや尿素が含まれている。

問 5　凝固点降下から分子量を求めることができる。この水溶液の凝固点を測定したところ，－0.370℃であった。Zの分子量を整数値で答えよ。水のモル凝固点降下を1.85 K·kg/molとする。

問 6　100 gの水に塩化カルシウムを2.22 g溶かした水溶液の凝固点は－1.00℃であった。水溶液中の塩化カルシウムの電離度を有効数字2桁まで求めよ。ただし，塩化カルシウムの式量を111とする。

問 7　酢酸をベンゼンに溶かすと，酢酸の一部は，2分子間で水素結合を形成し，1個の分子のように振る舞う。この現象を，会合によって二量体が形成されたといい，二量体形成した酢酸の割合を会合度と呼ぶ。

100 gのベンゼンに酢酸を1.2 g溶かした溶液の凝固点は4.93℃であった。ベンゼン中の酢酸の会合度を有効数字2桁まで求めよ。ただし，ベンゼンの凝固点は5.53℃，モル凝固点降下は5.12 K·kg/mol，酢酸の分子量を60とする。

解 答

問1 過冷却
問2 B
問3 e
問4 (ニ)
問5 342
問6 0.85
問7 0.83

ポイント

冷却曲線について理解しておきたい。また，凝固点降下度は，全溶質粒子の質量モル濃度に比例するから，問6の電離度，問7の会合度の計算に注意が必要である。

解 説

問1 液体を冷却していくと，液体の状態を保ったまま，温度が凝固点よりも下がることがある。これを過冷却という。

問2 水溶液の凝固点は，凝固開始後の冷却曲線の延長線と凝固前の冷却曲線との交点の温度である。したがって，凝固点はBである。

問3 溶液を冷却すると，まず溶媒のみが凝固するから，残った溶液の濃度は上昇する。したがって，一番高い濃度を示すのはeである。

問4 (イ) 海水はNaClなどの塩が溶けた水溶液である。凝固点降下により，水溶液の凝固点は水の凝固点より低くなるから，海水は水よりも凍りにくい。

(ロ) ナフタレンと*p*-ジクロロベンゼンは，室温では固体である。この防虫剤を混合すると凝固点降下によって室温でも液体になり，衣類にシミができることがある。

(ハ) エチレングリコールは自動車エンジンのラジエーターに不凍液として用いる。エチレングリコール水溶液の凝固点は，加えたエチレングリコールの濃度により変化する。

(ニ) 冷却パックは，硝酸アンモニウムが水に溶けるときの溶解熱を利用しているから，凝固点降下には関係しない。

問5 凝固点降下度をΔt〔K〕，モル凝固点降下をK〔K·kg/mol〕，溶液の質量モル濃度をm〔mol/kg〕，溶質の質量をw〔g〕，溶媒の質量をW〔g〕，Zの分子量をMとすると

$$\Delta t = Km = K\frac{\dfrac{w}{M}}{\dfrac{W}{1000}}$$

$$\therefore\quad M=\frac{1000wK}{W\Delta t}=\frac{1000\times6.84\times1.85}{100\times0.370}=342$$

問6　塩化カルシウム $CaCl_2$ の質量モル濃度を m〔mol/kg〕，電離度を α とすると

$$CaCl_2 \rightleftarrows Ca^{2+} + 2Cl^-$$

	$CaCl_2$	Ca^{2+}	$2Cl^-$	
電離前	m	0	0	
変化量	$-m\alpha$	$+m\alpha$	$+2m\alpha$	
電離後	$m(1-\alpha)$	$m\alpha$	$2m\alpha$	（計）$m(1+2\alpha)$〔mol/kg〕

したがって，塩化カルシウムの電離度は

$$1.00=1.85\times\frac{2.22}{111}\times\frac{1000}{100}\times(1+2\alpha)$$

$$\therefore\quad \alpha=0.851\fallingdotseq0.85$$

問7　酢酸 CH_3COOH の一部はベンゼンのような無極性溶媒中では，酢酸2分子が極性の強いカルボキシ基の部分で次のように会合して，二量体として存在している。

$$H_3C-C\overset{\diagup\!\!\diagup}{}\overset{\delta^-}{O}\cdots\overset{\delta^+}{H}-O\diagdown C-CH_3 \quad / \quad \diagdown O-\underset{\delta^+}{H}\cdots\underset{\delta^-}{O}\diagup\!\!\diagup$$

酢酸の質量モル濃度を m〔mol/kg〕，会合度を β とすると

$$2CH_3COOH \rightleftarrows (CH_3COOH)_2$$

	$2CH_3COOH$	$(CH_3COOH)_2$	
会合前	m	0	
変化量	$-m\beta$	$+\dfrac{m\beta}{2}$	
会合後	$m(1-\beta)$	$m\times\dfrac{\beta}{2}$	（計）$m\left(1-\dfrac{\beta}{2}\right)$〔mol/kg〕

したがって，酢酸の凝固点降下度は

$$5.53-4.93=5.12\times\frac{1.2}{60}\times\frac{1000}{100}\times\left(1-\frac{\beta}{2}\right)$$

$$\therefore\quad \beta=0.828\fallingdotseq0.83$$

7 電子配置，水の生成反応

（2019年度 ① I）

必要があれば次の数値を用いよ。

原子量：H＝1.0，O＝16.0，Ge＝72.6

気体定数：8.3×10^3 Pa·L/(K·mol)

アボガドロ定数：6.0×10^{23}/mol

I　次の問1，問2に答えよ。

問1　次の文章を読み，(1)～(3)に答えよ。

原子は，正の電荷を帯びた原子核と，その周りに存在する負の電荷を帯びた電子からなる。電子は，電子殻とよばれるいくつかの層に分かれて存在し，原子核に近い電子殻から順に収容される。電子殻に入ることのできる電子の最大数は決まっている。ヒ素 $_{33}$As では，原子核に最も近い電子殻から数えて［(あ)］番目の電子殻までは電子で完全に満たされている。最外殻電子は価電子とよばれ，元素の化学的性質を決めている。As はリン P と同じ［(い)］族に属する。周期表上で As の隣の族に属するケイ素 Si やゲルマニウム Ge の価電子は［(う)］個である。単体の Ge では，原子どうしは単体の Si と同じく共有結合で結びついている。単体の Si や Ge は金属と絶縁体の中間の電気伝導性をもち，［(え)］とよばれる。(i)純粋な Ge の結晶において，その構造を保ったまま，ある Ge 原子を As 原子に置き換えると，その As 原子と周りの Ge 原子が共有結合を作り，結合に関与しない As 原子の価電子が，結晶内を比較的自由に動くことができるようになる。

(1)　［(あ)］，［(い)］，［(う)］にあてはまる数字を答えよ。

(2)　［(え)］にあてはまる適切な語句を答えよ。

(3)　下線部(i)について，1.00×10^6 個の Ge 原子に対して1個の割合で As 原子に置き換えたときに，1.00 cm^3 の Ge 結晶中に生じる共有結合に関与しない価電子の個数を有効数字2桁で答えよ。ただし，Ge の結晶の密度は 5.32 g/cm^3 であり，As を加えても密度は変化しないとする。

問 2　次の文章を読み，(1)～(4)に答えよ。気体はすべて理想気体として取り扱ってよい。また，結合エネルギーは温度によらず一定であるとする。

過不足なく反応してすべてが水 H_2O となる水素 H_2 と酸素 O_2 の混合気体を，容積が変化しない 3.36 L の容器に 273 K，1.01×10^5 Pa の条件で充填した。容器内の気体を 400 K に加熱し，混合気体を着火して(ii)すべての H_2 と O_2 を反応させ，400 K に温度を下げて容器内の圧力をはかると，［(お)］Pa であった。一度，容器内を真空に排気し，再び同じ条件で H_2 と O_2 の混合気体を容器に充填した。容器内の気体を 323 K に加熱し，混合気体を着火して(iii)すべての H_2 と O_2 を反応させ，323 K に温度を下げると容器の内壁には［(か)］g の水滴が付着した。

(1)　下線部(ii)に関連して，この反応における 1.00 mol の水が生成するときの反応熱〔kJ〕を有効数字 2 桁で答えよ。ただし，H_2O の O–H の結合エネルギーは 459 kJ/mol，H_2 の H–H の結合エネルギーは 432 kJ/mol，O_2 の O ＝ O の結合エネルギーは 494 kJ/mol とする。

(2)　［(お)］に入る数値を有効数字 2 桁で答えよ。ただし，400 K での水の蒸気圧は 2.47×10^5 Pa である。

(3)　［(か)］に入る数値を有効数字 2 桁で答えよ。ただし，323 K での水の蒸気圧は 1.23×10^4 Pa である。

(4)　下線部(iii)の反応および凝縮過程で発生する熱量〔kJ〕を有効数字 2 桁で答えよ。ただし，323 K での H_2O の蒸発熱は 40.0 kJ/mol とする。

解　答

問1　(1) (あ) 3　(い) 15　(う) 4
(2)半導体　(3) 4.4×10^{16} 個/cm^3

問2　(1) 2.4×10^{2} kJ　(2) 9.9×10^{4}　(3) 1.5　(4) 2.7×10 kJ

ポイント

問1(3)では，共有結合に関与しない価電子の個数はGe原子の $\dfrac{1}{1.00\times10^{6}}$ 個になる。問2では，水の状態を把握する必要がある。

解　説

問1　(1)　ヒ素 $_{33}$As とリンPは15族に属しているから，ヒ素の電子配置はK殻(2)，L殻(8)，M殻(18)，N殻(5)であり，M殻までは電子で完全に満たされている。ケイ素Siやゲルマニウム Ge は14族に属しており，価電子は4個である。

(2)　ケイ素Siの結晶の電気伝導性は金属と非金属の中間の大きさで，半導体の性質を示す。

(3)　1.00cm^3 に含まれるゲルマニウム Ge の原子数は

$$\frac{1.00\times5.32}{72.6}\times6.0\times10^{23}=4.39\times10^{22}\text{ 個}$$

Geの価電子は4個で，ヒ素Asの価電子は5個であるから，共有結合に関与しない価電子の個数はAs原子に置き換えた原子数と一致する。また，1.00×10^{6} 個のGe原子に対して1個の割合でAs原子に置き換えるから

$$\frac{4.39\times10^{22}}{1.00\times10^{6}}=4.39\times10^{16}\fallingdotseq4.4\times10^{16}\,[\text{個/cm}^3]$$

問2　(1)　1.00mol の水（気）が生成するときの反応熱を Q[kJ] とすると

$$H_2\,(気)+\frac{1}{2}O_2\,(気)=H_2O\,(気)+Q\,\text{kJ}$$

Q[kJ] =（生成物の結合エネルギーの和）−（反応物の結合エネルギーの和）

$$=(459\times2)-\left(432+494\times\frac{1}{2}\right)=239$$

$$\fallingdotseq2.4\times10^{2}\,[\text{kJ}]$$

(2)　標準状態（273K，1.01×10^{5}Pa）での気体のモル体積は 22.4L/mol であるから，混合気体の全物質量は

$$\frac{3.36}{22.4}=0.150\,[\text{mol}]$$

また，水素 H_2 と酸素 O_2 が過不足なく反応するから，H_2 と O_2 の物質量は2：1で

あり，H_2 は 0.100 mol，O_2 は 0.050 mol になる。
混合気体を燃焼すると

	$2H_2$	+ O_2	$\longrightarrow$ $2H_2O$		
反応前	0.100	0.050	0	(計)	0.150〔mol〕
変化量	−0.100	−0.050	+0.100		
反応後	0	0	0.100	(計)	0.100〔mol〕

生成した水がすべて気体（水蒸気）であると仮定して，反応後の容器内の圧力を P〔Pa〕とすると

$$P\times 3.36=0.100\times 8.3\times 10^3\times 400$$

∴　$P=9.88\times 10^4 \fallingdotseq 9.9\times 10^4$〔Pa〕

この値は 400 K での水の蒸気圧（2.47×10^5 Pa）より小さい値だから，容器内ではすべて水蒸気として存在する。

(3)　323 K で，すべて水蒸気であると仮定したときの容器内の圧力は

$$\frac{9.88\times 10^4}{400}\times 323=7.97\times 10^4\text{〔Pa〕}$$

この値は 323 K での水の蒸気圧（1.23×10^4 Pa）より大きい値だから，容器内には液体の水が存在する。323 K で水蒸気として存在している水の物質量を n〔mol〕とすると

$$1.23\times 10^4\times 3.36=n\times 8.3\times 10^3\times 323$$

∴　$n=0.0154$〔mol〕

したがって，液体の水として存在する水の質量は

$$(0.100-0.0154)\times 18.0=1.52\fallingdotseq 1.5\text{〔g〕}$$

(4)　水（気）の生成熱は(1)より

$$H_2\,(気)+\frac{1}{2}O_2\,(気)=H_2O\,(気)+239\,kJ$$

(2)より，すべての H_2 と O_2 が反応したとき発生する熱量は

$239\times 0.100=23.9$〔kJ〕　……①

また，323 K での H_2O の蒸発熱は 40.0 kJ/mol だから

$$H_2O\,(液)=H_2O\,(気)-40.0\,kJ$$

323 K に温度を下げたとき，凝縮する H_2O の物質量は

$0.100-0.0154=0.0846$〔mol〕

そのとき発生する熱量は

$40.0\times 0.0846=3.38$〔kJ〕　……②

したがって，下線部(iii)の反応および凝縮過程で発生する熱量は，①＋② より

$23.9+3.38=27.2\fallingdotseq 27$〔kJ〕

8 水の状態変化

(2018 年度 [1] I)

必要があれば次の数値を用いよ。
原子量：H＝1.0，O＝16.0

I　次の文章を読み，問1～問6に答えよ。

水は生命活動の維持に欠かせない物質であり，温度や圧力を変えることにより姿を変える。図1は，温度と圧力を変えたときの水の状態変化を示した図である。大気圧(1 atm)で温度を室温から下げていくと，0℃以下で水は氷になる。温度を上げていくと，100℃以上で水蒸気になる。図1のA点より圧力が低いとき，氷の温度を上げていくと直接水蒸気になる。

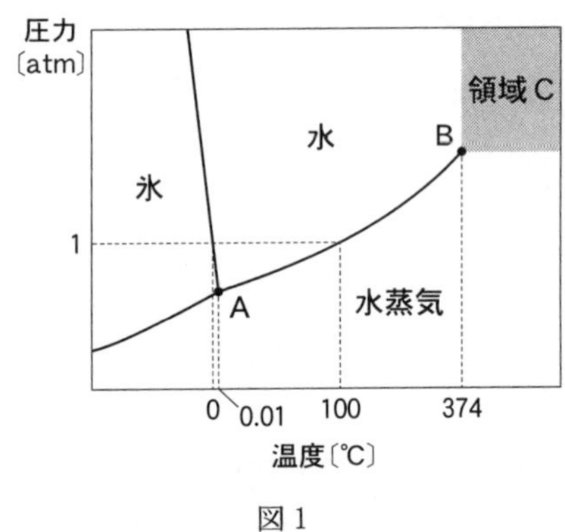

図1

問1　水から氷への状態変化の名称を答えよ。

問2　図1のA点およびB点の名称を答えよ。また，B点より温度と圧力がともに高い領域Cについて説明したもっとも適切な記述を，次の(あ)～(え)から選び記号で記せ。

(あ)　水蒸気とも液体の水とも区別のつかない状態。

(い)　水分子が激しく運動している水蒸気の状態。

(う)　水分子が酸素原子と水素原子に分解した状態。

（え）　B点より温度と圧力がともに高い状態は存在しない。

問 3　1 atm で 0 ℃ の氷 27 g を，圧力一定の下で温度が 100 ℃ になるまで加熱し，すべてを水蒸気にするために必要な熱量を<u>単位をつけて</u>有効数字2桁で答えよ。ただし，氷の融解熱を 6.0 kJ/mol，水の比熱を 4.2 J/(g·K)，水の蒸発熱を 41 kJ/mol とする。

問 4　水蒸気では水分子がさまざまな速さで運動している。200 ℃ の水蒸気と 500 ℃ の水蒸気について，横軸に水分子の速さ，縦軸にその速さの分子の数の割合を取り，違いが分かるようにグラフを描け。なお，分子の運動エネルギーはその速さの二乗に比例し，水蒸気の圧力は両温度ともに 1 atm とする。

〔解答欄〕

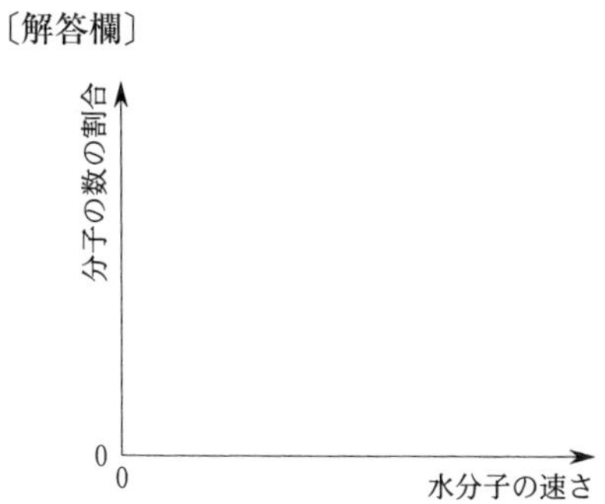

問 5　酸性水溶液では，一部の水分子はオキソニウムイオンとなる。オキソニウムイオンの電子式を示せ。

問 6　氷では，水分子と水分子の間に水素結合が形成され強固な構造が作られる。1 atm における氷の中で，一つの水分子と水素結合を形成している水分子の個数を答えよ。

解 答

問1 凝固

問2 A点：三重点 B点：臨界点 領域C：(あ)

問3 8.2×10kJ

問4 右図。

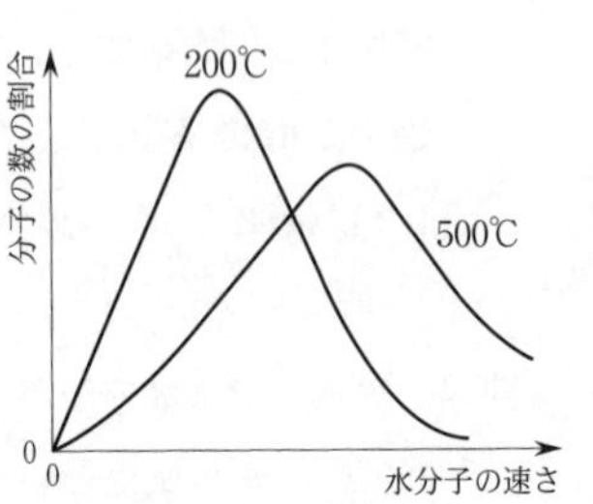

問5 $\left[\mathrm{H:\ddot{\underset{..}{O}}:H}\atop \mathrm{H}\right]^{+}$

問6 4個

ポイント

水は臨界点を超えると，気体とも液体とも区別のつかない超臨界状態となる。問4では，温度が高くなるほど運動の速さの平均値が大きくなることを描図する。

解 説

問2 A点は三重点といい，0.01℃，6.078×10^2Paで，固体・液体・気体が共存する特殊な平衡状態である。また，B点は臨界点といい，374℃，2.208×10^7Paである。これを超えると，気体とも液体とも区別のつかない状態（超臨界状態）となる。

問3 必要な熱量は，氷の融解に必要な熱量と水の温度上昇に必要な熱量と水の蒸発に必要な熱量の和だから

$$6.0\times\frac{27}{18.0}+4.2\times27\times100\times\frac{1}{1000}+41\times\frac{27}{18.0}=81.8\fallingdotseq82\,[\mathrm{kJ}]$$

問4 温度が上昇すると，分子の熱運動が激しくなり，速い分子の数の割合が増加する。

問5 水分子と水素イオンが配位結合すると，オキソニウムイオン H_3O^+ が生じる。

$$\underset{\text{水}}{\mathrm{H:\ddot{\underset{..}{O}}:H}}+\underset{\text{水素イオン}}{\mathrm{H^+}}\longrightarrow\underset{\text{オキソニウムイオン}}{\left[\mathrm{H:\ddot{\underset{..}{O}}:H}\atop \mathrm{H}\right]^{+}}$$

問6 氷の結晶は，1個の水分子に対してほかの4個の水分子が水素結合して，正四面体構造をとる。

9 金属結晶の構造

（2018年度 2 Ⅰ）

必要があれば次の数値を用いよ。

アボガドロ定数：6.0×10^{23}/mol

$\sqrt{2}=1.41$，$\sqrt{3}=1.73$，$\sqrt{5}=2.24$

Ⅰ　次の文章を読み，問1～問5に答えよ。

原子番号20までの典型元素から，ベリリウムを除く金属元素A～Fの6種類を選びこれらの反応と性質を調べた。A，B，C，Dの単体は常温の水と反応して水素を発生し，強塩基性の水酸化物を生じた。E，Fの単体は常温の水とはほとんど反応しなかったが，(i)Fの単体は熱水とは徐々に反応して，水にほとんど溶けない弱塩基性の水酸化物を生成した。Eの単体は酸，強塩基のいずれの水溶液にも溶けて水素を発生したが，濃硝酸には溶解しなかった。A，B，C，Dは炎色反応を示したが，EとFは炎色反応を示さなかった。

A～Fは，常温・常圧下において原子が金属結合によって規則的に配列し結晶として存在した。A～Fの原子半径 r，希ガスと同じ電子配置を取ったときのイオン半径 r_i，常温・常圧での単位格子の構造および密度 d を調べたところ，表1のようになった。同族元素であるA，B，CではCが最も原子半径，イオン半径が大きく，同一周期にあるBとFではBの原子半径とイオン半径はFのそれより大きかった。A，B，Cは単位格子の体積に占める金属原子の体積の割合（充填率）が68％の［(ア)］立方格子を，D，Eは充填率が74％で単位格子中に4個の原子が含まれる［(イ)］立方格子を，Fは六方最密構造をとっていた。

表1

元素	原子半径 r〔cm〕	イオン半径 r_i〔cm〕	単位格子の構造	密度 d〔g/cm^3〕
A	1.52×10^{-8}	0.90×10^{-8}	(ア) 立方格子	0.53
B	1.86×10^{-8}	1.16×10^{-8}	(ア) 立方格子	0.97
C	2.31×10^{-8}	1.52×10^{-8}	(ア) 立方格子	0.86
D	1.97×10^{-8}	1.14×10^{-8}	(イ) 立方格子	1.55
E	1.43×10^{-8}	0.68×10^{-8}	(イ) 立方格子	2.70
F	1.60×10^{-8}	0.86×10^{-8}	六方最密構造	1.74

問 1 空欄 (ア) ， (イ) にあてはまる語句を答えよ。

問 2 A～F の元素を元素記号で答えよ。

問 3 下線部(i)の反応を化学反応式で示せ。

問 4 典型元素の金属イオンに関する以下の記述のうち，誤りを含むものをすべて選び，番号で答えよ。

① 原子が電子を1個取り込んで1価の陰イオンになるために必要なエネルギーをイオン化エネルギーという。

② 同じ希ガス型電子配置を持つ陽イオンにおいて，原子番号が大きくなるほどイオン半径が小さくなるのは，原子核の正電荷が大きくなり電子がより強く引きつけられるためである。

③ 金属原子が電子を失って陽イオンになるときに放出されるエネルギーを電子親和力という。電子親和力が大きい原子ほど陽イオンになりやすい。

④ イオン化傾向の大きい金属元素の単体は，電子を失って陽イオンになりやすい，すなわち還元されやすく，強い酸化剤としてはたらく。

⑤ 同族の金属元素において，原子番号が大きいほどイオン半径が大きくなるのは，電子がより外側の電子殻に入るためである。

問 5　原子は半径 r の球であり，なおかつ結晶内で最も近くにある原子同士が接しているとする。次の(1)，(2)に答えよ。

(1)　［　(ア)　］立方格子をとる金属元素の原子量は，原子半径 r〔cm〕，密度 d〔g/cm^3〕，アボガドロ定数 N_A〔/mol〕を用いてどのように表されるか，以下から選び記号で答えよ。

(あ)　$2\sqrt{2}N_Adr^3$　(い)　$2\sqrt{3}N_Adr^3$　(う)　$2\sqrt{5}N_Adr^3$

(え)　$\frac{16\sqrt{2}}{9}N_Adr^3$　(お)　$\frac{32\sqrt{2}}{9}N_Adr^3$　(か)　$\frac{16\sqrt{3}}{9}N_Adr^3$

(き)　$\frac{32\sqrt{3}}{9}N_Adr^3$　(く)　$\frac{16\sqrt{5}}{9}N_Adr^3$　(け)　$\frac{32\sqrt{5}}{9}N_Adr^3$

(2)　A，B，C のなかには，イオン化傾向が大きく高い起電力が得られるため，携帯電話や電気自動車の電池に使われる金属が含まれる。この金属を元素記号で答え，原子量を小数点以下第1位まで求めよ。

解　答

問1　(ア)体心　(イ)面心

問2　A．Li　B．Na　C．K　D．Ca　E．Al　F．Mg

問3　$Mg + 2H_2O \longrightarrow Mg(OH)_2 + H_2$

問4　①・③・④

問5　(1)―(き)

(2)元素記号：Li　原子量：6.9

ポイント

面心立方格子は最密構造で，充塡率は74％，体心立方格子は空間にやや隙間がある構造で，充塡率は68％である。アルカリ金属の原子半径は Li<Na<K である。問5は，立方格子の一辺の長さ a〔cm〕と原子の半径 r〔cm〕の関係から計算する必要がある。

解　説

問1　アルカリ金属の結晶格子は体心立方格子である。また，カルシウム，アルミニウムの結晶格子は面心立方格子である。

問2　A，B，Cはアルカリ金属元素であり，原子半径が A<B<C で，密度が1 g/cm^3 より小さいから，Aはリチウム Li，Bはナトリウム Na，Cはカリウム K である。Dはアルカリ土類金属で，Cより原子半径が小さいから，カルシウム Ca である。

Fの単体は常温の水とはほとんど反応せず，熱水とは徐々に反応して水酸化物を生成するから，マグネシウム Mg である。Eの単体は酸，強塩基のいずれの水溶液にも反応する両性金属で，濃硝酸には溶解しないから，アルミニウム Al である。

問4　①　誤文。原子から電子を1個取り去り，1価の陽イオンにするのに必要なエネルギーを，イオン化エネルギーという。

③　誤文。原子が電子を1個受け取るときに放出されるエネルギーを電子親和力といい，電子親和力が大きい原子ほど陰イオンになりやすい。

④　誤文。イオン化傾向の大きい金属元素の単体は酸化されやすく，強い還元剤としてはたらく。

問5　(1)　体心立方格子の一辺の長さを a〔cm〕とすると，原子半径 r との関係は

$$\sqrt{3}a = 4r \qquad \therefore \quad a = \frac{4\sqrt{3}}{3}r$$

単位格子中には原子が2個含まれるから，原子量は

$$原子量 = 原子1個の質量 \times N_A = \frac{\left(\frac{4\sqrt{3}}{3}r\right)^3 \times d}{2} \times N_A = \frac{32\sqrt{3}}{9}N_A d r^3$$

⑵　リチウム Li はリチウムイオン電池として，ノート型パソコンや携帯電話など，広範囲の電子機器に利用されている。

Li は密度 $d=0.53$〔g/cm^3〕で，原子半径 $r=1.52\times10^{-8}$〔cm〕だから

$$原子量=\frac{32\sqrt{3}}{9}\times6.0\times10^{23}\times0.53\times(1.52\times10^{-8})^3=6.86\fallingdotseq6.9$$

10 炭酸ナトリウムの製法，イオン結晶の構造

（2018 年度 2 Ⅱ）

必要があれば次の数値を用いよ。
原子量：H＝1.0，C＝12.0，O＝16.0，Na＝23.0，Si＝28.1

Ⅱ 次の文章を読み，問1～問5に答えよ。

結晶では，原子，イオンまたは分子などの粒子が三次元的に規則正しく配列している。この結果，結晶は一定の融点をもつとともに，決まった外形を示す場合が多い。これに対して，(i)ガラスにおいては，構成粒子の空間的な配列に規則性が見られない。このため，ガラスは決まった融点をもたず，加熱すると徐々に軟化し，任意の形に加工・成形することが容易である。最も一般的なガラスは，SiO_2，Na_2CO_3 および $CaCO_3$ を主原料とした，いわゆるソーダ石灰ガラスである。SiO_2 および $CaCO_3$ は天然に存在するが，Na_2CO_3 は天然には存在せず，アンモニアソーダ法により工業的に製造されている。この方法における主反応は，(ii)塩化ナトリウムの飽和水溶液にアンモニアと二酸化炭素を吹き込み，比較的溶解度の小さい炭酸水素ナトリウムの沈殿を生成させた後，(iii)この沈殿を焼くことによって Na_2CO_3 を生成させる二段階からなる。しかし，$CaCO_3$ を原料として生成した(iv)水酸化カルシウムを下線部(ii)の反応による生成物のひとつと反応させ，アンモニアを回収する工程なども含むことから，全体としては多くの反応から成り立っている。

問1 下線部(i)のガラスのような構造的特徴をもつ物質の総称を答えよ。

問2 下線部(ii)～(iv)の工程におけるそれぞれの化学反応式を記せ。

問3 次の（ア）～（オ）の中から，水に溶けたときに塩基性を示す化合物のみからなる組み合わせを一つ選び，記号で記せ。

（ア） CaO，$CaCl_2$，$NaHCO_3$　　（イ） $Ca(OH)_2$，$NaCl$，NH_3

（ウ） $CaCl_2$，NH_3，Na_2CO_3　　（エ） CaO，$Ca(OH)_2$，$NaHCO_3$

（オ） $Ca(OH)_2$，$NaCl$，Na_2CO_3

問 4　SiO_2 と Na_2CO_3 の 2 種類の原料だけを用いて，Si と Na を原子の数の比で 7 ： 6 で含んだガラスを実験的に作りたい。原料全体の質量を 100 g とするとき，必要となる各原料の質量〔g〕を有効数字 2 桁で求めよ。

問 5　$CaCO_3$ は多くの種類の結晶構造をとるが，いずれも Ca^{2+} と CO_3^{2-} からなるイオン結晶であり，なかでも常温・常圧で最も安定な方解石型の $CaCO_3$ の結晶構造は図 1 に示すようになっている。(a)は単位格子を表わしている。一方，(b)は単位格子ではないが，このような構造単位を考えると，方解石型 $CaCO_3$ の結晶構造を理解しやすい。(a)も(b)も，それぞれ合同な菱形の面からなる平行六面体である。また，CO_3^{2-} では炭素を中心とした正三角形の頂点に酸素が位置しているが，図中では酸素原子を省略し，炭素原子のみが示されている。方解石型 $CaCO_3$ の結晶構造に関して，次の(1)，(2)に答えよ。

(1)　図 1 (b)の構造単位中に含まれる炭素原子の数を答えよ。

(2)　図 1 (b)の構造単位の体積は単位格子の体積の何倍であるか，答えよ。

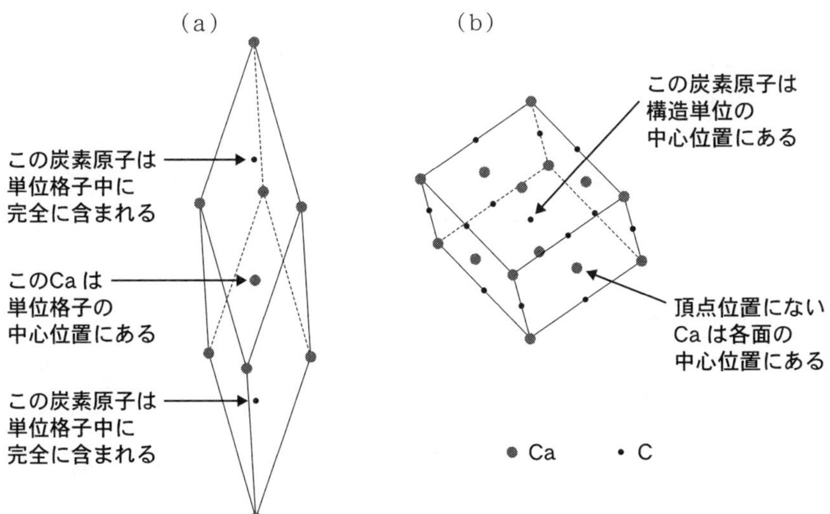

図 1

解 答

問1 アモルファス（非晶質）

問2 (ii) $NaCl + H_2O + NH_3 + CO_2 \longrightarrow NaHCO_3 + NH_4Cl$

(iii) $2NaHCO_3 \longrightarrow Na_2CO_3 + H_2O + CO_2$

(iv) $Ca(OH)_2 + 2NH_4Cl \longrightarrow CaCl_2 + 2H_2O + 2NH_3$

問3 (エ)

問4 SiO_2：5.7×10 g　Na_2CO_3：4.3×10 g

問5 (1) 4個　(2) 2倍

ポイント

アンモニアソーダ法をしっかりと理解しておきたい。問5は結晶格子の図を参考にして，図1(a)の単位格子中に含まれる炭素原子の数と，図1(b)の構造単位中に含まれる炭素原子の数から，題意を考えたい。

解 説

問1 ガラスは構成粒子の配列が不規則な状態のままで固化したもので，アモルファス（非晶質）に分類される。

問3 金属元素の酸化物 CaO は，水と反応すると塩基を生じる塩基性酸化物である。$Ca(OH)_2$ は，強塩基である CaO に加水して生じるが，その水溶液は石灰水と呼ばれ強い塩基性を示す。

$NaHCO_3$ は弱酸である H_2CO_3 と強塩基である NaOH からできた酸性塩であるが，水に溶解すると塩基性を示す。その際，電離により生じた HCO_3^- が次のように加水分解する。

$$HCO_3^- + H_2O \rightleftarrows H_2CO_3 + OH^-$$

$CaCl_2$，NaCl は強酸と強塩基からできた正塩であるから，水溶液は中性を示す。

問4 SiO_2 の質量を x〔g〕，Na_2CO_3 の質量を y〔g〕とすると

$$x + y = 100$$

$$\frac{x}{60.1} : 2 \times \frac{y}{106.0} = 7 : 6$$

2式を連立させると

$$x = 56.9 \fallingdotseq 57 \text{〔g〕}$$

$$y = 43.0 \fallingdotseq 43 \text{〔g〕}$$

問5 (1) 炭素原子は(b)の構造単位の中心位置に1個あり，各辺上にある炭素原子は合計3個分になるから，構造単位中に含まれる炭素原子の数は　1+3=4 個

(2) (a)の単位格子中には炭素原子は2個含まれる。(b)の構造単位には4個含まれるから，炭素原子の数は(a)の単位格子の2倍である。したがって，(b)の構造単位の体積は単位格子(a)の体積の2倍である。

11 混合気体の圧力，飽和蒸気圧

（2016年度 1 Ⅱ）

必要があれば次の数値を用いよ。
　気体定数：8.3×10^3 Pa·L/(K·mol)
　0℃のときの絶対温度：273K

Ⅱ　次の文章を読み，問1～問6に答えよ。

体積を自由に変えることのできるピストン付きのガラス容器に0.030 molのエタノールと0.020 molの窒素を入れ，圧力を0.050×10^5 Pa，温度を27℃に保ち，長時間放置した(状態A)。このとき，エタノールはすべて気体となっていた。その後，温度を一定に保ちながら，圧力を徐々に高めていったところ，状態Bでエタノールが凝縮しはじめた。その後，さらに圧力を高め，0.29×10^5 Paまで圧縮した(状態C)。このとき，容器内の体積変化は図1のようになった。

気体はすべて理想気体とし，液体(エタノール)の体積は無視できるものとする。また，窒素の液体への溶解も無視できるものとする。エタノールの蒸気圧曲線は図2のように変化するものとし，27℃における飽和蒸気圧は0.090×10^5 Paとする。

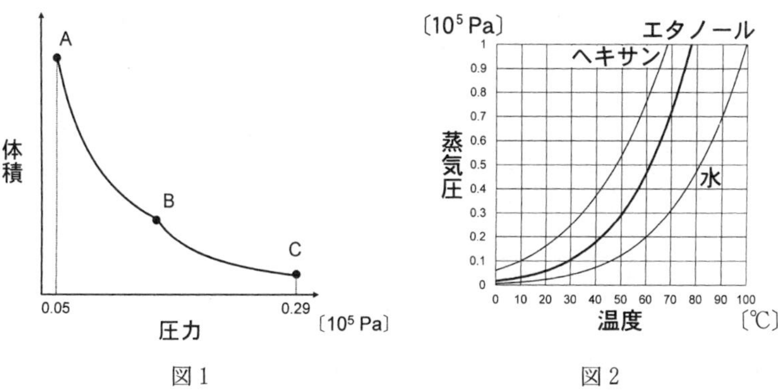

図1　　　　　　　　　　図2

問1　図2にはエタノールの他に水とヘキサンの蒸気圧曲線も示してある。次の(a)～(c)の記述にあてはまる物質を「エタノール」，「水」，「ヘキサン」

の中からそれぞれ選び，物質名で答えよ。

（a） 気圧が 0.7×10^5 Pa のとき，沸点が最も低い物質

（b） 27 ℃ において，それぞれ別の真空の容器に入れ，いずれの物質も一部が液体として容器内に残っているとき，内部の圧力が最も高い物質

（c） 分子間力が最も大きい物質

問 2 状態Aにおける容器内の体積〔L〕を有効数字 2 桁で答えよ。

問 3 状態Bにおける容器内の圧力〔Pa〕を有効数字 2 桁で答えよ。

問 4 状態Bにおいて，体積を固定したままエタノールと窒素のモル分率を変化させたとすると，容器内の圧力はどのように変化すると考えられるか。次の(ア)～(ク)のグラフから一つ選び，記号で答えよ。ただし，エタノールのモル分率を x，窒素のモル分率を $1-x$ とし，全物質量は変化させないものとする。また，温度は 27 ℃ に保ったままとする。

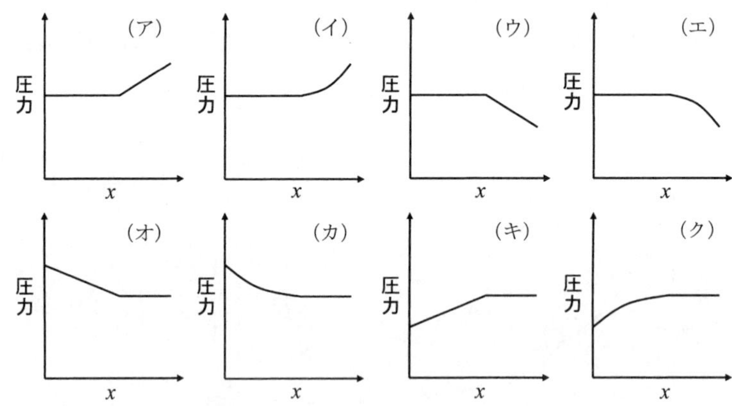

問 5 状態Cにおける容器内の体積〔L〕を有効数字 2 桁で答えよ。

問 6 状態Cから容器内の体積を固定したまま，温度を徐々に上げた。容器内の液体がすべて気体に変化する温度は，次の(ケ)～(セ)のどの範囲に含ま

れるか，記号で答えよ。

(ケ)　27～37 ℃　　(コ)　37～47 ℃　　(サ)　47～57 ℃

(シ)　57～67 ℃　　(ス)　67～77 ℃　　(セ)　77 ℃ 以上

解 答

問1 (a)ヘキサン (b)ヘキサン (c)水

問2 25L

問3 1.5×10^4Pa

問4 (ウ)

問5 2.5L

問6 (サ)

ポイント

蒸気圧曲線の理解度を問う問題である。飽和蒸気圧は，ほかの気体が共存しても変わらない。問6では，エタノールがすべて気体のときの圧力と温度の関係と，エタノールが気液平衡のときの飽和蒸気圧曲線との関係に着目する。

解 説

問1 (a) 蒸気圧が外圧と等しくなると沸騰する。そのときの温度が沸点である。蒸気圧が 0.7×10^5Pa になる温度が最も低い物質はヘキサンである。

(b) 気液平衡（蒸発平衡）のとき，内部の圧力は飽和蒸気圧になるから，27℃において最も高い蒸気圧を示す物質はヘキサンである。

(c) 分子間力が大きいほど蒸気圧は低くなるから，分子間力が最も大きい物質は水である。

問2 状態Aでの容器内の体積を V_A〔L〕とすると，気体の状態方程式より

$$0.050\times10^5\times V_A=(0.030+0.020)\times8.3\times10^3\times(273+27)$$

$$V_A=24.9\fallingdotseq25〔\mathrm{L}〕$$

問3 エタノールの27℃における飽和蒸気圧は 0.090×10^5Pa である。状態Bでの容器内の体積を V_B〔L〕とすると，気体の状態方程式より

$$0.090\times10^5\times V_B=0.030\times8.3\times10^3\times(273+27)$$

$$V_B=8.3〔\mathrm{L}〕$$

状態Bでの窒素の圧力を p_{N_2}〔Pa〕とすると，気体の状態方程式より

$$p_{N_2}\times8.3=0.020\times8.3\times10^3\times(273+27)$$

$$p_{N_2}=6.0\times10^3〔\mathrm{Pa}〕$$

したがって，状態Bでの容器内の圧力 P_B はエタノールの圧力と窒素の圧力の和だから

$$P_B=0.090\times10^5+6.0\times10^3=1.5\times10^4〔\mathrm{Pa}〕$$

別解 状態Bにおいて，エタノールは0.030molが飽和蒸気圧 0.090×10^5Pa で気体として存在しているとみなせる。また，窒素0.020molは常にすべて気体として

存在している。

よって，エタノールの分圧は全圧にモル分率をかけたものであるから，状態Bの全圧を P_B〔Pa〕とすると

$$0.090\times10^5=P_B\times\frac{0.030}{0.030+0.020}$$

$$P_B=1.5\times10^4〔\mathrm{Pa}〕$$

問4　状態Bでのエタノールのモル分率は

$$\frac{0.030}{0.030+0.020}=0.60$$

エタノールのモル分率が0.60より小さいときは，容器内はすべて気体であり，気体の全物質量が変化しないので，容器内の圧力は一定である。

エタノールのモル分率が0.60より大きいときは，エタノールの液化がおこり，エタノールの物質量は0.030 mol で一定となるため，気体の全物質量は

$$0.030+0.050(1-x)=0.080-0.050x〔\mathrm{mol}〕$$

と表される。ここで，容器内の圧力は気体の全物質量に比例するため，モル分率 x に対して一次関数的に（直線的に）減少することがわかる。

問5　状態Cにおいて窒素はすべて気体であるから，容器内の体積を V_C〔L〕とすると，気体の状態方程式より

$$(0.29\times10^5-0.090\times10^5)\times V_C=0.020\times8.3\times10^3\times(273+27)$$

$$V_C=2.49\fallingdotseq2.5〔\mathrm{L}〕$$

問6　エタノールの圧力を $p\times10^5$〔Pa〕，摂氏温度を t〔℃〕とすると

$$p\times10^5\times2.49=0.030\times8.3\times10^3\times(273+t)$$

$$p=0.001t+0.273$$

上式とエタノールの蒸気圧曲線との交点は約52℃付近であるから，容器内の液体がすべて気体に変化する温度は(サ)である。

12 炭素の同素体

（2016 年度 2 Ⅱ）

Ⅱ　次の文章を読み，問 1 ～問 5 に答えよ。

炭素は化学の中でもっとも重要な元素といってよい。20 世紀後半にはフラーレンやカーボンナノチューブなどの新しい同素体の発見が相次いだが，古くからはダイヤモンドと黒鉛がよく知られている。前者はダイヤモンド構造と呼ばれる結晶構造をとり，［(あ)］結合性結晶である。炭素の価電子数は［(A)］個で，ダイヤモンド構造では隣接する［(A)］個の原子と立体的な構造を形成する。一方黒鉛は隣接する［(B)］個の原子と［(あ)］結合をつくり，［(い)］形の骨格をもつ平面的な層構造を形成している。また炭素原子あたり［(C)］個の価電子が層全体に共有されるため，よく電気を通す。層間は分子間力の一つである［(う)］力によって結合されているため，層間にイオンなどを取り込むことができる。このような特性は，リチウムイオン電池で利用されている。また，炭素は作製法によっては規則的な結晶構造をもたない固体を作ることができる。このような周期性をもたない構造をもつ固体物質を一般に［(え)］と呼ぶ。

炭素原子にはいくつかの同位体が存在する。もっとも存在比が大きい ^{12}C は存在比が 98.9 % であり，次に存在比が大きい ^{13}C は 1.1 % である。^{14}C はごく微量であるが，放射性同位体であるため，古代の生物が生存していた年代の調査などに用いられる。

問 1　［(あ)］～［(え)］にあてはまる適切な語句を記せ。

問 2　［(A)］～［(C)］にあてはまる適切な数字を記せ。

問 3　ある方法によって人工的に ^{13}C の濃度を高めたところ，C の原子量が 12.452 となった。^{13}C の存在比〔%〕を有効数字 3 桁で求めよ。ただし，^{14}C は微量であるため無視できるとし，^{12}C と ^{13}C の相対質量をそれそれ 12.00, 13.00 とする。

問 4　常温・常圧においてダイヤモンド構造を有するものを以下の(ア)～(カ)から一つ選び記号で記せ。

(ア)　Fe　　(イ)　Au　　(ウ)　Si

(エ)　MgO　　(オ)　CO_2　　(カ)　CH_4

問 5　ダイヤモンドも酸素中で熱すると燃焼する。次の結合エネルギーから炭素(ダイヤモンド)の燃焼熱〔kJ/mol〕を有効数字3桁で求めよ。なお，O＝O(O_2)の結合エネルギーは 494 kJ/mol，C＝O(CO_2)の結合エネルギーは 799 kJ/mol，C–C(ダイヤモンド)の結合エネルギーは 354 kJ/mol とする。また，ダイヤモンドは固体であるが，燃焼熱は気体分子の燃焼の場合と同じように物質の結合エネルギーから求められるものとする。

解　答

問1 (あ)共有 (い)正六角 (う)ファンデルワールス
(え)アモルファス（非晶質，無定形固体）

問2 (A) 4 (B) 3 (C) 1

問3 45.2%

問4 (ウ)

問5 396kJ/mol

ポイント
炭素の同素体の結晶に関する基本的な問題である。原子量は，同位体の相対質量の平均値である。問5では，ダイヤモンドの炭素原子は隣接する4個の炭素原子と共有結合していることに注意する。

解　説

問1・問2　ダイヤモンドの結晶は，それぞれの炭素原子が周囲の4個の炭素原子と正四面体をつくるように共有結合している。
黒鉛は，それぞれの炭素原子がほかの3個の炭素原子と正六角形の網目状の平面構造をつくるように共有結合している。層と層は弱いファンデルワールス力しかはたらかず，共有結合を維持していない1個の価電子は平面構造に沿って動けるため，黒鉛は電気をよく通す。

問3　^{13}C の存在比を a〔%〕とすると

$$13.00\times\frac{a}{100}+12.00\times\frac{100-a}{100}=12.452 \qquad \therefore \quad a=45.2〔\%〕$$

問5　ダイヤモンドの燃焼熱を Q〔kJ/mol〕とすると

$$C\,(ダイヤモンド)+O_2=CO_2+Q\,kJ$$

ダイヤモンドの炭素原子は隣接する4個の炭素原子と共有結合しているので，炭素原子1molの結合エネルギーは $\frac{4\times354}{2}=708$〔kJ/mol〕になる。

反応熱＝(生成物の結合エネルギーの和)－(反応物の結合エネルギーの和)

$$Q=(2\times799)-(708+494)=396〔kJ/mol〕$$

13 コロイド溶液の性質，浸透圧

(2015年度 2 II)

必要があれば次の数値を用いよ。
気体定数：8.3×10^3 Pa·L/(K·mol)

II　次の問1～問3に答えよ。

問1　次の(a)～(d)に最も関連する現象や状態を，以下の(ア)～(キ)から一つずつ選び，その記号を答えよ。

(a)　ゲル　(b)　チンダル現象　(c)　凝析　(d)　透析

(ア)　朝もやに太陽の光がさしこんだときにその光の道筋が見える。

(イ)　粘土のコロイド溶液にミョウバンを加えると粘土が沈殿する。

(ウ)　銅(II)イオンの水溶液にアンモニア水を少量入れると沈殿するが，多量に入れると深青色の透明な溶液になる。

(エ)　豆乳にニガリを加えて豆腐をつくる。

(オ)　水中のコロイド粒子が，溶媒との衝突により不規則に動いている。

(カ)　半透膜でできた細い管の束に血液を通して老廃物を除去する。

(キ)　含水量の少ない酢酸は温度が下がると容易に凝固する。

問2　次の文章を読み，(1)～(4)に答えよ。

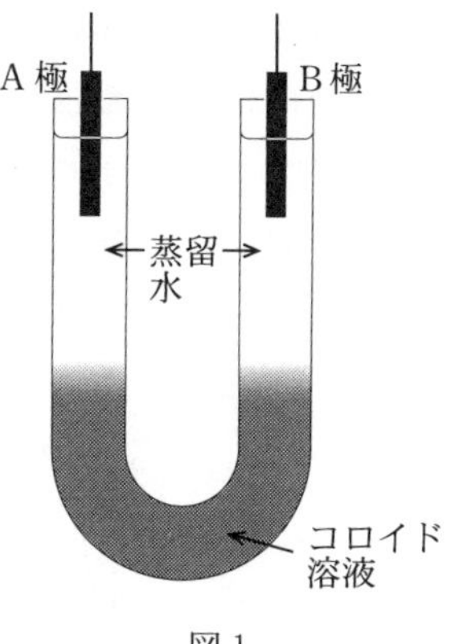

図1

ヨウ化カリウム水溶液と硝酸銀水溶液を混ぜ合わせることで，ヨウ化銀 AgI からなるコロイド溶液が得られた。この溶液を図1のようにU字管にいれ，A極とB極の二つの電極を差し込み，電極間に直流電圧をかけた。ヨウ化カリウム水溶液に少量の硝酸銀水溶液を加えたときに生成するコロイド粒子はA極側に移動した。これは溶液中のヨウ化物イオンがコロイド粒子表面に結合し，コロイド粒子が帯電しているためである。一方，硝酸銀水溶液に少量のヨウ化カリウム水溶液を加えた場合には，コロイド粒子表面に銀イオンが結合するため，コロイド粒子はB極側に移動した。

(1) 電荷を帯びたコロイド粒子が，一方の電極側に向かって移動する現象を何とよぶか答えよ。

(2) A極は陽極あるいは陰極のどちらかを答えよ。

(3) ヨウ化カリウム水溶液に少量の硝酸銀水溶液を加えることで得られたコロイド溶液に，イオンを含む水溶液を加えてコロイド粒子を沈殿させた。このとき，最も少ない添加量でコロイド粒子を沈殿させたイオンはどれか。(サ)～(ソ)の中から一つ選び，記号で答えよ。なお，加える水溶液中の(サ)～(ソ)のイオンのモル濃度はすべて同じとする。

(サ) K^{+}　(シ) Mg^{2+}　(ス) Al^{3+}

(セ) SO_4^{2-}　(ソ) PO_4^{3-}

(4) 水との親和力が小さく，少量の電解質を加えることで沈殿するコロイドを何とよぶか，以下の(タ)～(ツ)の中から一つ選び，記号で答えよ。

(タ) 保護コロイド　(チ) 疎水コロイド　(ツ) 親水コロイド

問 3 次の文章を読み，問に答えよ。

沸騰した蒸留水に 0.40 mol/L の塩化鉄(Ⅲ)水溶液 5.0 mL を加え，全量 50 mL の水酸化鉄(Ⅲ)のコロイド溶液を得た。この溶液をセロファン袋に入れ，十分な量の蒸留水に長時間浸してセロファン袋内の塩化物イオンを除去した後，コロイド溶液の量を 100 mL とした。このコロイド溶液の浸透圧は 27 ℃ で 24.9 Pa であった。一つのコロイド粒子には平均すると，何個の鉄原子が含まれると考えられるか。有効数字 2 桁で答えよ。加えた塩化鉄(Ⅲ)の鉄原子はすべてコロイドを形成しているものとする。なお，浸透圧 Π〔Pa〕，溶液の体積 V〔L〕，コロイド粒子の物質量 n〔mol〕，温度 T〔K〕，気体定数 R〔Pa・L/(K・mol)〕の間には，以下の関係が成立する。

$$\Pi V = nRT$$

解　答

問1　(a)―(エ)　(b)―(ア)　(c)―(イ)　(d)―(カ)

問2　(1)電気泳動　(2)陽極　(3)―(ス)　(4)―(チ)

問3　2.0×10^3 個

ポイント

コロイド溶液の性質を理解しよう。問2は問題文を読み取り，コロイドの電荷を理解する必要がある。問3は，コロイド粒子と鉄原子の物質量で考える。

解　説

問1　(ア)　微小な浮遊水滴や湿った微粒子などのコロイド粒子に横から強い光を当てると，光の進路が明るく輝いて見える現象をチンダル現象という。

(イ)　粘土のコロイドのような疎水コロイドが少量の電解質によって沈殿する現象を凝析という。

(ウ)　銅(Ⅱ)イオンの水溶液に少量のアンモニア水を加えると，水酸化銅(Ⅱ)の青白色ゲル状沈殿が生じるが，過剰のアンモニア水を加えるとテトラアンミン銅(Ⅱ)イオンという錯イオンが生じて溶け，深青色の溶液になる。

(エ)　豆乳にニガリ（$MgCl_2$）を加えると塩析により豆腐ができる。このように流動性を失った半固体状のコロイドをゲルという。

(オ)　コロイド粒子は溶媒との衝突により不規則な運動をする。この運動をブラウン運動という。

(カ)　半透膜を利用してコロイド溶液中に含まれる不純物を除く操作を透析という。

(キ)　酢酸は純粋なものは冬期には凝固するので，氷酢酸と呼ばれている。

問2　(1)　直流電圧をかけるとコロイド粒子が一方の電極へ向かって移動する現象を電気泳動という。

(2)　ヨウ化カリウム水溶液に少量の硝酸銀水溶液を加えたときに生成するコロイドは負の電荷を帯びている。そのコロイドがA極側に移動するから，A極は陽極である。

(3)　疎水コロイドと反対符号の電荷をもち，価数の大きなイオンほど，疎水コロイドを凝析させやすい。負コロイドを凝析させるためには Al^{3+} が最も少ない添加量で沈殿する。

問3　コロイド粒子の物質量を n〔mol〕とすると

$$24.9\times\frac{100}{1000}=n\times8.3\times10^3\times(273+27)$$

$\therefore\quad n=1.00\times10^{-6}$〔mol〕

鉄原子の物質量は　　$0.40\times\frac{5.0}{1000}=2.0\times10^{-3}$〔mol〕

したがって，１つのコロイド粒子に含まれる鉄原子の個数は

$$\frac{2.0\times10^{-3}}{1.00\times10^{-6}}=2.0\times10^{3}\text{ 個}$$

14 炭素とケイ素の化合物

（2014年度 1 I）

必要があれば次の数値を用いよ。
原子量：H＝1.0，C＝12.0，O＝16.0
気体定数：8.3×10^3 Pa・L/(K・mol)
0℃の絶対温度：273 K

I　炭素とケイ素に関する次の文章を読み，問1～問4に答えよ。

炭素Cの酸化物である二酸化炭素 CO_2 は，Cと酸素Oからおのおの2個の価電子を出し合い，それを共有することで，それぞれはK殻に［(ア)］個，L殻に［(イ)］個の安定な電子配置になる。共有される価電子が2個で1つの結合になるから，炭素とその両側の2つの酸素との結合には，それぞれ［(ウ)］個の電子が使われている。また，酸素のL殻には結合に関与しない［(エ)］個の電子が存在する。

ケイ素Siの酸化物である二酸化ケイ素 SiO_2 は，Si原子の周囲を［(オ)］個のO原子が取り囲み，Si原子とO原子が交互に結びついた三次元網目構造である。$\underline{SiO_2 は，水酸化ナトリウムとともに加熱すると融解し，ケイ酸ナトリウムになる}_{(i)}$。一方，$\underline{SiO_2 はフッ化水素 HF の水溶液にヘキサフルオロケイ酸として溶解する}_{(ii)}$ことが知られている。また，ケイ酸ナトリウムに水を加えて加熱すると，粘性の大きな［(カ)］とよばれる透明な液体になり，それに塩酸を加え，熱して脱水すると乾燥剤に使われるシリカゲルが得られる。

問1　［(ア)］～［(カ)］にあてはまる適切な語句または数字を答えよ。

問2　下線(i)，(ii)の反応は，それぞれ，以下の反応式(1)，(2)のように示される。［(a)］～［(d)］に入る係数あるいは化学式を答えよ。

SiO_2 ＋［(a)］NaOH ⟶［(b)］＋ H_2O　　(1)

SiO_2 ＋［(c)］HF ⟶［(d)］＋ 2 H_2O　　(2)

問3　酸化物は，その種類によって，酸，塩基との反応性に違いがある。以下に示す酸化物の中から，両性酸化物をすべて選び，記号で答えよ。

(A) CO_2 (B) Al_2O_3 (C) Na_2O

(D) MgO (E) SO_2 (F) ZnO

問 4 乾燥剤のはたらきをするシリカゲルを使った以下の実験について，[(1)]，[(2)] に入る適切な数字を有効数字2桁で答えよ。ただし，27℃での水の飽和蒸気圧を 3.60×10^3 Pa とする。また，連結パイプ，シリカゲル，水滴の体積は無視できるものとする。

温度を27℃に保った部屋の中に，図1に示すパイプで連結されたA，Bの2つの容器を，中央の栓が閉められた状態で設置した。左右の容器の容積は，ともに500Lである。容器Aにはシリカゲルが入れてあり，容器Aの内部の気体には水分が全く含まれていない。一方，容器Bの内部は水蒸気が飽和した状態であり，1.415gの水滴が容器の内壁に付着している。このときの容器B内部の気体中に存在する水の物質量は [(1)] molである。

次に，中央の栓を開けて十分に長い時間が経過して平衡に達した。このとき，容器Bの内壁の水滴が完全に消失し，容器内の水の蒸気圧は 0.50×10^3 Pa になったことから，シリカゲル中に取り込まれた水の物質量は [(2)] molである。

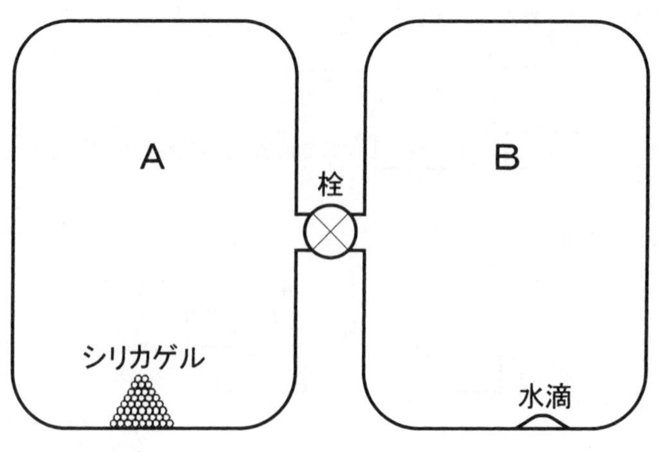

図1

解　答

問1　(ア)2　(イ)8　(ウ)4　(エ)4　(オ)4　(カ)水ガラス

問2　(a)2　(b)Na_2SiO_3　(c)6　(d)H_2SiF_6

問3　(B), (F)

問4　(1)0.72　(2)0.60

ポイント

問2のSiO_2は酸性酸化物で，強塩基のNaOHとともに加熱融解すれば，徐々に中和反応する。また，SiO_2はフッ化水素酸と安定な錯イオン$[SiF_6]^{2-}$をつくり反応する。問3は，金属元素の酸化物は塩基性酸化物に，非金属元素の酸化物は酸性酸化物になるものが多い。問4は，水蒸気の体積に着目する。

解　説

問1　二酸化炭素CO_2の炭素Cと酸素Oは，おのおの2個の価電子を出しあい，それを共有することで，K殻に2個，L殻に8個のネオンNeと同じ電子配置になる。二酸化炭素CO_2の炭素原子と酸素原子は二重結合で結ばれており，4個の電子を共有する。また，二酸化炭素の酸素原子には2組の非共有電子対が存在する。二酸化ケイ素SiO_2は共有結合の結晶で，ケイ素原子と周囲の酸素原子が共有結合でつながったSiO_4の正四面体の基本単位が次々に繰り返された，立体の網目構造をとる。ケイ酸ナトリウムに水を加えて熱すると，水ガラスと呼ばれる無色透明で粘性の大きい液体になる。

問2　化学反応式は次のようになる。

$$SiO_2 + 2NaOH \longrightarrow Na_2SiO_3 + H_2O$$

$$SiO_2 + 6HF \longrightarrow H_2SiF_6 + 2H_2O$$

問3　Al, Zn, Sn, Pbなどの両性金属元素の酸化物は両性酸化物である。

問4　(1)　容器B内部の気体中に存在する水の物質量をx〔mol〕とすると，気体の状態方程式より

$$x = \frac{PV}{RT} = \frac{3.60\times10^3\times500}{8.3\times10^3\times(273+27)} = 0.722 \fallingdotseq 0.72\text{〔mol〕}$$

(2)　容器内の気体中に存在する水蒸気の物質量をy〔mol〕とすると，気体の状態方程式より

$$y = \frac{PV}{RT} = \frac{0.50\times10^3\times1000}{8.3\times10^3\times(273+27)} = 0.200\text{〔mol〕}$$

したがって，シリカゲル中に取り込まれた水の物質量は

$$\frac{1.415}{18.0} + 0.722 - 0.200 = 0.600 \fallingdotseq 0.60\text{〔mol〕}$$

15 鉄の製法と鉄の化合物の反応，結晶格子

(2014 年度 [1] II)

必要があれば次の数値を用いよ。
原子量：C＝12.0，N＝14.0，O＝16.0

II 次の文章を読み，問１～問７に答えよ。

鉄 Fe は，金属元素の中では 13 族に属する [(あ)] の次に地殻中に多く存在し，資源量が豊富である。また，比較的加工しやすい金属であるため，人類は古くから鉄をさまざまな形で利用してきた。鉄は，溶鉱炉内でコークスから発生する一酸化炭素で鉄鉱石を還元して製造される(i)。溶鉱炉で得られる鉄は [(A)] とよばれ，約４％の [(い)] や微量の不純物を含むため，もろい。[(A)] を転炉に移して酸素を吹き込み [(い)] を燃焼させて，[(い)] の質量比を 0.04～1.7％にしたものは [(B)] とよばれる。

純粋な鉄 Fe は，図１に示す一辺の長さ a〔cm〕の単位格子からなる結晶構造をとる。この構造は [(C)] 格子とよばれ，その単位格子中には [(X)] 個の Fe 原子が含まれる。

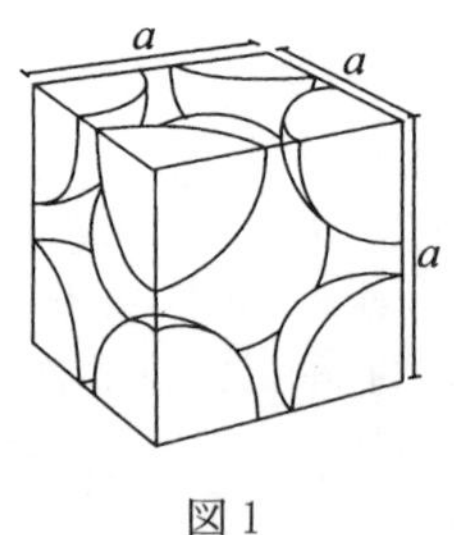

図１

問 1 [(あ)]，[(い)] に入る適切な元素を，元素記号で記せ。

問 2 [(A)] ～ [(C)] にあてはまる適切な語句を記せ。

問 3 [(X)] に入る数値を答えよ。

問 4　下線部(i)において，赤鉄鉱 Fe_2O_3 から鉄 Fe が生成する反応の化学反応式を記せ。

問 5　10 g の鉄 Fe からなる金属結晶の体積〔cm^3〕を表す式として適切なものを次の(ア)～(キ)から選び，記号で記せ。ただし，Fe のモル質量 M〔g/mol〕，単位格子の一辺の長さ a〔cm〕，アボガドロ定数 N_A〔/mol〕とする。

(ア)　$\dfrac{Ma^3}{5N_A}$　　(イ)　$\dfrac{N_Aa^3}{5M}$　　(ウ)　$\dfrac{5M}{N_Aa^3}$

(エ)　$\dfrac{5N_Aa^3}{M}$　　(オ)　$\dfrac{5N_A}{Ma^3}$　　(カ)　$\dfrac{1}{5N_Aa^3M}$

(キ)　$5N_Aa^3M$

問 6　赤鉄鉱 Fe_2O_3 と磁鉄鉱 Fe_3O_4 のみからなる混合物 100 g を量りとり，空気中で質量が変化しなくなるまで加熱したところ，質量が 2.0 g 増加した。反応前の混合物に含まれていた Fe_3O_4 の質量〔g〕を，有効数字 2 桁で求めよ。ただし，Fe_2O_3 および Fe_3O_4 の式量は 160 および 232 とする。

問 7　次の記述(ク)～(セ)のうちから誤りを含むものをすべて選び，記号で記せ。

(ク)　硫酸鉄(Ⅱ)$FeSO_4$ は水に良く溶け，その水溶液は淡緑色をしている。この水溶液を酸性にし，過酸化水素水を加えると溶液の色は黄褐色に変化する。

(ケ)　硫酸鉄(Ⅱ)$FeSO_4$ の水溶液に，過剰量のシアン化ナトリウム NaCN を加えると，6 つのシアン化物イオンが Fe^{2+} に配位結合した錯イオンが生成する。

(コ)　純粋な鉄 Fe は，希硝酸には水素を発生しながら溶けるが，濃硝酸中では表面が不動態化されるため溶けない。

(サ)　鉄 Fe にスズ Sn をめっきしたものはブリキと呼ばれる。Sn は Fe よりもイオン化傾向が大きいので，ブリキ表面が傷ついても Sn が陽イオンとなり溶け出すので，鉄はさびない。

(シ) 鉄 Fe とコバルト Co, 亜鉛 Zn の合金はステンレス鋼とよばれ, さびにくく, 家庭用品に広く用いられている。

(ス) 鉄 Fe の表面をあらかじめ酸化して不動態化し, さびにくくしたものはアルマイトとよばれる。

(セ) 鉄 Fe は, アンモニアを酸化して硝酸を製造するための触媒の主成分である。

解　答

問1　(あ) Al　(い) C
問2　(A)銑鉄　(B)鋼　(C)体心立方
問3　2
問4　$Fe_2O_3 + 3CO \longrightarrow 2Fe + 3CO_2$
問5　(エ)
問6　58 g
問7　(サ), (シ), (ス), (セ)

ポイント
問5は，鉄1molの体積から求める。問6は，増加した質量が四酸化三鉄と反応した酸素の質量のみであることに着目する。問7では，(コ)の鉄と希硝酸の反応は一酸化窒素だけでなく水素も発生することに注意が必要である。

解　説

問1・問2　鉄は金属元素中で，アルミニウムに次いで地殻中に多く存在する。溶鉱炉で得られる鉄は銑鉄といい，約4％の炭素のほかケイ素や硫黄，リンなどを含み，もろい。銑鉄を転炉に移し，酸素を吹き込むと不純物の少ない鋼になる。

問3　体心立方格子の各頂点にある8個の原子はそれぞれ立方体に$\frac{1}{8}$個ずつ含まれ，中心の原子はそのまま1個含まれているから

$$\frac{1}{8} \times 8 + 1 = 2 \text{ 個}$$

問4　Fe_2O_3は還元されてFeに，COは酸化されてCO_2になるから

$$Fe_2O_3 + 3CO \longrightarrow 2Fe + 3CO_2$$

問5　一辺の長さがa〔cm〕の体心立方格子中には2個のFe原子が含まれるから，鉄1molの体積は$\frac{a^3}{2}N_A$〔cm^3〕になる。したがって，10gの鉄からなる金属結晶の体積は

$$\frac{a^3}{2}N_A \times \frac{10}{M} = \frac{5N_A a^3}{M} \text{〔cm}^3\text{〕}$$

問6　混合物に含まれているFe_3O_4が酸化されてFe_2O_3になる。

$$4Fe_3O_4 + O_2 \longrightarrow 6Fe_2O_3$$

増加した質量は，反応した酸素の質量に相当する。4molの四酸化三鉄に対して1molの酸素が反応するので，2.0gの酸素と反応する四酸化三鉄の質量は次のようになる。

$$\frac{2.0}{32.0}\times4\times232=58.0\fallingdotseq58\,[\mathrm{g}]$$

問7 (ク) 正文。Fe^{2+} の水溶液は淡緑色だが，H_2O_2 で酸化すると Fe^{3+} になり，水溶液は黄褐色になる。

(ケ) 正文。Fe^{2+} と CN^- 6個からなる錯イオン $[Fe(CN)_6]^{4-}$ を生じる。

(コ) 正文。Fe は，イオン化傾向が水素より大きいから，希硝酸には水素を発生しながら溶ける。濃硝酸には，表面にち密な酸化被膜を形成し，不動態となって溶解しない。

(サ) 誤文。Sn は Fe よりもイオン化傾向が小さい。

(シ) 誤文。ステンレス鋼は鉄とクロム，ニッケルの合金である。

(ス) 誤文。アルマイトはアルミニウムの表面に人工的に酸化被膜をつけた製品である。

(セ) 誤文。アンモニアを酸化して硝酸を製造するための触媒は白金を用いる。

16 原子と分子の構造，気体分子の数，銅の原子量

（2012年度1 I）

必要があれば次の数値を用いよ。

原子量：H＝1.0，C＝12.0，N＝14.0，O＝16.0，Na＝23.0，S＝32.1，Cu＝63.5，Br＝79.9

アボガドロ定数：6.02×10^{23}/mol

1molの理想気体の体積：22.4L（0℃，1.01×10^{5}Pa［＝1atm］）

I　次の問1～問4に答えよ。

問1　次の（ア）～（ケ）の分子のうち，下の(a)～(c)のそれぞれにあてはまるものをすべて選び，（ア）～（ケ）の記号で答えよ。

（ア）　H_2S　　（イ）　CO_2　　（ウ）　CH_4

（エ）　CH_3Cl　　（オ）　C_2H_2　　（カ）　HCl

（キ）　C_2H_4　　（ク）　N_2　　（ケ）　NH_3

(a)　分子内の結合が単結合だけである分子

(b)　極性分子

(c)　非共有電子対をもたない分子

問2　次の(a)～(c)について，指定された順に4つの原子，イオンまたは分子を例にならってならべよ。

（例）　（問）　原子番号の小さい原子からならべよ：Be，H，Li，He

（答）　H　He　Li　Be

(a)　第一イオン化エネルギーの小さい原子からならべよ：

He，Si，Na，Cl

(b)　イオン半径の小さいイオンからならべよ：Na^+，Li^+，Be^{2+}，Cl^-

(c)　沸点の低い分子からならべよ：HF，CH_4，HI，HBr

問3　標準状態（0℃，1.01×10^5 Pa）で1.0 m^3 の理想気体に含まれる気体分

子の個数をロシュミット定数〔/m^3〕と呼び，分子数の計算に用いられる。ロシュミット定数を有効数字 2 桁で答えよ。また，容積が 100 L の密閉容器内でドライアイス 880 g をすべて気化させたときに，その容器内に含まれる二酸化炭素分子の数密度はロシュミット定数の何倍になるか。有効数字 2 桁で答えよ。ただし，数密度の値は 1 m^3 あたりの分子の個数とし，容器内の二酸化炭素は，すべてドライアイスの気化によって生じたものとする。また，1 m^3 = 1000 L である。

問 4　天然に存在する銅原子には，1 個の ^{12}C 原子の質量を 12 としたときの相対質量が，62.9 と 64.9 の 2 種類の安定同位体が存在する。銅 10 mol 中には，相対質量が 64.9 の銅原子が何個存在すると考えられるか。有効数字 1 桁で答えよ。

解　答

問1　(a)―(ア)・(ウ)・(エ)・(カ)・(ケ)
(b)―(ア)・(エ)・(カ)・(ケ)　(c)―(ウ)・(オ)・(キ)

問2　(a) Na　Si　Cl　He　(b) Be^{2+}　Li^+　Na^+　Cl^-
(c) CH_4　HBr　HI　HF

問3　ロシュミット定数：$2.7\times10^{25}/m^3$　4.5倍

問4　2×10^{24} 個

ポイント

問2の(b)のイオン半径は，各イオンの電子配置と原子核の正電荷の大小で判断する。(c)の沸点は，水素結合の有無と分子量の大小で判断する。問3のロシュミット定数は，題意にそって考える必要がある。問4は，構成する同位体の相対質量とその存在比から求めた原子の相対質量の平均値が原子量であることに着目する。

解　説

問1　(a)　二重結合，三重結合をもつ分子は，(イ)O=C=O　(オ)HC≡CH　(キ)$H_2C=CH_2$　(ク)N≡N である。

(b)　(ク)N_2 は同じ元素の二原子分子であり，(イ)CO_2 は直線形，(ウ)CH_4 は正四面体形，(オ)C_2H_2 は直線形，(キ)C_2H_4 は平面形であるため結合の極性が打ち消し合い，無極性分子になる。結合の極性が打ち消し合わないものが，極性分子になる。

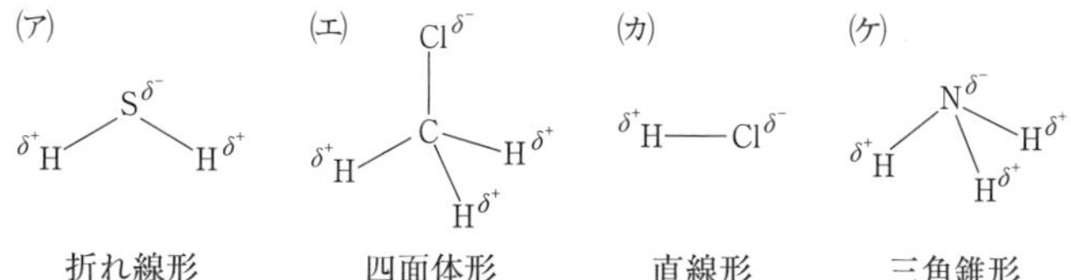

(c)　非共有電子対を⊡で示すと，次のようになる。

(ア)H:S:H（Sの上下に非共有電子対）　(イ)⊡O::C::O⊡（各Oの上にも非共有電子対）　(ウ)H:C:H（Cの上下にH）　(エ)H:C:Cl⊡（Cの上下にH，Clの上下に非共有電子対）　(オ)H:C⋮C:H　(カ)H:Cl⊡（Clの上下に非共有電子対）

(キ)H:C::C:H（各Cの上にH）　(ク)⊡N⋮N⊡　(ケ)H:N⊡（Nの上下にH）

問2　(a)　第一イオン化エネルギーの値は，周期表の左下にある原子のほうが右上にある原子より小さくなる傾向がある。したがって Na<Si<Cl<He となる。

(b)　各イオンの電子配置は，Li^+ と Be^{2+} は He 型，Na^+ は Ne 型，Cl^- は Ar 型である。同じ電子配置なら原子番号の大きいほうが原子核の正電荷が大きいので半径が小さい。He 型＜ Ne 型＜ Ar 型の順に半径が大きい。よって，$Be^{2+}<Li^+<Na^+$

$<Cl^-$ となる。

(c) 分子間力の強いものほど沸点が高い。ハロゲン化水素の中では，水素結合するHF が最も高く，次に分子量の大きい順に HI>HBr となる。そして，分子量の小さい無極性の CH_4 の沸点が最も低い。よって，$CH_4<HBr<HI<HF$ となる。

問3 標準状態で 22.4L の理想気体は 6.02×10^{23} 個の気体分子を含む。

$1.0\,m^3=1000\,L$ の理想気体について

$$(\text{ロシュミット定数})=6.02\times10^{23}\times\frac{1000}{22.4}=2.68\times10^{25}$$

$$\fallingdotseq 2.7\times10^{25}\,[/m^3]$$

$CO_2=44.0$ より，容積が 100L の容器内に含まれる二酸化炭素分子の数は

$$\frac{880}{44.0}\times6.02\times10^{23}=1.20\times10^{25}\text{ 個}$$

$1\,m^3$ あたりの分子数をロシュミット定数と比較すると，$100\,L=0.100\,m^3$ であるから

$$\frac{\dfrac{1.20\times10^{25}}{0.100}\,[/m^3]}{2.68\times10^{25}\,[/m^3]}=4.47\fallingdotseq4.5\text{ 倍}$$

問4 銅 10mol 中に相対質量 62.9 と 64.9 の同位体がそれぞれ $10-x$〔mol〕と x〔mol〕存在するとすると

$$\frac{62.9\times(10-x)+64.9\times x}{10}=63.5 \qquad \therefore\quad x=3.00\,[\text{mol}]$$

したがって　$3.00\times6.02\times10^{23}=1.8\times10^{24}\fallingdotseq2\times10^{24}$ 個

17 酢酸溶液の凝固点降下，会合，電離平衡

（2011年度 1 Ⅰ）

Ⅰ　酢酸を溶質とする溶液の凝固点降下に関する文章A，Bを読み，問1〜問5に答えよ。

文章A

40.0gのベンゼンに0.680gの酢酸を加えた溶液の凝固点降下度は0.730Kであった。ベンゼンのモル凝固点降下5.12K･kg/molから，この溶液中の溶質の物質量は［ (a) ］〔mol〕と求められる。酢酸の分子量は60.0なので，(i)ベンゼン中で酢酸分子は水素結合を形成していると考えられる。

文章B

1.00kgの純水に0.0600gの酢酸を加えた溶液の凝固点降下度は2.05×10^{-3}Kであった。水のモル凝固点降下は1.86K･kg/molであるので，この凝固点降下度から算出される溶質の分子量は酢酸の分子量よりも小さい。これは水中で酢酸が式(1)のように一部電離しているためと考えられる。

$$CH_3COOH \rightleftarrows CH_3COO^- + H^+ \qquad (1)$$

ここで，加えた酢酸の物質量をm〔mol〕とし，溶液中で電離している酢酸の割合をαとすると，溶液中に存在する化学種，CH_3COOH，CH_3COO^-，H^+の物質量の合計は，［ (b) ］〔mol〕になる。測定された凝固点降下度の値を使ってαを求めると，［ (c) ］となる。加える酢酸を0.120gにするとαは［ (d) ］倍になる。

問1　［ (a) ］にあてはまる値を有効数字2桁で答えよ。

問 2　下線部(i)について，酢酸の構造式を用いて水素結合の様子を図示せよ。ただし，共有結合は実線，水素結合は点線で表すこと。

問 3　[(b)] にあてはまる，α と m を用いた適切な数式を入れよ。

問 4　[(c)] にあてはまる値を有効数字 2 桁で答えよ。

問 5　[(d)] にあてはまる最も適切な値を下の(あ)～(か)から選び，記号で答えよ。ただし，α は 1 に比べて十分に小さく，近似計算ができるものとせよ。

(あ)　2　　(い)　$\sqrt{2}$　　(う)　$\log_{10} 2$

(え)　$\dfrac{1}{2}$　　(お)　$\dfrac{1}{\sqrt{2}}$　　(か)　$\dfrac{1}{\log_{10} 2}$

解　答

問1　5.7×10^{-3}

問2　
$$CH_3-C\begin{matrix}\nearrow O\cdots H-O\searrow \\ \searrow O-H\cdots O\nearrow\end{matrix}C-CH_3$$
（上側：$C=O\cdots H-O-C$，下側：$C-O-H\cdots O=C$）

問3　$m(1+\alpha)$

問4　0.10

問5　(お)

ポイント

ベンゼンのような無極性溶媒中では，酢酸2分子が水素結合により会合して二量体として存在する。また，水中では酢酸分子が水和されて，一部が電離している。

解　説

問1　溶液の凝固点降下度は溶質の質量モル濃度〔mol/kg〕に比例する。

(凝固点降下度)＝(モル凝固点降下)×(質量モル濃度) であるから，溶質の物質量を n〔mol〕とすると

$$0.730=5.12\times\frac{n}{40.0\times10^{-3}}\qquad\therefore\quad n=5.70\times10^{-3}\text{〔mol〕}$$

問2　見かけの分子量は

$$\frac{0.680}{5.70\times10^{-3}}=119.2$$

これは酢酸の分子量（60.0）のほぼ2倍である。したがって，ベンゼンのような無極性溶媒中では，酢酸2分子が極性の強いカルボキシ基の部分で水素結合により会合して，二量体として存在していると考えられる。

問3　ベンゼン中と異なり，水中では酢酸分子が水和されることにより2分子会合はおこらず，水分子と反応して一部電離している。

$$CH_3COOH+H_2O \rightleftarrows CH_3COO^-+H_3O^+$$

この式を簡略化したものが，問題の式(1)である。電離による量的関係は次のように表される。

	CH_3COOH	$\rightleftarrows$ CH_3COO^-	+ H^+	全体	
電離前	m	0	0	m	〔mol〕
電離後	$m(1-\alpha)$	$m\cdot\alpha$	$m\cdot\alpha$	$m(1+\alpha)$	〔mol〕

問4　凝固点降下度は溶質の種類によらず，その総質量モル濃度に比例する。酢酸の物質量 m〔mol〕は

$$m=\frac{0.0600}{60.0}=1.00\times10^{-3}\text{〔mol〕}$$

であるので，水溶液の凝固点降下度は次式で与えられる。

$$2.05\times10^{-3}=1.86\times\frac{1.00\times10^{-3}\times(1+\alpha)}{1.00}\text{〔K〕}$$

$\therefore\quad \alpha=0.102\fallingdotseq0.10$

問5　式(1)の電離平衡についての電離定数 K_a は，溶液の体積を V〔L〕とすると，$\alpha\ll1$ より，次のように表される。

$$K_a=\frac{[CH_3COO^-][H^+]}{[CH_3COOH]}=\frac{\frac{m\alpha}{V}\times\frac{m\alpha}{V}}{\frac{m(1-\alpha)}{V}}\fallingdotseq\frac{m\alpha^2}{V}\text{〔mol/L〕}$$

希薄溶液であるから，$V\fallingdotseq1.0$〔L〕とおけるので

$K_a\fallingdotseq m\alpha^2$〔mol/L〕

溶質の量を $\frac{0.120}{0.0600}=2$ 倍 にした場合の電離度を α' とすると，同様にして

$K_a\fallingdotseq 2m\alpha'^2$〔mol/L〕

温度が一定のとき，電離定数 K_a は一定であるので

$m\alpha^2\fallingdotseq 2m\alpha'^2$

$\therefore\quad \frac{\alpha'}{\alpha}=\frac{1}{\sqrt{2}}$

18 実在気体と理想気体，分子の極性と立体構造

（2010 年度 1 I）

必要があれば次の数値を用いよ。
原子量：H＝1.0，C＝12，N＝14，O＝16

I　次の文章を読み，問 1 ～問 4 に答えよ。

実在気体の性質を調べるために，3 種類の純粋な気体 A～C を用意した。A は分子量が 16 の無色無臭の気体であり，明るい場所で塩素と反応させると塩化水素を発生した。B は分子量が 17 の特有の刺激臭をもつ気体であり，水に溶けやすく，その水溶液は弱い塩基性を示した。C は，水酸化ナトリウム水溶液を電気分解したときに陰極から発生する無色無臭の気体であり，空気中で点火すると淡い青色の炎を出して燃えた。

次に，n〔mol〕の気体 A～C の体積 V〔L〕を，一定温度 T〔K〕で圧力 p〔Pa〕を変えながら測定し，気体定数を R〔Pa・L/(K・mol)〕として $Z=\dfrac{pV}{nRT}$ の値を求めた。273 K における Z 値を p に対してプロットすると，図 1 に示す関係が得られた。Z 値は理想気体では圧力によらず [(a)] となるはずであるが，実在気体である A～C では異なっている。A と B の Z 値は，低圧領域では理想気体の値より小さく，圧力の増加とともに増大する傾向がある。これは，これらの気体では，高圧領域では個々の分子がもつ [(b)] が，低圧領域では [(c)] が無視できなくなるからである。B では [(d)] 結合とよばれる相互作用が分子間にはたらくために理想気体からのずれが A よりも大きく，加圧すると A よりも低い圧力で [(e)] した。B はその [(f)] 熱を利用して，以前は冷却機器の冷媒として利用されていた。C の Z 値は圧力の増加に伴い単調に増加し，C は加圧しても A や B に比べて [(e)] しにくかった。この結果は，C の [(c)] が非常に弱いことを表している。

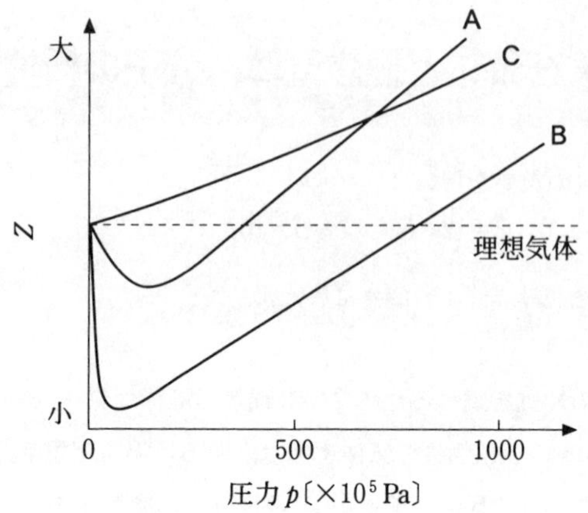

図1 273 K における Z 値と圧力 p の関係

問 1 [(a)] にはあてはまる適切な数値を, [(b)] ～ [(f)] にはあてはまる適切な語句を記せ。

問 2 A～C の化学式を記せ。

問 3 A と B の立体構造を図示せよ。さらに, 極性を持つ結合については, 以下の例にならって極性を矢印で示せ。

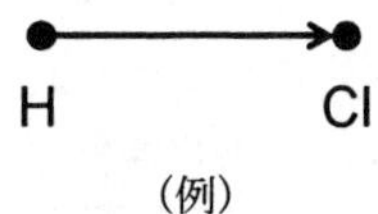

(例)

問 4 一定圧力(1.0×10^5 Pa)のもとで C の Z 値と温度との関係を調べると, 図2に示す曲線が得られた。温度の上昇に伴って Z 値が理想気体の値に近づく理由を, 「熱運動」という語句を使って40字以内で答えよ。ただし, 句読点も字数に含める。

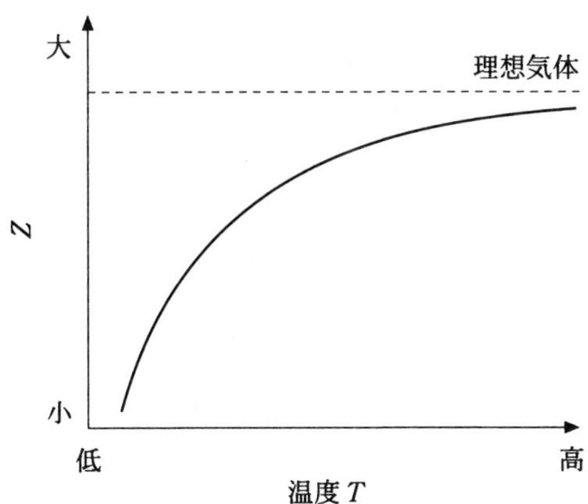

図2　一定圧力(1.0×10^5 Pa)における
Z 値と温度 T との関係

解 答

問1 (a)1 (b)体積 (c)分子間力 (d)水素 (e)凝縮 (f)蒸発

問2 A．CH_4 B．NH_3 C．H_2

問3 A． B．

問4 温度の上昇につれて分子の熱運動が活発になり，分子間力の影響が小さくなるため。(40字以内)

ポイント
理想気体と実在気体の違いに関する問題である。図1，図2の示す関係について理解する必要がある。問3では立体構造を押さえ，極性のベクトルの向きに注意する。

解 説

問1 理想気体は $pV=nRT$ に完全に従う気体である。

したがって，$\dfrac{pV}{nRT}=1$ となる。

実在気体は，分子間力がはたらくことや分子自身の大きさが無視できなくなるため1からずれる。

A，Bについては，低圧領域で Z が1より小さくなっている。これは，V の値が理想気体より小さくなっているためで，分子間力の存在によると考えられる。

また，高圧領域では1より大きくなっている。これは，V の値が理想気体より大きくなっているためで，分子自身に大きさ，つまり体積があるためと考えられる。

Bはアンモニアで，凝縮しやすい物質である。これは水素結合が存在するためである。Nの電気陰性度が3.0，Hの電気陰性度が2.1とかなり大きな差があり，N−Hの結合はかなり大きな極性をもつことによる。

また，液体アンモニアの蒸発熱は−33℃において23.4kJ/molと大きいため，蒸発の際に周辺から大きな熱を奪うことになり，冷媒として用いられていた。

問2 Aは分子量が16で，無色無臭の気体である。塩素と反応させると塩化水素が発生するから，メタン CH_4 であるとわかる。

$$CH_4+Cl_2 \xrightarrow{\text{光}} CH_3Cl+HCl$$

Bは分子量が17で，特有の刺激臭をもつ気体である。水に溶けやすく，その水溶液は弱い塩基性を示すから，アンモニア NH_3 であるとわかる。

$NH_3 + H_2O \rightleftarrows NH_4^+ + OH^-$

Cは，水酸化ナトリウム水溶液を電気分解したときに陰極から発生する無色無臭の気体であるから，水素 H_2 であるとわかる。

$2H_2O + 2e^- \longrightarrow H_2 + 2OH^-$

問3　メタンは正四面体，アンモニアは三角錐の形をした分子である。

CおよびNの電気陰性度はHより大きいから，共有電子対はCまたはNのほうに引きつけられ，CまたはNはわずかに負の電荷を帯び，Hはわずかに正の電荷を帯びる。したがって矢印は，HからCまたはNの方向に出ることになる。

正四面体のメタンでは極性どうしが打ち消しあって，無極性分子となる。

問4　実在気体でも，温度が高くなると分子の熱運動が激しくなるため，分子間力が無視できるようになる。

19 結晶格子，濃度，イオンの確認

（2009 年度 2 Ⅰ）

必要があれば次の数値を用いよ。
原子量：H＝1.0，N＝14，O＝16，S＝32，Fe＝56，Ba＝137
アボガドロ定数：6.0×10^{23}/mol

Ⅰ 次の文章を読み，問1～問4に答えよ。

A君は，引き出しにあった磁石がどんな物質であるか調べてみることにした。文献で調べたところ，組成式 $BaFe_{12}O_{19}$ をもつと推定された。その結晶構造での単位格子の体積 V は 6.8×10^{-22} cm^3 であり，単位格子中には2個の Ba^{2+} を含むと書かれていた。そこで，このときの体積 V(cm^3)から密度 D(g/cm^3)を計算した。実際にこの磁石の密度をアルキメデス法で測定したところ，この値とよく一致した。

B君に話したところ，念のため化学組成を確認することになった。磁石1.0gを十分に粉砕して，1.0 mol/L の希硝酸(1)に溶かした。この水溶液にアンモニア水を滴下して，水酸化鉄(Ⅲ)を析出させた。析出物をろ別して十分に水洗したのち，1000℃に加熱して赤かっ色固体(2)を得た。一方，ろ液に1.0 mol/L の硫酸を滴下すると白色沈殿(3)が析出した。これらの質量から，A君の見つけた磁石の組成が確かに $BaFe_{12}O_{19}$ であることがわかった。

問1 (ア) 密度 D(g/cm^3)を，体積 V(cm^3)とモル質量 M(g/mol)を用いた計算式で示せ。

(イ) D(g/cm^3)を有効数字2桁で求めよ。

問2 下線部(1)の希硝酸は，濃硝酸(60％ HNO_3，密度1.4 g/cm^3)を希釈して調製した。体積で何倍に希釈したか有効数字2桁で答えよ。

問3 下線部(2)および(3)で示した物質を化学式で答えよ。

問 4　化学組成を決定する実験において，鉄(Ⅲ)イオンやバリウムイオンはすべて回収できたものとする。下線部(2)および(3)で示したそれぞれの物質の質量(g)を，有効数字2桁で求めよ。

解 答

問1 (ア)$D=\dfrac{M}{3.0V}\times10^{-23}$ (イ)5.5 g/cm³

問2 13倍

問3 (2)Fe_2O_3 (3)$BaSO_4$

問4 (2)0.86 g (3)0.21 g

ポイント

問1は，単位格子中に2個のBa^{2+}を含む点に留意する。問2は，濃硝酸のモル濃度から計算する。問4は，$BaFe_{12}O_{19}$ 1 mol からFe_2O_3が6 mol，$BaSO_4$が1 mol 得られることに注意する。

解 説

問1 (ア) 単位格子中に2個のBa^{2+}が含まれていることから

$$D=\frac{\dfrac{M}{6.0\times10^{23}}\times2}{V}=\frac{M}{3.0V}\times10^{-23}\,[\mathrm{g/cm^3}]$$

(イ) $BaFe_{12}O_{19}$の式量$M=1113$，$V=6.8\times10^{-22}$を代入して計算すると

$$D=\frac{\dfrac{1113}{6.0\times10^{23}}\times2}{6.8\times10^{-22}}=5.45\fallingdotseq5.5\,[\mathrm{g/cm^3}]$$

問2 濃硝酸のモル濃度を求めると

$$\frac{1000\times1.4\times\dfrac{60}{100}}{63}=13.3\,[\mathrm{mol/L}]$$

したがって，13倍希釈すると1.0 mol/L の溶液になる。

問3 (2) 水酸化鉄(Ⅲ)を1000℃に加熱すると赤褐色の酸化鉄(Ⅲ)が得られる。

$2Fe(OH)_3 \longrightarrow Fe_2O_3+3H_2O$

(3) 水酸化バリウム水溶液に希硫酸を加えると，硫酸バリウムの白色沈殿を生じる。

$Ba^{2+}+H_2SO_4 \longrightarrow BaSO_4+2H^+$

問4 (2) $BaFe_{12}O_{19}$ 1 mol よりFe_2O_3（式量160）は6 mol 得られるので

$$\frac{1.0}{1113}\times6\times160=0.862\fallingdotseq0.86\,[\mathrm{g}]$$

(3) $BaFe_{12}O_{19}$ 1 mol より$BaSO_4$（式量233）は1 mol 得られるので

$$\frac{1.0}{1113}\times233=0.209\fallingdotseq0.21\,[\mathrm{g}]$$

20 液体混合物の蒸留，分圧

（2008年度[1]Ⅱ）

必要があれば次の数値を用いよ。
原子量：H＝1.0，C＝12.0，O＝16.0
気体定数：8.3×10^3 Pa・L/(mol・K)
0℃の絶対温度：273K

Ⅱ　次の文章を読み，問1～問4に答えよ。ただし，各成分の濃度は質量パーセント濃度(%)とする。蒸気は理想気体とみなし，発生した蒸気は全て凝縮されたとする。また，蒸気発生中に原料液の組成と蒸気温度は変化しないとする。

図1に示す蒸留装置を用いて，大気圧下でエタノールと水の混合溶液の分留実験を行う。エタノールと水の混合液(原料液)を加熱し，その全蒸気圧が大気圧に達すると溶液が沸騰する。このとき，大気圧が $P = 1.0 \times 10^5$ Pa であり，水の蒸気圧を p_w，エタノールの蒸気圧を p_e とすると，次式が成り立つ。

$$P = \boxed{\text{(a)}} = 1.0 \times 10^5 \text{ Pa}$$

エタノールの方が水より蒸発しやすいため，発生した蒸気を凝縮させるとエタノールが濃縮された留出液が得られる。

図1の蒸留装置に，<u>エタノールを25％含む原料液を入れて沸騰させた。発生した蒸気を凝縮させると，エタノールを69％含む留出液</u>(1)が1.0g得られた。留出液中には，エタノールが $\boxed{\text{(b)}} \times 10^{-2}$ mol，水が $\boxed{\text{(c)}} \times 10^{-2}$ mol存在することから，蒸気中のエタノールの分圧は $\boxed{\text{(d)}} \times 10^4$ Pa，水の分圧は $\boxed{\text{(e)}} \times 10^4$ Paである。このときの蒸気の温度が87℃であった。よって，この温度での発生した蒸気の体積は $\boxed{\text{(f)}}$ Lである。

分留によって得られた留出液を原料液として再度使用し分留操作を繰り返せば，エタノール水溶液から水を全て除去できると考えられる。しかし実際は，(2)原料液のエタノール濃度が 96 % 以上になると，原料液と留出液に含まれるエタノール濃度はほぼ等しくなるため，図 1 の蒸留装置ではエタノールを 96 % 以上に濃縮することは非常に困難となる。

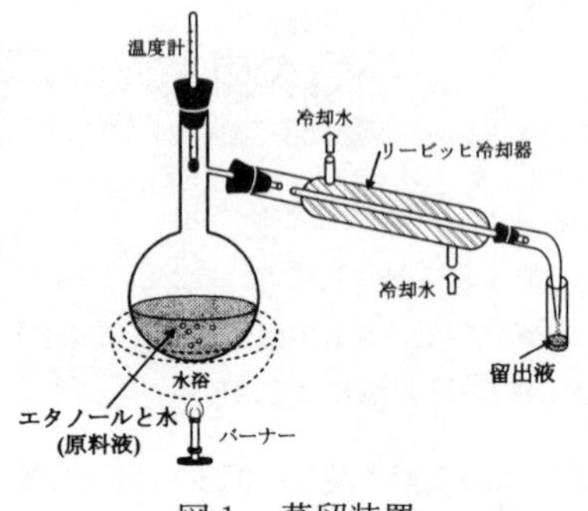

図 1　蒸留装置

問 1 [(a)] にあてはまる適切な式を，水蒸気圧 p_w とエタノール蒸気圧 p_e を用いて示せ。

問 2 [(b)] ～ [(e)] にあてはまる適切な数値を，それぞれ(ア)～(ソ)から選び，記号で答えよ。

(ア) 1.5	(イ) 1.7	(ウ) 2.2	(エ) 2.8	(オ) 3.8
(カ) 4.4	(キ) 4.7	(ク) 5.0	(ケ) 5.3	(コ) 5.6
(サ) 6.2	(シ) 7.2	(ス) 7.8	(セ) 8.3	(ソ) 8.5

問 3 [(f)] にあてはまる適切な数値を，有効数字 2 桁で答えよ。

問 4 下線(1)と下線(2)の事実をもとに，原料液と留出液に含まれるエタノール濃度の関係を示す最も適切なグラフを図 2 の(ア)～(カ)の中から一つ選び，記号で答えよ。

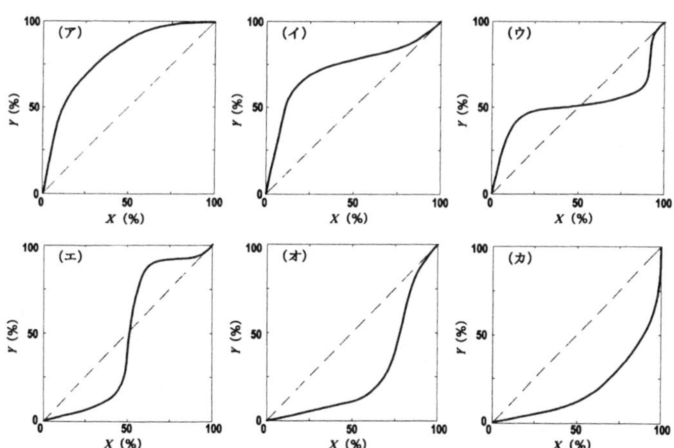

図2　原料液中エタノール濃度と留出液中エタノール濃度の関係

X：原料液中エタノール濃度(%)，Y：留出液中エタノール濃度(%)

解 答

問1 p_w+p_e

問2 (b)―(ア) (c)―(イ) (d)―(キ) (e)―(ケ)

問3 0.96

問4 (イ)

ポイント

留出液中の各成分の物質量が，蒸気中の各成分の物質量になることがポイントである。蒸気中の各成分の分圧は，全圧にその気体のモル分率をかけたものになる。問4のグラフの問題は，問題文をしっかりと理解することが必要になる。

解 説

問1 全蒸気圧が大気圧に等しくなると溶液が沸騰するので

$p_w+p_e=P_{大気圧}=1.0\times10^5$〔Pa〕

問2 留出液1.0gの組成は

エタノール…$1.0\times0.69=0.69$〔g〕

この物質量は $\dfrac{0.69〔g〕}{46.0〔g/mol〕}=1.5\times10^{-2}$〔mol〕

水…$1.0\times0.31=0.31$〔g〕

この物質量は $\dfrac{0.31〔g〕}{18.0〔g/mol〕}=0.0172\fallingdotseq1.7\times10^{-2}$〔mol〕

したがって，蒸気中の各成分の分圧は，(全圧)×(モル分率) で求められるので

エタノール…$\dfrac{1.5\times10^{-2}}{1.5\times10^{-2}+1.72\times10^{-2}}\times1.0\times10^5=0.465\times10^5$

$\fallingdotseq4.7\times10^4$〔Pa〕

水…$\dfrac{1.72\times10^{-2}}{1.5\times10^{-2}+1.72\times10^{-2}}\times1.0\times10^5=0.534\times10^5$

$\fallingdotseq5.3\times10^4$〔Pa〕

問3 蒸気の体積を V〔L〕とすると，気体の状態方程式より

$1.0\times10^5\times V=(1.5\times10^{-2}+1.72\times10^{-2})\times8.3\times10^3\times(273+87)$

∴ $V=0.962\fallingdotseq0.96$〔L〕

問4 グラフを見るポイントは，$X=25$ のとき $Y=69$ になっていることと，$X=96$ 以上のとき $X=Y$ になっていることである。この条件を考慮すると，(イ)が適すると判断できる。

21 コロイド

（2008年度 2 Ⅱ）

Ⅱ　次の文章を読み，問1～問4に答えよ。

金のコロイド溶液がある。このコロイド溶液を限外顕微鏡で観察するとコロイド粒子が不規則に動いているのがわかる。このような粒子の動きを［(a)］という。

コロイドは，水との親和性の程度に応じて，疎水コロイドと親水コロイドに分類でき，金のコロイドは疎水コロイドである。親水コロイドを形成するゼラチンなどは分子量が大きく，分子1個でコロイド粒子の大きさをもつ。このようなコロイドは［(b)］コロイドとよばれる。一方，セッケン水のように，多数の分子が会合して形成するコロイドはミセルコロイドとよばれる。比較的濃度の高いゼラチンの水溶液（3～5％程度）は，高温では流動性をもつ［(c)］であるが，冷却すると流動性を失い［(d)］となる。親水コロイドに多量の電解質を加えるとコロイドを沈殿させることができる。この方法を［(e)］とよぶ。

問1　［(a)］～［(e)］にあてはまる適切な語句を記せ。

問2　下線部において，沈殿させるために多量の電解質が必要な理由について，正しい理由を次の(ア)～(エ)から全て選び記号で答えよ。

(ア)　親水コロイド粒子の表面は，電荷が無く中性であり，多量のイオンによって表面の電荷量が大きく変化するため。

(イ)　多量のイオンによりコロイド溶液中の水分子の運動が抑制されるため。

(ウ)　親水コロイド粒子表面の水和分子を引き離すために，多量のイオンが必要となるため。

(エ) 電荷を帯びたコロイド粒子の表面に，静電引力によりイオンが強く吸着し，粒子間の反発が小さくなるため。

問 3 疎水コロイドも電解質を加えることによって沈殿させることができるが，疎水コロイドに親水コロイドを十分加えると沈殿が起こりにくくなる。このように沈殿を妨げる目的で加えられる親水コロイドを何とよぶか記せ。

問 4 次の(い)～(と)は，コロイドが示す特徴的な現象を述べている。

(1)凝析，(2)チンダル現象，(3)透析，に最も深く関連する適切な文をそれぞれ二つずつ選び記号で答えよ。

(い) 濁った水にミョウバンを入れると，水が澄んでくる。
(ろ) 霧のとき，クルマのヘッドライトの光の道筋が見えることがある。
(は) デンプン水溶液中に混入したブドウ糖を除去するには，セロハンなどの半透膜を用いる。
(に) 河川の河口には，三角州ができやすい。
(ほ) 墨汁は，炭素のコロイドにニカワを入れ，安定化させて作る。
(へ) セッケン水は，白く濁っている。
(と) 膜を用いた血液浄化では，血液中の老廃物を除去している。

解　答

問1　(a)ブラウン運動　(b)分子　(c)ゾル　(d)ゲル　(e)塩析

問2　(ウ)

問3　保護コロイド

問4　(1)―(い)・(に)　(2)―(ろ)・(へ)　(3)―(は)・(と)

ポイント

問2は，(ウ)と(エ)で迷うかもしれないが，多量の電解質が決め手になる。問4は，身の周りの現象について日頃から「なぜ」と疑問をもちながら考えておくとよい。

解　説

問1　コロイドの分類やコロイド溶液の性質に関することで，用語とともに理解しておく必要がある。

(a)　コロイド粒子の直径は，10^{-7}～10^{-9}m 程度で通常の光学顕微鏡では見ることができず，限外顕微鏡という特殊な顕微鏡を使って動きが観察できる。ブラウン運動は，周囲の溶媒分子が熱運動によりコロイド粒子に衝突し，コロイド粒子が不規則な運動を行うためにおこる。

(c)・(d)　流動性のあるコロイド溶液を一般にゾルという。ゼラチンはタンパク質の一種で，この水溶液は，冷却すると流動性を失って固体（水を多量に含む）になる。ゾルが流動性を失ったものをゲルという。

(e)　多量の電解質によって親水コロイドのコロイド粒子が沈殿する現象を塩析という。これに対して，疎水コロイドが少量の電解質で沈殿する現象を凝析という。

問2　親水コロイドはコロイド粒子が水分子を強く水和し，安定化している。多量の電解質を加えると，電解質のイオンが水和される際にコロイド粒子の水和水が奪われるために，塩析がおこる。

(エ)　沈殿する理由としては正しいが，これは凝析の理由であって，多量の電解質が必要な理由ではないので不適。

問3　疎水コロイドが親水コロイドに囲まれるため安定化し，沈殿がおこりにくくなる。

問4　コロイド化学は日常の諸現象と関連が深い。

(い)　濁った水には粘土が含まれている。この粘土は疎水コロイドで，主成分の二酸化ケイ素の一部がケイ酸として水素イオンを出し，負に帯電している。ミョウバンを入れると，ミョウバン中の Al^{3+} が有効にはたらき，凝析がおこる。

(ろ)　霧は小さな水滴である。この粒子に光が当たると乱反射し，光路がよく見えるチンダル現象がおこる。

(は) デンプン粒子はその大きさのため，セロハンのような半透膜を透過できない。ブドウ糖（グルコース）のような小さな分子は半透膜を通過できるので，取り除くことができる。

(に) 海水中にはさまざまなイオン（Na^+，Mg^{2+}，Ca^{2+} など）が含まれているので，疎水コロイドである粘土質は河口で沈殿しやすくなる。

(ほ) ニカワはゼラチンというタンパク質で親水コロイドである。疎水コロイドである炭素をつつみ，安定化する。これは問３で尋ねられた保護コロイドの性質であり，(1)〜(3)とは関連しない。

(へ) セッケンはミセルコロイドを形成するので，光を散乱し，白く濁った状態になる。

(と) 人工透析により血液中の有害な成分を取り除き，血液をきれいにする。

第2章
物質の変化

・化学反応と熱・光
・化学反応の速さと平衡
・酸と塩基
・酸化還元反応

22 熱化学，格子エネルギー

（2021年度 1 I）

I　次の文章を読み，問1～問5に答えよ。

あるイオン結晶を気体状態の陽イオンと陰イオンに分けてばらばらにするのに必要なエネルギーをそのイオン結晶の格子エネルギーという。格子エネルギーを直接測定するのは困難であるが，ヘスの法則をもちいて間接的に求めることができる。

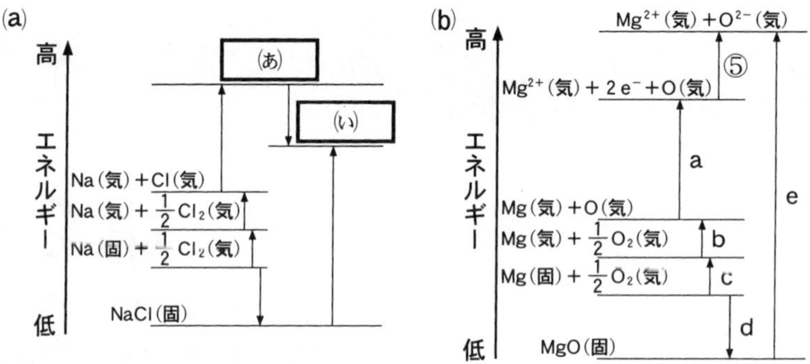

図1　NaCl結晶(a)およびMgO結晶(b)のボルン・ハーバーサイクル
（エネルギーの間隔は正確に数値を反映していない）

図1には，NaClおよびMgO結晶の格子エネルギーを考えるためのエネルギー図（ボルン・ハーバーサイクル）を示す。NaClおよびMgO結晶はいずれもNaCl型構造をもつことが知られており，この図において（固）は固体状態，（気）は気体状態を表す。

MgOに関して，①～⑤のエネルギー変化を用いることにより格子エネルギー（図1(b)のe）を求めることが可能であり，①～④のエネルギー変化は図1のa～dのいずれかと対応する。

① MgO（固）の生成熱：602 kJ/mol

② Mg（固）の昇華熱：148 kJ/mol

③　O_2(気)の結合エネルギー：498 kJ/mol

④　Mg(気)から２電子を取り除き Mg^{2+}(気)を生成するために必要なエネルギー：2188 kJ/mol

(熱化学方程式：Mg(気) = Mg^{2+}(気) + 2 e^- − 2188 kJ)

⑤　O(気)が２電子を受け取り O^{2-}(気)を生成するために必要なエネルギー：701 kJ/mol

(熱化学方程式：O(気) + 2 e^- = O^{2-}(気) − 701 kJ)

一方，格子エネルギーは，結晶構造を考慮した静電エネルギーの観点からも推定可能であることが知られている。クーロン力に基づく静電エネルギーは，構成する陽イオンおよび陰イオンのそれぞれの価数に比例し，隣接する陰イオンと陽イオン間の距離に反比例することが知られており，格子エネルギーに大きく寄与する。

問 1　図１の［(あ)］および［(い)］に入る最も適切な原子，イオンまたは電子の組合せを，他の状態の表記にならって答えよ。

問 2　①および②について，図１における対応するエネルギー変化を a～d の中から選び，それぞれの熱化学方程式を答えよ。

問 3　MgO の結晶の格子エネルギー〔kJ/mol〕を整数で求めよ。

問 4　格子エネルギーの化合物による違いに関して次の(１)，(２)に答えよ。

(１)　ハロゲン化ナトリウムの結晶はいずれも NaCl 型構造をもつ。この中で，最も格子エネルギーが大きいと予想される化合物を化学式で答えよ。

(２)　格子定数が比較的近い NaF と MgO において，その格子エネルギーを比較したとき，どちらの格子エネルギーが大きいと予想できるか。化合物を化学式で答え，その理由を 30 字以内で答えよ。ただし，句読点も１文字と数える。

問 5 マグネシウムの単体と酸化銅(Ⅱ)の粉末を混合し加熱すると，酸化マグネシウムと銅の単体が生成した。この反応の反応熱〔kJ/mol〕を求め，整数で答えよ。ただし，酸化銅(Ⅱ)の生成熱は 156 kJ/mol である。

解　答

問１　(あ)Na^+（気）$+e^-+$Cl（気）
　　　(い)Na^+（気）$+Cl^-$（気）

問２　①過程：d　Mg（固）$+\frac{1}{2}O_2$（気）＝MgO（固）＋602 kJ
　　　②過程：c　Mg（固）＝Mg（気）－148 kJ

問３　3888 kJ/mol

問４　(1) NaF
　　　(2)大きいほうの化合物：MgO
　　　　理由：MgO のイオンの価数が大きく，静電エネルギーが大きいため。
　　　　　　（30 字以内）

問５　446 kJ/mol

ポイント
反応熱について，熱化学方程式を利用し，ヘスの法則を用いた方法およびエネルギー図を用いた方法のどちらでも解答できるようにしたい。問 4 は，問題文に「格子定数が比較的近い」とあるからイオン間の距離がほぼ等しいと考える。

解　説

問１　図 1 の Na（気）＋Cl（気）から(あ)の変化は，Na（気）から電子を取り去り，Na^+（気）を生成するために必要なエネルギー（イオン化エネルギー）を表している。

Na（気）⟶ Na^+（気）$+e^-$

図 1 の(あ)から(い)の変化は，Cl（気）が電子を受け取り Cl^-（気）を生成するときに放出するエネルギー（電子親和力）を表している。

Cl（気）$+e^-$ ⟶ Cl^-（気）

問２　①の MgO（固）の生成熱は，MgO（固）1 mol が，その成分元素の単体から生成するときに発生する熱量だから

Mg（固）$+\frac{1}{2}O_2$（気）＝MgO（固）＋602 kJ

②の Mg（固）の昇華熱は，Mg（固）が昇華するときに吸収する熱量だから

Mg（固）＝Mg（気）－148 kJ

問３　MgO（固）の結晶の格子エネルギーを Q〔kJ/mol〕とすると

MgO（固）＝Mg^{2+}（気）$+O^{2-}$（気）$-Q$ kJ

与えられた反応熱①～⑤から

$$Q = ① + ② + ③ \times \frac{1}{2} + ④ + ⑤$$

$$= 602 + 148 + 498 \times \frac{1}{2} + 2188 + 701 = 3888 \text{〔kJ/mol〕}$$

問4 (1) ハロゲン化ナトリウムは，いずれも1価の陽イオンである Na^+ と1価の陰イオンで構成されているが，NaFの結晶のイオン間の距離がほかのハロゲン化ナトリウムより短く，静電エネルギーが大きい。だから，NaFが最も格子エネルギーが大きいと予想される。

(2) NaFは，1価の陽イオンと1価の陰イオンで構成されているが，MgOは，2価の陽イオンと2価の陰イオンで構成されている。イオン間の距離はほぼ同じでもMgOのほうが静電エネルギーが大きくなるから，格子エネルギーも大きいと予想できる。

問5 求める反応熱を Q〔kJ/mol〕とすると

Mg（固）＋CuO（固）＝MgO（固）＋Cu（固）＋Q kJ

酸化銅(Ⅱ)の生成熱は156 kJ/molだから

Cu（固）＋$\frac{1}{2}O_2$（気）＝CuO（固）＋156 kJ ……(i)

MgO（固）の生成熱は602 kJ/molだから

Mg（固）＋$\frac{1}{2}O_2$（気）＝MgO（固）＋602 kJ ……(ii)

(ii)－(i)より

$Q = 602 - 156 = 446$〔kJ/mol〕

23 反応速度，化学平衡

（2021年度 1 Ⅱ）

Ⅱ　次の文章を読み，問1～問6に答えよ。

気体の水素 H_2，ヨウ素 I_2 からヨウ化水素 HI が生成する反応（式(1)）は可逆反応であり，十分に時間が経つと平衡状態に達する。

$$H_2(気) + I_2(気) \rightleftarrows 2HI(気) \qquad 式(1)$$

H_2，I_2，HI の濃度をそれぞれ $[H_2]$，$[I_2]$，$[HI]$ とする。実験の結果，HI の生成速度 v_1 と HI の分解速度 v_2 は次のように表されることがわかった。

$$v_1 = k_1[H_2][I_2]$$

$$v_2 = k_2[HI]^2$$

ここで，k_1 と k_2 はそれぞれの反応の速度定数である。

反応の初期条件として 20 L の容器に 0.50 mol の H_2 と 0.50 mol の I_2 をいれ，反応中の温度を一定に保った。反応開始から1分後に 0.080 mol の HI が生成した。反応開始から1分後までの HI の平均の生成速度と H_2 の平均の減少速度はそれぞれ［(A)］mol/(L･min) と［(B)］mol/(L･min) である。また，この反応時間における H_2 と I_2 の平均モル濃度は［(C)］mol/L である。この段階では HI の分解が無視できると仮定すると，平均の速度と平均のモル濃度から k_1 は［(D)］L/(mol･min) と求めることができる。

問1　［(A)］～［(D)］に入る数字を有効数字2桁で答えよ。

問2　平衡時の H_2，I_2，HI の濃度をそれぞれ a，b，c とする。この可逆反応の濃度平衡定数 K_c を a，b，c により表すと $K_c =$［(1)］となる。また，k_1 と k_2 により K_c を表すと $K_c =$［(2)］となる。
［(1)］と［(2)］にあてはまる数式を記せ。

問3　この反応が平衡に達したとき容器内に HI が 0.80 mol 存在していた。

平衡後の容器に 0.10 mol の H_2 と 0.10 mol の I_2 をさらに加えた。その後に平衡に達したとき，HI は何 mol になるか。有効数字 2 桁で答えよ。

問 4 HI の見かけ上の生成速度は $v_1 - v_2$ で与えられる。上記の初期条件で反応が進行し，HI が 0.40 mol 生成した。問 1 の k_1 を用いて k_2 を求め，その上で，HI の見かけ上の生成速度〔mol/(L·min)〕を有効数字 2 桁で答えよ。

問 5 この反応に触媒として作用する白金を加えた。触媒の有無以外の条件が同じであるとき，この触媒の存在により変化するものを次の(あ)～(お)の中からすべて選び，記号で答えよ。

(あ) 活性化エネルギー　　(い) 平衡定数

(う) 反応速度　　(え) 平衡に達する時間

(お) 平衡時の生成物の分圧

問 6 反応中の温度を上昇させると式(1)の反応の平衡はどうなるか。また，温度を一定に保ったまま反応容器の体積を増加させると式(1)の反応の平衡はどうなるか。それぞれについて，以下の(か)～(く)の記述の中で正しいものを一つ選び，記号で答えよ。ただし，式(1)の反応の熱化学方程式は以下となる。

$$H_2(気) + I_2(気) = 2\,HI(気) + 9.0\,kJ$$

(か) 右向きに平衡が移動する。

(き) 左向きに平衡が移動する。

(く) 平衡は変化しない。

解　答

問1　Ⓐ4.0×10^{-3}　Ⓑ2.0×10^{-3}　Ⓒ2.4×10^{-2}　Ⓓ6.9

問2　(1)$\dfrac{c^2}{ab}$　(2)$\dfrac{k_1}{k_2}$

問3　0.96 mol

問4　1.5×10^{-3} mol/(L·min)

問5　(あ)・(う)・(え)

問6　温度：(き)　体積：(く)

ポイント

反応速度は，単位時間あたりの反応物の減少量，または生成物の増加量で表す。問3では，温度が変わらなければ平衡定数は一定だから，平衡定数を求めてから新しい平衡の各成分の物質量を求める。問4では，反応速度は成分物質の濃度に比例するから，各成分の濃度を用いて生成速度と分解速度を求めたい。

解　説

問1　1分後における各物質の物質量は次のようになる。

	H_2	+	I_2	$\rightleftarrows$	2HI	
反応開始	0.50		0.50		0	〔mol〕
変化量	−0.040		−0.040		+0.080	〔mol〕
1分後	0.46		0.46		0.080	〔mol〕

(A)　20Lの容器で，反応開始から1分後に0.080molのHIが生成するから，HIの平均の生成速度 v_1 は

$$v_1=\frac{0.080}{20}=4.0\times10^{-3}\text{〔mol/(L·min)〕}$$

(B)　1分間に H_2 が0.040mol減少するから，H_2 の平均の減少速度を v_{H_2} とすると

$$v_{H_2}=\frac{0.040}{20}=2.0\times10^{-3}\text{〔mol/(L·min)〕}$$

別解　反応速度の比は，反応式の係数の比に等しいから，H_2 の平均の減少速度 v_{H_2} とHIの平均の生成速度 v_1 との比は

$$v_{H_2}:v_1=1:2$$

よって　$$v_{H_2}=\frac{v_1}{2}=\frac{4.0\times10^{-3}}{2}=2.0\times10^{-3}\text{〔mol/(L·min)〕}$$

(C)　反応開始と1分後の H_2 と I_2 の平均モル濃度は

$$\frac{\dfrac{0.50}{20}+\dfrac{0.46}{20}}{2}=2.4\times10^{-2}\text{〔mol/L〕}$$

(D) $v_1=4.0\times10^{-3}$〔mol/(L·min)〕，$[H_2]=[I_2]=2.4\times10^{-2}$〔mol/L〕であり，
$v_1=k_1[H_2][I_2]$ より

$$k_1=\frac{v_1}{[H_2][I_2]}=\frac{4.0\times10^{-3}}{2.4\times10^{-2}\times2.4\times10^{-2}}=6.94\fallingdotseq6.9\text{〔L/(mol·min)〕}$$

問2 (1) $H_2+I_2\rightleftarrows2HI$ の反応において，化学平衡の法則（質量作用の法則）より

$$K_c=\frac{[HI]^2}{[H_2][I_2]}=\frac{c^2}{ab}$$

(2) この可逆反応の濃度平衡定数 K_c は HI の生成速度式 $v_1=k_1[H_2][I_2]$ と HI の分解速度式 $v_2=k_2[HI]^2$ で与えられ，平衡状態では $v_1=v_2$ が成り立つから

$$k_1[H_2][I_2]=k_2[HI]^2 \qquad K_c=\frac{[HI]^2}{[H_2][I_2]}=\frac{k_1}{k_2}$$

問3 平衡状態における各物質の物質量は次のようになる。

	H_2	+	I_2	$\rightleftarrows$	$2HI$	
初期条件	0.50		0.50		0	〔mol〕
変化量	−0.40		−0.40		+0.80	〔mol〕
平衡時	0.10		0.10		0.80	〔mol〕

平衡状態にある各物質の濃度から，平衡定数は

$$K_c=\frac{[HI]^2}{[H_2][I_2]}=\frac{\left(\frac{0.80}{20}\right)^2}{\left(\frac{0.10}{20}\right)\left(\frac{0.10}{20}\right)}=64$$

この状態に，さらに H_2 と I_2 を加え，新しい平衡に達したときの H_2 の減少量を x〔mol〕とすると，平衡状態における各物質の物質量は次のようになる。

	H_2	+	I_2	$\rightleftarrows$	$2HI$	
加えた後	0.20		0.20		0.80	〔mol〕
変化量	$-x$		$-x$		$+2x$	〔mol〕
平衡時	$0.20-x$		$0.20-x$		$0.80+2x$	〔mol〕

温度変化がないから，平衡定数 K_c は変化せず 64 である。

$$K_c=\frac{\left(\frac{0.80+2x}{20}\right)^2}{\left(\frac{0.20-x}{20}\right)^2}=\frac{(0.80+2x)^2}{(0.20-x)^2}=64$$

両辺の平方根をとると

$$\frac{0.80+2x}{0.20-x}=\pm8$$

$0<x<0.20$ より　　$x=0.08,\ 0.4$（不適）

平衡時の HI の物質量は　　$0.80+2x=0.80+2\times0.08=0.96$〔mol〕

問4　$k_1=6.94$〔L/(mol·min)〕，平衡定数 K_c は 64 であるから

$$K_c=\frac{k_1}{k_2}=\frac{6.94}{k_2}=64$$

$$\therefore\quad k_2=\frac{6.94}{64}=0.108\text{〔L/(mol·min)〕}$$

HI が 0.40 mol 生成した時点の各物質の物質量は次のようになる。

	H_2	+	I_2	$\rightleftarrows$	2HI	
初期条件	0.50		0.50		0	〔mol〕
変化量	−0.20		−0.20		+0.40	〔mol〕
その時点	0.30		0.30		0.40	〔mol〕

HI が 0.40 mol 生成した時点での v_1 は

$$v_1=k_1[H_2][I_2]=6.94\times\left(\frac{0.30}{20}\right)\times\left(\frac{0.30}{20}\right)$$
$$=1.56\times10^{-3}\text{〔mol/(L·min)〕}$$

また，その時点での v_2 は

$$v_2=k_2[HI]^2=0.108\times\left(\frac{0.40}{20}\right)^2=4.32\times10^{-5}\text{〔mol/(L·min)〕}$$

HI の見かけ上の生成速度 v_1-v_2 は

$$v_1-v_2=1.56\times10^{-3}-4.32\times10^{-5}=1.51\times10^{-3}$$
$$\fallingdotseq 1.5\times10^{-3}\text{〔mol/(L·min)〕}$$

問5　触媒を用いると，活性化エネルギーがより小さい反応経路で反応が進行するから，活性化状態に達しやすくなり，反応速度が大きくなるので，平衡状態に達するまでの時間も短くなる。触媒を用いても平衡の移動はおこらず，反応の平衡定数の値も変化せず，平衡時の生成物の分圧も変わらない。

問6　式(1)の反応において温度を上昇させると，吸熱反応の向き（左向き）に平衡が移動する。温度を一定に保ったまま反応容器の体積を増加させても，式(1)の反応は反応の前後で気体分子の総数が変化しないから平衡は変化しない。

24 濃度平衡定数と圧平衡定数

（2019 年度 1 Ⅱ）

必要があれば次の数値を用いよ。
気体定数：8.3×10^3 Pa·L/(K·mol)

Ⅱ　化学平衡に関する次の問１～問３に答えよ。ただし，気体は理想気体として取り扱えるものとする。

ある物質が可逆的に分解することを解離という。四酸化二窒素 N_2O_4 は，常温付近では式(1)のように解離して二酸化窒素 NO_2 を生じ，平衡を保っている。

$$N_2O_4 \rightleftarrows 2NO_2 \qquad (1)$$

以下の３つの実験を行った。

実験１：ピストン付きの容器に 1.0 mol の N_2O_4 を入れ，容器内の温度を 300 K で一定に保ったところ，NO_2 が生じて平衡に達した。このときの容器の全容積は 10 L であった。

実験２：「実験１」に引き続き，温度を 300 K で一定のまま，ピストンを引き，容器の全容積を 100 L にした後，平衡に達するまで放置した。

実験３：「実験２」に引き続き，温度を 300 K で一定のまま，今度はすばやくピストンを押し，全圧を 1.0×10^5 Pa にした。

問１　以下の文章を読み，（１），（２）に答えよ。

1.0 mol の N_2O_4 を容積 V〔L〕の容器に入れたところ，NO_2 が生じて平衡に達した。容器に入れた N_2O_4 のうち，NO_2 へと解離した N_2O_4 の割合を解離度 α とすると，平衡時の N_2O_4 の濃度は ［(ア)］〔mol/L〕，NO_2 の濃度は ［(イ)］〔mol/L〕である。ゆえに，濃度平衡定数 K_c は ［(ウ)］〔mol/L〕となる。

また，平衡時の全圧を P〔Pa〕とすると，N_2O_4 の分圧は ［(エ)］〔Pa〕，NO_2 の分圧は ［(オ)］〔Pa〕であるため，圧平衡定数 K_p は ［(カ)］〔Pa〕となる。

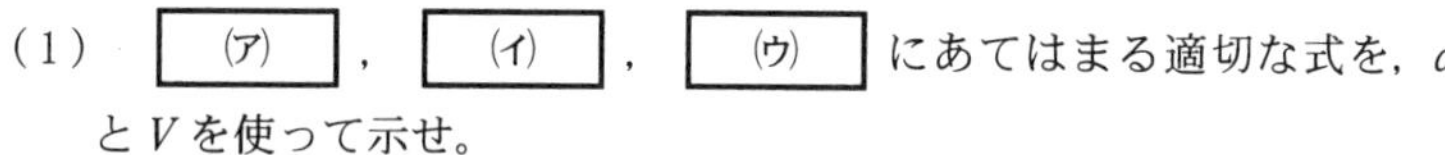

(1) (ア), (イ), (ウ) にあてはまる適切な式を，α と V を使って示せ。

(2) (エ), (オ), (カ) にあてはまる適切な式を，α と P を使って示せ。

問 2　次の(1)，(2)に答えよ。

(1)「実験1」に関して，平衡に達したときの N_2O_4 の解離度は0.20であった。温度300 Kにおける濃度平衡定数 K_c を，有効数字2桁で答えよ。

(2)「実験2」において，平衡に達したときの N_2O_4 の解離度を，有効数字2桁で答えよ。

問 3　次の(1)～(3)に答えよ。

(1)「実験1」に関して，温度300 Kにおける全圧 P と圧平衡定数 K_p を，それぞれ有効数字2桁で答えよ。ただし，平衡に達したときの N_2O_4 の解離度は0.20とする。

(2)「実験3」において，平衡に達したときの N_2O_4 の解離度を，有効数字2桁で答えよ。ただし，全圧は平衡に達するまで一定であるとする。

(3)「実験3」において，ピストンを押す直前から平衡に達するまで，容器内の色を真横(下図の矢印"←"の方向)から観察した。容器内の色はどのように変化したか，以下の(a)～(e)から一つ選び，記号で答えよ。

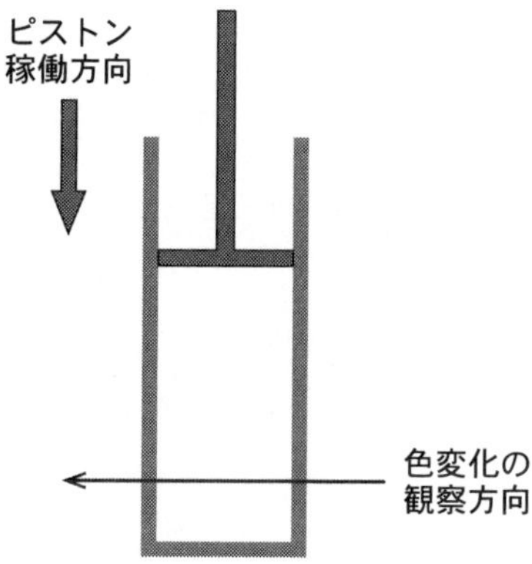

(a) 赤褐色が徐々に薄くなり，無色に近づいた。

(b) 赤褐色が徐々に濃くなった。

(c) 無色から徐々に赤褐色に変わった。

(d) 赤褐色が一時的に薄くなり，その後，少し濃くなった。

(e) 赤褐色が一時的に濃くなり，その後，少し薄くなった。

解　答

問1　(1) (ア)$\dfrac{1.0-\alpha}{V}$　(イ)$\dfrac{2.0\alpha}{V}$　(ウ)$\dfrac{4.0\alpha^2}{(1.0-\alpha)V}$

(2) (エ)$\dfrac{1.0-\alpha}{1.0+\alpha}P$　(オ)$\dfrac{2.0\alpha}{1.0+\alpha}P$　(カ)$\dfrac{4.0\alpha^2}{1.0-\alpha^2}P$

問2　(1)2.0×10^{-2}mol/L　(2)5.0×10^{-1}

問3　(1)$P=3.0\times10^5$〔Pa〕　$K_p=5.0\times10^4$〔Pa〕

(2)3.3×10^{-1}

(3)—(e)

ポイント

（気体の分圧）=（全圧）×（モル分率）を利用する。また，温度が変わらなければ濃度平衡定数も圧平衡定数も一定である。

解　説

問1　四酸化二窒素と二酸化窒素は次のような平衡状態となる。

	N_2O_4	$\rightleftarrows$ $2NO_2$	
反応前	1.0	0	〔mol〕
変化量	$-\alpha$	$+2\alpha$	〔mol〕
平衡時	$1.0-\alpha$	2.0α	〔mol〕

(1)　容器の体積は V〔L〕だから

N_2O_4 の濃度は　$\dfrac{1.0-\alpha}{V}$〔mol/L〕

NO_2 の濃度は　$\dfrac{2.0\alpha}{V}$〔mol/L〕

また，濃度平衡定数 K_c は

$$K_c=\frac{[NO_2]^2}{[N_2O_4]}=\frac{\left(\dfrac{2.0\alpha}{V}\right)^2}{\dfrac{1.0-\alpha}{V}}=\frac{4.0\alpha^2}{(1.0-\alpha)V}\text{〔mol/L〕}$$

(2)　気体の分圧は，全圧にその気体のモル分率をかけたものだから，N_2O_4 の分圧を $P_{N_2O_4}$〔Pa〕，NO_2 の分圧を P_{NO_2}〔Pa〕とすると

$$P_{N_2O_4}=\frac{1.0-\alpha}{1.0-\alpha+2\alpha}P=\frac{1.0-\alpha}{1.0+\alpha}P\text{〔Pa〕}$$

$$P_{NO_2}=\frac{2.0\alpha}{1.0+\alpha}P\text{〔Pa〕}$$

したがって，圧平衡定数 K_p は

$$K_p = \frac{P_{NO_2}{}^2}{P_{N_2O_4}} = \frac{\left(\dfrac{2.0\alpha}{1.0+\alpha}P\right)^2}{\dfrac{1.0-\alpha}{1.0+\alpha}P} = \frac{4.0\alpha^2}{1.0-\alpha^2}P\,〔\mathrm{Pa}〕$$

問 2 (1) $\alpha=0.20$, $V=10$〔L〕だから，問 1 (1)より

$$K_c = \frac{4.0\times0.20^2}{(1.0-0.20)\times10} = 0.020\,〔\mathrm{mol/L}〕$$

(2) 温度が変わらなければ，濃度平衡定数 K_c は一定である。$V=100$〔L〕だから

$$K_c = 0.020 = \frac{4.0\times\alpha^2}{(1.0-\alpha)\times100}$$

$$4.0\alpha^2+2.0\alpha-2.0=0$$

$0\leqq\alpha\leqq1$ だから　　$\alpha=0.50$

問 3 (1) 平衡時 N_2O_4 の物質量は 0.80 mol，NO_2 の物質量は 0.40 mol だから，全圧 P は気体の状態方程式より

$$P\times10=(0.80+0.40)\times8.3\times10^3\times300$$

$$\therefore\quad P=2.98\times10^5 \fallingdotseq 3.0\times10^5\,〔\mathrm{Pa}〕$$

圧平衡定数 K_p は

$$K_p = \frac{4.0\times0.20^2}{1.0-0.20^2}\times2.98\times10^5 = 4.96\times10^4 \fallingdotseq 5.0\times10^4\,〔\mathrm{Pa}〕$$

(2) 温度が変わらなければ，圧平衡定数 K_p は一定だから

$$K_p = 5.0\times10^4 = \frac{4.0\times\alpha^2}{1.0-\alpha^2}\times1.0\times10^5$$

$$\alpha^2 = \frac{0.50}{4.50} = \frac{1}{9}$$

$0\leqq\alpha\leqq1$ だから　　$\alpha=\dfrac{1}{3}=0.333\fallingdotseq3.3\times10^{-1}$

(3) 温度を一定に保って圧力を増加させると，NO_2 の濃度が大きくなるので赤褐色がいったん濃くなるが，気体分子の総数が少なくなる方向に平衡が移動し，NO_2 の分子数が減少するため，やがて色は少し薄くなる。

25 リチウムイオン電池

（2019年度 2 Ⅱ）

必要があれば次の数値を用いよ。
ファラデー定数：9.65×10^4 C/mol

Ⅱ　次の文章を読み，問1～問4に答えよ。

スマートフォンやタブレット端末などの携帯機器，ハイブリッド自動車や電気自動車の電源として，図1に示すリチウムイオン電池の重要性が増している。(i)リチウムイオン電池の起電力は約3.7Vであり，ニッケル-水素電池(起電力1.35V)と比較して大きい。リチウムイオン電池に求められる性能として重要なのは，①単位体積または単位重量あたりの放電容量が大きく，②繰返し充放電に対する耐久性が高く，③安全性が高いことである。

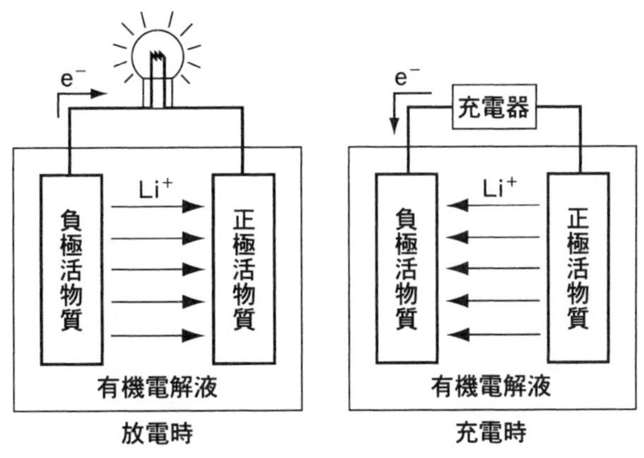

図1

（注）　有機電解液：有機化合物の溶媒に，リチウムの塩を溶解させた溶液

リチウムイオン電池の正極活物質として用いられる $LiCoO_2$ は，イオン結晶であり，充電や放電に伴い，遷移元素であるCoの酸化数が変化することが知られている。リチウムイオン電池を充電する際の正極活物質の反応は，

$$LiCoO_2 \xrightarrow{\text{充電}} xLi^+ + Li_{1-x}CoO_2 + xe^-$$

で表される。このとき，Li^+ は黒鉛(グラファイト)$_{(ii)}$に取り込まれ，電子を受け取って負極活物質となる。ここでは，実用リチウムイオン電池が取りうる最大の x をリチウムイオンの利用率と定義する。一般に，繰返し充放電に対する耐久性を高くするために，実用リチウムイオン電池における x は1より小さく設定されるが，ここでは x は0以上かつ1以下の数値をとることができるものとする。

問 1 $x = 0$ と $x = 1$ における正極活物質 $Li_{1-x}CoO_2$ の Co の酸化数をそれぞれ答えよ。符号も記せ。

問 2 下線部(i)のニッケル-水素電池では，電解液として KOH 水溶液が使用されるのに対し，リチウムイオン電池では，LiOH 水溶液ではなく，可燃性の有機電解液が使用されるため，安全上の問題がある。LiOH 水溶液が使用できない理由は，二枚の白金板を LiOH 水溶液に入れて通電したときと同じ現象が起こるためである。この現象を10字以内で述べよ。

問 3 下線部(ii)の黒鉛(グラファイト)に関する次の(1)，(2)に答えよ。

(1) 純粋な黒鉛結晶内の結合として，正しいものを次の(a)～(e)からすべて選び，記号で答えよ。

(a) 金属結合　　(b) 共有結合
(c) 配位結合　　(d) 分子間力による結合
(e) イオン結合

(2) 次の説明(あ)～(え)に当てはまる炭素の同素体の名称をそれぞれ答えよ。

(あ) 球状の分子
(い) 研磨剤として用いられる物質
(う) 黒鉛の層状構造のうち，1層だけを取り出した物質
(え) 直径約 1 nm の筒状物質

問 4　次の文章を読み，（1）～（3）に答えよ。ただし，必要十分な量の負極活物質があり，充電・放電における電極反応はファラデーの電気分解の法則に従うものとする。なお，1 mA は 1×10^{-3} A である。

電池から一定の電流を何時間取り出すことができるかを示す量を放電容量といい，1 mA の電流を1時間取り出すことができる放電容量は 1 mA h である。

0.15 mol の $LiCoO_2$ を正極活物質とした，放電容量 1500 mA h の実用リチウムイオン電池を，$x = 0$ の状態から<u>ある程度まで充電</u>(iii)し，その後，45 mA の一定電流で 24 時間放電させたところ，<u>放電容量の残量は 20 % になった</u>(iv)。

（1）　この電池のリチウムイオン利用率 x を有効数字 2 桁で答えよ。

（2）　下線部(iii)の後の放電容量の残量〔%〕を整数で答えよ。ただし，1500 mA h を 100 % とする。

（3）　下線部(iv)の後，そのまま 20 mA 一定電流で放電した場合に放電可能な時間〔h〕を，有効数字 2 桁で答えよ。

解 答

問1 〔$x=0$〕+3 〔$x=1$〕+4

問2 H_2とO_2が発生する。(10字以内)

問3 (1)―(b)・(d)

(2) (あ)フラーレン (い)ダイヤモンド (う)グラフェン (え)カーボンナノチューブ

問4 (1)3.7×10^{-1} (2)92% (3)1.5×10h

ポイント

放電容量〔mA h〕=電流〔mA〕×時間〔h〕である。また，電気量〔C〕=電流〔A〕×時間〔s〕である。

解 説

問1 $x=0$のとき，$LiCoO_2$だからCoの酸化数をyとすると

$$+1+y+(-2\times2)=0 \qquad \therefore \quad y=+3$$

$x=1$のとき，CoO_2だからCoの酸化数をzとすると

$$z+(-2\times2)=0 \qquad \therefore \quad z=+4$$

問2 LiOH水溶液を電気分解すると，陰極ではH_2Oが還元されてH_2が発生する。また，陽極ではOH^-が酸化されてO_2が発生する。

問3 (1) 黒鉛は，平面の層状構造を形成し，となり合う3個の炭素原子と共有結合している。この層状構造どうしは弱い分子間力で積み重なっている。

(2) (あ) フラーレンは，C_{60}，C_{70}などの分子式をもつ球状の分子である。

(い) ダイヤモンドは物質の中で最も硬く，研磨剤として用いられる。

(う) グラフェンは，蜂の巣状の構造をしたシートである。

(え) カーボンナノチューブは，グラフェンが筒状になったものである。

問4 (1) 放電容量1500mA hの電気量〔C〕は

$$1500\times10^{-3}\times1\times60\times60=5400〔C〕$$

ファラデー定数は$F=9.65\times10^4$〔C/mol〕だから，電子の物質量は

$$\frac{5400}{9.65\times10^4}=0.0559〔mol〕$$

したがって，この電池のリチウムイオン利用率xは

$$x=\frac{0.0559}{0.15}=0.372\fallingdotseq3.7\times10^{-1}$$

(2) 下線部(iii)の充電後の電気量は，45mAで24時間放電させた電気量と残量20%を合わせた電気量であるから

$$45\times10^{-3}\times24\times60\times60+5400\times0.20=4968〔\text{C}〕$$

したがって，下線部(iii)の後の放電容量の残量は

$$\frac{4968}{5400}\times100=92〔\%〕$$

(3)　放電容量 1500 mA h の残量は 20 % だから

$$1500\times\frac{20}{100}=300〔\text{mA h}〕$$

20 mA の電流で放電するから，放電可能な時間〔h〕は

$$\frac{300}{20}=15〔\text{h}〕$$

26 弱酸の電離，二段中和

（2018年度 1 Ⅱ）

必要があれば次の数値を用いよ。
　原子量：H＝1.0，C＝12.0，O＝16.0，Na＝23.0
　1 mol の理想気体の標準状態における体積：22.4 L

Ⅱ　次の問1，問2に答えよ。

問1　次の文章を読み，（1）～（3）に答えよ。

ヒドロキシ酸の一種である乳酸 $C_3H_6O_3$ は，グルコース $C_6H_{12}O_6$ の発酵により合成できる。乳酸は酢酸などの一般的なカルボン酸と同様に弱酸であり，25 ℃における電離定数は 2.0×10^{-4} mol/L である。これより，0.50 mol/L 乳酸水溶液中での乳酸の電離度は ［(あ)］，水素イオン濃度 $[H^+]$ は ［(い)］ mol/L である。

OH
|
CH
CH_3　　C　OH
‖
O

乳酸の構造式

天然から得られるグルコース原料には不純物が含まれている。(i)<u>不純物を含むグルコース原料 174 g</u> を水に溶解し，発酵によって 1.2 L の乳酸水溶液を得た。この乳酸水溶液 10 mL に蒸留水 40 mL を加え，(ii)<u>その溶液を 0.50 mol/L 水酸化ナトリウム NaOH 水溶液で滴定したところ，中和に 28 mL を要した</u>。

（1）　［(あ)］，［(い)］ にあてはまる数値を有効数字2桁で答えよ。

（2）　下線部(i)のグルコース原料の純度（グルコースの質量百分率）を有効数字2桁で答えよ。なお，原料に含まれるグルコースはすべて乳酸へと変化し，グルコース1分子から2分子の乳酸が生成したものとする。また，不純物からは乳酸は生成せず，不純物は中和には関与しない。

（3）　下線部(ii)について，弱酸の水溶液を NaOH 水溶液で中和滴定する際の中和点の判定には，変色域が pH ＝ [(う)] の指示薬が最も適している。[(う)] にあてはまる適切なものを次の(ア)～(オ)から選び記号で答えよ。

(ア)　1.2～2.8　　(イ)　3.1～4.4　　(ウ)　5.0～6.2

(エ)　8.0～9.6　　(オ)　10.5～11.6

問 2　次の文章を読み，(1)～(3)に答えよ。

(iii)水酸化ナトリウム NaOH と炭酸ナトリウム Na_2CO_3 の混合水溶液 25 mL を，5.00×10^{-2} mol/L 塩酸 HCl を使って中和滴定したところ，図 1 の滴定曲線が得られた。

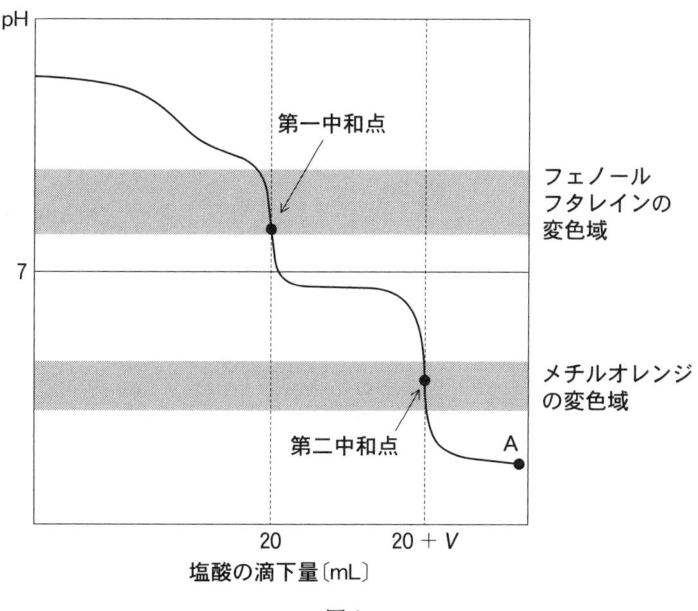

図 1

第一中和点はフェノールフタレインで判別することができ，塩酸 20.0 mL を滴下したところで水溶液が [(え)] 色から [(お)] 色へと変化した。第二中和点を判別するために混合水溶液にメチルオレンジを加えてさらに V〔mL〕の 5.00×10^{-2} mol/L 塩酸を滴下したところ，水溶液

が黄色から [(か)] 色へと変化した。第一中和点から第二中和点までに起こる反応は下記のように表される。

[(き)] + HCl → [(く)] + H_2O + [(け)] ↑

(1) [(え)] ～ [(か)] にあてはまる適切な語句を答えよ。

(2) [(き)] ～ [(け)] に入る適切な化学式を答えよ。

(3) 図1の滴定操作の途中に気体となった [(け)] と，図1のAの溶液に大過剰の濃塩酸を加えて気体となった [(け)] の体積の合計は標準状態で5.6 mLであった。下線部(iii)の混合水溶液のNaOHおよびNa_2CO_3のモル濃度を，それぞれ有効数字2桁で答えよ。なお，気体は理想気体として取り扱えるものとする。

解　答

問1　(1) (あ) 2.0×10^{-2}　(い) 1.0×10^{-2}

(2) 8.7×10 %

(3) (う)—(エ)

問2　(1) (え)赤　(お)無　(か)赤

(2) (き) $NaHCO_3$　(く) $NaCl$　(け) CO_2

(3) $NaOH$：3.0×10^{-2} mol/L

Na_2CO_3：1.0×10^{-2} mol/L

ポイント

弱酸の電離度 α が1よりかなり小さいので，$1-\alpha$ を1とみなす。乳酸は1価の弱酸であり，グルコース1分子から2分子の乳酸が得られる。問2では，二酸化炭素の物質量に注目して計算をする必要がある。

解　説

問1　(1) (あ)　乳酸の濃度を c〔mol/L〕，電離定数を K_a〔mol/L〕とすると，乳酸の電離度 α は，α が1より十分に小さいとすると

$$\alpha=\sqrt{\frac{K_a}{c}}=\sqrt{\frac{2.0\times10^{-4}}{0.50}}=2.0\times10^{-2}$$

(い)　$[H^+]=c\alpha=0.50\times2.0\times10^{-2}=1.0\times10^{-2}$〔mol/L〕

(2)　グルコースの質量を x〔g〕とすると，グルコース $\frac{x}{180.0}$ mol から乳酸 $\frac{2x}{180.0}$ mol が生成する。また，生成した 1.2L の乳酸水溶液のうち 10mL を中和するのに，0.50mol/L の水酸化ナトリウム水溶液が 28mL 必要だから

$$\frac{x}{180.0}\times2\times\frac{10}{1200}=1\times0.50\times\frac{28}{1000}$$

∴　$x=151.2$〔g〕

したがって，グルコース原料の純度は

$$\frac{151.2}{174}\times100=86.8\fallingdotseq87〔\%〕$$

(3)　弱酸の水溶液と強塩基の NaOH 水溶液の中和滴定では，中和点が塩基性側に偏っているから，塩基性側に変色域をもつ指示薬が適している。

問2　(1)　水酸化ナトリウムと炭酸ナトリウムの混合水溶液と，塩酸の中和滴定の第一中和点では，フェノールフタレインが赤色から無色に変化する。第二中和点では，メチルオレンジが赤色に変色する。

(2)　$NaHCO_3+HCl \longrightarrow NaCl+H_2O+CO_2\uparrow$　……①

(3) 第一中和点までにおこる反応は

$NaOH + HCl \longrightarrow NaCl + H_2O$ ……②

$Na_2CO_3 + HCl \longrightarrow NaHCO_3 + NaCl$ ……③

発生した二酸化炭素 CO_2 の物質量は

$$\frac{5.6}{22.4 \times 10^3} = 2.5 \times 10^{-4}\text{〔mol〕}$$

反応式①，③の係数比より，生成する二酸化炭素 CO_2 と反応する炭酸ナトリウム Na_2CO_3 の物質量は等しいから，炭酸ナトリウムのモル濃度は

$$\frac{2.5 \times 10^{-4}}{25 \times 10^{-3}} = 1.0 \times 10^{-2}\text{〔mol/L〕}$$

反応式②，③より，第一中和点までに加えた HCl の物質量は，混合水溶液に含まれる水酸化ナトリウム NaOH と炭酸ナトリウムの物質量の和に相当する。

水酸化ナトリウムのモル濃度を x〔mol/L〕とすると

$$(x + 1.0 \times 10^{-2}) \times \frac{25}{1000} = 5.00 \times 10^{-2} \times \frac{20.0}{1000}$$

$\therefore \quad x = 3.0 \times 10^{-2}$〔mol/L〕

27 電気陰性度，結合エネルギー，反応熱

（2017年度 [1] Ⅰ）

Ⅰ　次の文章を読み，問1～問7に答えよ。

二つの異なる原子からつくられる共有結合において，それぞれの原子が共有電子対を引きつける強さの指標を [(あ)] とよび，[(あ)] に差のある二つの原子からなる結合は極性をもつ。ポーリングは，原子AとBのつくる結合A—Bの極性の大きさと結合エネルギーの相関に注目した。ここで，原子AとBがつくり得る3種類の結合A—A，B—BおよびA—Bについて，結合エネルギーがそれぞれD(A—A)，D(B—B)，D(A—B)であるとする。極性をもつ結合A—Bでは，部分的なイオン性による安定化があるため，結合エネルギーが大きくなるとポーリングは考えた。その考えによれば，結合A—Bの極性が大きいほど，式(1)に示すD(A—B)と，D(A—A)およびD(B—B)の平均値との差Δは大きくなる。そこで，AとBの [(あ)] をそれぞれx_Aおよびx_Bとし，その差を式(2)によって定量化した。

$$\Delta = D(\text{A—B}) - \frac{D(\text{A—A}) + D(\text{B—B})}{2} \text{〔kJ/mol〕} \qquad (1)$$

$$(x_A - x_B)^2 = \frac{\Delta}{96} \qquad (2)$$

例えば，H_2，Cl_2およびHClの結合エネルギーは，それぞれ432 kJ/mol，239 kJ/molおよび [(い)] kJ/molであることから，$|x_H - x_{Cl}| = 0.98$となる。ここで，$x_H = 2.05$とすると，$x_{Cl} =$ [(う)] となる。また，結合エネルギーがわからない場合でも，<u>反応熱から [(あ)] の差を求めることが可能である</u>(i)。ポーリングは数多くの結合エネルギーや反応熱から得られる$(x_A - x_B)$の値をもとにして，各原子の [(あ)] を決定した。

二原子分子の極性の大きさは，その分子の電気双極子モーメントとよばれる値を求めることで実験的に決定できる。例えば，原子間距離がLである二原子分子において，それぞれの原子上に$+q$，$-q$の電荷が存在するとき，その分子の電気双極子モーメントの大きさは$L \cdot q$となる。したがって，<u>電気双極子モーメントと原子間距離から分子中の原子の電荷量を見積もることができ</u>(ii)

る。

[(あ)] の差の大きな原子同士はイオン結晶をつくりやすい。イオン結晶中の陽イオンと陰イオンの間の結びつきの強さは，格子エネルギーと呼ばれる値の大きさで評価できる。例えば，塩化ナトリウムおよび塩化リチウムの格子エネルギーは，それぞれ熱化学方程式(3)および(4)の反応熱 Q_1〔kJ〕および Q_2〔kJ〕で与えられる。

$$Na^+(気) + Cl^-(気) = NaCl(固) + Q_1〔kJ〕 \quad (3)$$

$$Li^+(気) + Cl^-(気) = LiCl(固) + Q_2〔kJ〕 \quad (4)$$

ここで，$Q_1 - Q_2 =$ [(え)] kJであり，結晶中でのイオン同士の結びつきは [(お)] の方が強い。この結果は，イオン結晶中での陽イオンと陰イオンの結びつきは主に静電気力に由来し，(iii)イオン結晶の格子エネルギーのおおよその大きさが，構成する陽イオンと陰イオンのイオン半径の和と価数によって決まることからも理解できる。

問 1 [(あ)] にあてはまる適切な語句を記せ。

問 2 [(い)] にあてはまる値を有効数字2桁で答えよ。

問 3 [(う)] にあてはまる値を小数第二位まで求めよ。

問 4 下線部(i)に関して，3種類の化合物(HF，HCl，BrCl)について，それぞれの気体1 molを成分元素の単体の気体から生成する反応の反応熱が大きいものから順に並べよ。

問 5 下線部(ii)に関して，HCl分子の原子間距離は 1.27×10^{-10} m，電気双極子モーメントの大きさは 3.60×10^{-30} C・mである。HCl分子はHおよびClのどちらの原子からどちらの原子に電子が何個分移動した状態とみなすことができるか。ただし，電子1個の電荷の絶対値を 1.60×10^{-19} Cとし，数値は有効数字2桁で答えよ。

〔解答欄〕(　　)から(　　)へ(　　)個

問 6　NaCl(固)，LiCl(固)の生成熱をそれぞれ 411 kJ/mol，409 kJ/mol，Na(固)，Li(固)の昇華熱をそれぞれ 107 kJ/mol，159 kJ/mol，Na(気)，Li(気)のイオン化エネルギーをそれぞれ 496 kJ/mol，513 kJ/mol とするとき，［ (え) ］にあてはまる値を正または負の整数で答えよ。また，［ (お) ］にあてはまるのは NaCl と LiCl のどちらであるか答えよ。

問 7　下線部(iii)に関して，次に示す 4 つのイオン結晶を格子エネルギーの大きいものから順に並べ，記号で答えよ。

（ア）　NaCl　　（イ）　KCl　　（ウ）　KBr　　（エ）　LiF

解 答

問1 電気陰性度
問2 4.3×10^2
問3 3.03
問4 HF＞HCl＞BrCl
問5 HからClへ0.18個
問6 (え)−67 (お) LiCl
問7 (エ)＞(ア)＞(イ)＞(ウ)

ポイント
見慣れない出題かもしれないが，結合エネルギーと電気陰性度の関係や，分子の電気双極子モーメントなど，問題文をよく読んで，文意を理解することが大切である。

解 説

問1 原子が結合に使われる電子を引きつける強さを相対的に示す尺度を電気陰性度という。

問2 HClの結合エネルギーをx〔kJ/mol〕とすると，問題文中の式(1)，(2)より

$$0.98^2\times96=x-\frac{432+239}{2}$$

∴ $x=427\fallingdotseq4.3\times10^2$〔kJ/mol〕

問3 $x_{Cl}>x_H$ より　$x_{Cl}=0.98+2.05=3.03$

問4 電気陰性度はF＞Cl＞Br＞Hの順である。成分元素の単体の電気陰性度の差が大きいほど生成熱は大きい。生成熱の大きいものからHF＞HCl＞BrClになる。

問5 電気双極子モーメントの大きさをμ，原子間距離をL，電荷をqとすると，$\mu=L\cdot q$だから

$$q=\frac{\mu}{L}=\frac{3.60\times10^{-30}}{1.27\times10^{-10}}=2.83\times10^{-20}\text{〔C〕}$$

電子1個の電荷の絶対値が1.60×10^{-19}Cであるから

$$\frac{2.83\times10^{-20}}{1.60\times10^{-19}}=0.176\fallingdotseq0.18$$

したがって，HからClに電子が0.18個分移動したことになる。

問6 NaCl（固），LiCl（固）の生成熱がそれぞれ411kJ/mol，409kJ/molであるから

$$\text{Na（固）}+\frac{1}{2}Cl_2\text{（気）}=\text{NaCl（固）}+411\,\text{kJ}\quad\cdots\cdots①$$

$$\text{Li（固）}+\frac{1}{2}Cl_2\text{（気）}=\text{LiCl（固）}+409\,\text{kJ}\quad\cdots\cdots②$$

Na (固), Li (固) の昇華熱がそれぞれ107kJ/mol, 159kJ/mol であるから

Na (固) = Na (気) − 107kJ　……③

Li (固) = Li (気) − 159kJ　……④

Na (気), Li (気) のイオン化エネルギーがそれぞれ496kJ/mol, 513kJ/mol であるから

Na (気) = Na^+ (気) + e^- − 496kJ　……⑤

Li (気) = Li^+ (気) + e^- − 513kJ　……⑥

問題文中の式(3)−(4)より

Na^+ (気) − Li^+ (気) = NaCl (固) − LiCl (固) + $(Q_1 - Q_2)$〔kJ〕

上で求めた式 ①−②−③+④−⑤+⑥ を計算すると

$Q_1 - Q_2 = -67$〔kJ〕

また, $Q_1 < Q_2$ だから LiCl のほうが結びつきは強い。

問7　陽イオンのイオン半径は $Li^+ < Na^+ < K^+$ であり, 陰イオンのイオン半径は $F^- < Cl^- < Br^-$ である。したがって, 陽イオンと陰イオンのイオン半径の和は, LiF < NaCl < KCl < KBr である。

価数は同じなので, イオン半径の和が小さいほどイオン結合は強く, 格子エネルギーは大きくなる。

28 圧平衡定数

(2017年度 1 Ⅱ)

必要があれば次の数値を用いよ。
0℃の絶対温度：273K

Ⅱ 触媒を使用したアンモニア合成に関する可逆反応

$$N_2(気) + 3H_2(気) \rightleftarrows 2NH_3(気) \quad (1)$$

に関して，以下の問1～問5に答えよ。

問1 反応(1)について，ある一定圧力下で温度を変化させたところ，各温度の平衡状態におけるNH_3の生成率が変化した。このときの変化を最も適切に表す直線または曲線を，図1の(ア)～(オ)から一つ選び，記号で答えよ。ただし，NH_3(気)の生成熱は46 kJ/molとする。

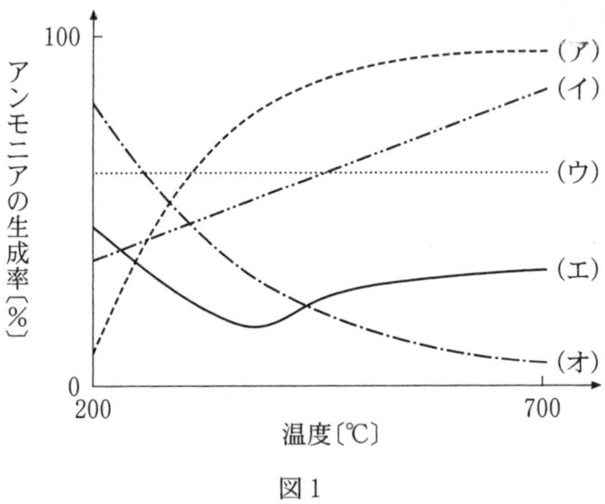

図1

問2 反応(1)について，N_2とH_2をそれぞれn〔mol〕，$3n$〔mol〕ずつ用いて反応を開始したところ，$\alpha \times 100$〔%〕のN_2が反応して平衡に達した。このとき，N_2，H_2，NH_3の分圧p_{N_2}，p_{H_2}，p_{NH_3}をαおよび全圧P_0を用いて表せ。

問 3　問2の実験において，反応(1)の圧平衡定数 K_p を α および全圧 P_0 を用いて表すと次式のようになる。

$$K_p = \frac{2^4}{3^3} \cdot \frac{(2-\alpha)^2\alpha^2}{(1-\alpha)^4} \cdot \frac{1}{{P_0}^2}$$

平衡状態に達したとき，50 % の N_2 が NH_3 に変換されていたとする。同じ温度で，反応容器の体積を変化させると，70 % の N_2 が NH_3 に変換された。この体積変化によって全圧は何倍になったか，有効数字2桁で答えよ。

問 4　反応(1)について，触媒を改良し，正反応の活性化エネルギーを減少させることに成功した。この実験における NH_3 の生成率の時間変化を示したものとして最も適切な曲線を，図2の(カ)～(コ)から一つ選び，記号で答えよ。

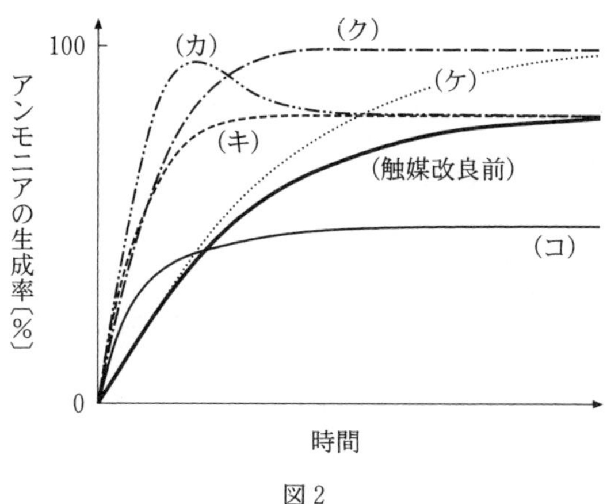

図2

問 5　反応(1)について，ある平衡状態(温度 627 ℃，全圧 6.0×10^7 Pa)では，反応容器中の NH_3 の体積百分率は 20 % であった。このあと，触媒を除いて反応を完全に停止させた。さらに，反応容器の体積を変化させたのち，体積を保って冷却したところ，127 ℃ で NH_3 の液化が観察された。このとき，反応容器中の混合気体の圧力と体積は，もとの平衡状態の何倍であるか有効数字 2 桁で答えよ。ただし，127 ℃ における NH_3 の飽和蒸気圧を 1.0×10^7 Pa とする。また，実験過程における平衡移動は無視してよく，反応容器中の気体は理想気体として振る舞うものとする。

解　答

問1　(オ)

問2　$p_{N_2}=\dfrac{1-\alpha}{2(2-\alpha)}P_0$，$p_{H_2}=\dfrac{3(1-\alpha)}{2(2-\alpha)}P_0$，$p_{NH_3}=\dfrac{\alpha}{2-\alpha}P_0$

問3　3.4倍

問4　(キ)

問5　圧力：0.83倍　体積：0.53倍

ポイント
問2では，気体の分圧は，全圧にその気体のモル分率をかけたものである。問3・問5では，題意をしっかりと理解することと，計算力が必要である。

解　説

問1　反応(1)の NH_3（気）の生成反応は発熱反応であるから，温度を上げるとアンモニアの生成率は減少する。

問2

$$N_2\text{(気)}+3H_2\text{(気)} \rightleftarrows 2NH_3\text{(気)}$$

	N_2	$3H_2$	$2NH_3$	
反応前	n	$3n$	0	〔mol〕
変化量	$-n\alpha$	$-3n\alpha$	$+2n\alpha$	〔mol〕
平衡後	$n(1-\alpha)$	$3n(1-\alpha)$	$2n\alpha$	〔mol〕

平衡時の物質量の和は，$n(1-\alpha)+3n(1-\alpha)+2n\alpha=2n(2-\alpha)$ となる。

したがって

$$p_{N_2}=\frac{n(1-\alpha)}{2n(2-\alpha)}P_0=\frac{1-\alpha}{2(2-\alpha)}P_0$$

$$p_{H_2}=\frac{3n(1-\alpha)}{2n(2-\alpha)}P_0=\frac{3(1-\alpha)}{2(2-\alpha)}P_0$$

$$p_{NH_3}=\frac{2n\alpha}{2n(2-\alpha)}P_0=\frac{\alpha}{2-\alpha}P_0$$

問3　50％の N_2 が変換されたときの全圧を P_{50} とすると，圧平衡定数 K_p は

$$K_p=\frac{2^4}{3^3}\times\frac{(2-0.50)^2\times0.50^2}{(1-0.50)^4}\times\frac{1}{{P_{50}}^2}=\frac{2^4}{3^3}\times3^2\times\frac{1}{{P_{50}}^2}$$

70％の N_2 が変換されたときの全圧を P_{70} とすると，圧平衡定数 K_p は

$$K_p=\frac{2^4}{3^3}\times\frac{(2-0.70)^2\times0.70^2}{(1-0.70)^4}\times\frac{1}{{P_{70}}^2}=\frac{2^4}{3^3}\times\frac{1.30^2\times0.70^2}{0.30^4}\times\frac{1}{{P_{70}}^2}$$

同じ温度では圧平衡定数 K_p は変化しないから

$$\frac{P_{70}}{P_{50}}=\frac{\dfrac{1.30\times0.70}{0.30^2}}{3}=3.37\fallingdotseq3.4\text{倍}$$

問4　温度が一定の場合，触媒を改良すると平衡に達するまでの時間は短くなるが，平衡に影響しないから改良前とアンモニアの生成率は変化しない。

問5　127℃における NH_3 の飽和蒸気圧は 1.0×10^7 Pa であるから，混合気体の圧力は

$$1.0\times10^7\times\frac{100}{20}=5.0\times10^7\,\text{〔Pa〕}$$

したがって，圧力の変化は

$$\frac{5.0\times10^7}{6.0\times10^7}=0.833\fallingdotseq0.83\,\text{倍}$$

もとの状態の体積を V_1〔L〕とし，混合気体の体積を V_2〔L〕とすると，ボイル・シャルルの法則より

$$\frac{6.0\times10^7\times V_1}{900}=\frac{5.0\times10^7\times V_2}{400}$$

$$\therefore\quad \frac{V_2}{V_1}=\frac{6.0\times10^7}{900}\times\frac{400}{5.0\times10^7}=0.533\fallingdotseq0.53\,\text{倍}$$

29 電気分解，状態変化

（2017年度 ②Ⅱ）

Ⅱ　次の文章を読み，問１，問２に答えよ。

地球は水の惑星と呼ばれ，総表面積のうち約71％が海で占められている。(i)海水は塩化ナトリウムを主成分とする塩を含み，純水に比べて凍結しにくいが，気温の低い高緯度域や淡水が多く流れこむ海域では凍結する。例えば，オホーツク海ではアムール川などから流れこむ淡水により塩濃度が低下して冬季には凍結し，(ii)氷は海水に比べて密度が低いため，海面に浮かんで流氷として北海道北東岸まで流れ着く。

問１　下線部(i)について，海水から食塩の主成分である塩化ナトリウムを得るために電気透析法と呼ばれる方法が幅広く用いられている。電気透析法の模式図を図１に示す。海水を塩化ナトリウム，塩化マグネシウム，硫酸マグネシウム，硫酸カルシウム，塩化カリウムの５種類の塩が溶解した水溶液として考え，以下の(１)～(４)に答えよ。

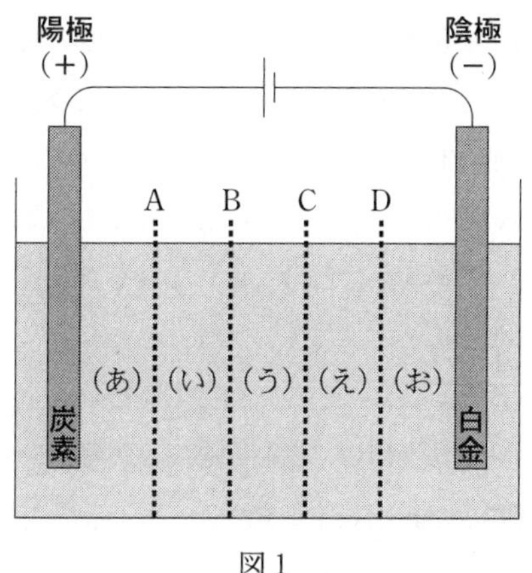

図１

(１)　炭素電極と白金電極をそれぞれ陽極と陰極として電流を通じた時，

陽極上で主として起こる反応を，電子 e^- を用いたイオン反応式で記せ。

(2) 図1のDにだけ陽イオンのみを通す膜を設置して一定の電流を通じた場合，(お)の部位におけるpH，ナトリウムイオン濃度$[Na^+]$，および塩化物イオン濃度$[Cl^-]$はどのように変化するか。以下の表1から最も適切なものを一つ選び，記号で答えよ。

表1

	pH	$[Na^+]$	$[Cl^-]$
(ア)	小さくなる	増加する	減少する
(イ)	大きくなる	増加する	変化しない
(ウ)	変化しない	減少する	増加する
(エ)	大きくなる	減少する	変化しない
(オ)	小さくなる	変化しない	増加する
(カ)	変化しない	変化しない	減少する

(3) 電気透析法では図1に示すA～Dの4ヶ所全てに，陽イオンのみを通す膜，または陰イオンのみを通す膜を設置して電流を通じることで，海水を塩濃度の高い濃縮液と塩濃度の低い希釈液に分離する。図1における(い)と(え)の2ヶ所のみで塩濃度を高めるには，陽イオンのみを通す膜をA～Dのどこへ設置すべきか。以下の組み合わせから正しいものを一つ選び，記号で答えよ。ただし，組み合わせに記載されていない場所には陰イオンのみを通す膜を設置するものとする。

(キ) AとB　(ク) AとC　(ケ) AとD
(コ) BとC　(サ) BとD　(シ) CとD

(4) 電気透析法を用いて塩濃度を高めた場合，難溶性の塩が含まれると膜表面に塩が析出してしまうことがある。塩化ナトリウム，塩化マグネシウム，硫酸マグネシウム，硫酸カルシウム，塩化カリウムの5種類の塩のうち，水に対する溶解度が最も小さいものはどれか，塩の組成式で記せ。

問 2　下線部(ii)について，1気圧(1.0×10^5 Pa) 0℃における氷の密度は 0.92 g/cm^3 であり，水の密度 1.0 g/cm^3 よりも小さいため，氷は水に浮かぶ。氷は海水中の塩を含まないとして考え，以下の(1)〜(3)に答えよ。

(1)　微量な熱量変化を検知できる実験装置を用いて，氷を試料として 0℃に保ちながら 0.5 気圧の減圧状態から，50 気圧まで加圧した。この過程において氷が示す挙動として，正しいものは以下のうちどれか，記号で答えよ。

(ス)　融解しながら吸熱する　　(セ)　融解しながら発熱する

(ソ)　昇華しながら吸熱する　　(タ)　昇華しながら発熱する

(チ)　氷のまま吸熱する　　(ツ)　氷のまま発熱する

(2)　(1)の加圧過程において，試料の密度はどのように変化するか。圧力〔気圧〕と密度〔g/cm^3〕の関係を解答欄の図に示せ。

〔解答欄〕

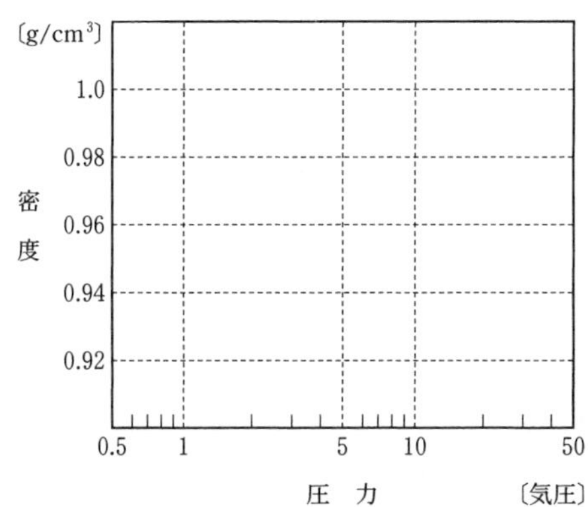

(3)　氷は水1分子あたり4個の水分子が水素結合した正四面体型構造をとっている。以下の(テ)〜(ニ)に示す反応で生じた下線部の物質のうち，隣り合う原子の配列が正四面体型ではないものを選び，記号で答えよ。

(テ)　炭素を20万気圧の超高圧下で2500℃まで加熱した後，室温1気圧に戻すと，非常に硬い無色固体が生じた。

(ト)　次亜塩素酸カルシウム水溶液に塩酸を注ぐと，黄緑色気体が発生した。

(ナ) 酢酸ナトリウムの無水物を水酸化ナトリウムとともに加熱すると，水に溶けにくい無色気体が発生した。

(ニ) 石英を電気炉中で加熱融解させて炭素と反応させると，電気伝導性をもつ灰黒色固体が生じた。

解　答

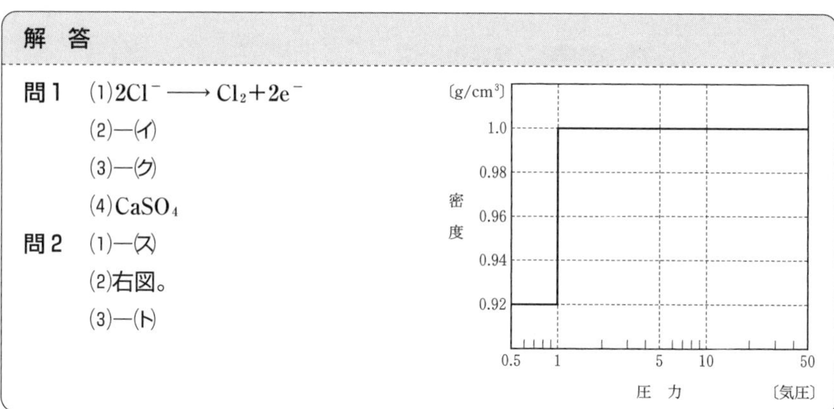

問1　(1) $2Cl^- \longrightarrow Cl_2 + 2e^-$

(2)―(イ)

(3)―(ク)

(4) $CaSO_4$

問2　(1)―(ス)

(2)右図。

(3)―(ト)

ポイント

図1の陰極では，最も還元されやすい物質が電子を受け取る還元反応がおこり，陽極では，最も酸化されやすい物質が電子を失う酸化反応がおこる。問2は水の密度が氷の密度よりも大きいことに注意し，状態図をイメージして解答したい。

解　説

問1　(1)　それぞれの電極での反応は

（陰極）　$2H_2O + 2e^- \longrightarrow H_2 + 2OH^-$

（陽極）　$2Cl^- \longrightarrow Cl_2 + 2e^-$

(2)　電気分解では陰極側に OH^- が生成し，pH が大きくなる。Dに陽イオンのみを通す膜を設置しているから，Na^+ が陰極に引かれ $[Na^+]$ は増加するが，Cl^- は移動できないから $[Cl^-]$ は変化しない。

(3)　陽イオンが陰極に，陰イオンが陽極に移動するから，(い)と(え)の塩濃度を高めるにはAとCに陽イオンのみを通す膜を，BとDに陰イオンのみを通す膜を設置する。

(4)　マグネシウムの塩化物，硫酸塩は水に溶けやすいが，硫酸カルシウムは水に溶けにくい。

問2　(1)　水の密度が氷の密度より大きい，すなわち同質量で水のほうが体積が小さいから，温度一定で圧力を加えていくと氷から水に変わる。また，融解熱は H_2O（固）$= H_2O$（液）$- 6.0$ kJ であるから，加圧すると吸熱する。

(2)　1気圧で氷から水へ変化し，密度が $0.92\,g/cm^3$ から $1.0\,g/cm^3$ へ変化する。

(3)　(テ)はダイヤモンドで，(ト)〜(ニ)の反応は次式で表される。

(ト)　$Ca(ClO)_2 + 4HCl \longrightarrow CaCl_2 + 2H_2O + 2\underline{Cl_2}$

(ナ)　$CH_3COONa + NaOH \longrightarrow \underline{CH_4} + Na_2CO_3$

(ニ)　$SiO_2 + 2C \longrightarrow \underline{Si} + 2CO$

30 反応速度，半減期

(2016年度 1 I)

必要があれば次の数値を用いよ。
1 mol の理想気体の標準状態における体積：22.4 L

I 次の文章を読み，問1～問4に答えよ。

過酸化水素水に少量の酸化マンガン(Ⅳ) MnO_2 を加えると酸素が発生する。この反応の反応速度を調べるために，濃度 0.20 mol/L の過酸化水素水に MnO_2 を加え，気体(酸素)を発生させた。反応に用いる過酸化水素水および MnO_2 の量を変えて実験A～Cを行い，発生した気体の標準状態での体積を 25 秒ごとに測定した。その結果を表1に示す。

表1 反応により発生した気体の体積(0秒からの総発生量)〔mL〕

実験＼時間〔s〕	0	25	50	75	100
A	0	11.2	16.8	19.6	21.0
B	0	6.6	11.2	14.4	16.8
C	0	22.4	33.6	39.2	42.0

過酸化水素水 10 mL を用いて行った実験Aの結果から，過酸化水素の濃度の時間変化を求め，各時間間隔での過酸化水素の分解速度と平均濃度を計算した。その結果を表2に示す。ただし，発生した気体は理想気体で，溶液への溶解は無視できるものとする。また，反応溶液の温度と体積は常に一定であるとする。

表2　実験Aの結果

時　間〔s〕	0	25	50	75	100
発生した気体の体積〔mL〕	0	11.2	16.8	19.6	21.0
過酸化水素の濃度〔mol/L〕	0.20	(あ)	5.0×10^{-2}	2.5×10^{-2}	1.3×10^{-2}

	0〜25	25〜50	50〜75	75〜100	
過酸化水素の分解速度〔mol/(L·s)〕	(い)	(う)	1.0×10^{-3}	5.0×10^{-4}	
過酸化水素の平均濃度〔mol/L〕	$\frac{(0.20 + (あ))}{2}$	$\frac{((あ) + 0.050)}{2}$	3.8×10^{-2}	1.9×10^{-2}	

表2における，各時間における分解速度と過酸化水素の平均濃度の関係から，この反応の速度定数をkとすると，反応速度vは過酸化水素のモル濃度$[H_2O_2]$を用いて，

$$v = \boxed{(え)} \qquad (1)$$

と表すことができることがわかる。表2の値を用いてkを求めると，

$$k = \boxed{(お)}$$

となる。

一方，反応速度式が式(1)のように表せるとき，反応物の濃度が$\frac{1}{2}$になるのに必要な時間$t_{\frac{1}{2}}$は

$$t_{\frac{1}{2}} = \frac{\log_e 2}{k} \qquad (2)$$

となることが知られている（eは自然対数の底）。

このことを踏まえて，実験B，実験Cの結果について考えると以下のことがわかる。実験Bの速度定数は，実験Aの場合の (か) 倍であり，(き) と考えられる。一方，実験Cでは，各時間において発生した気体の量が実験Aの場合の2倍になっているので，(く) と考えられる。

問1　表2の空欄 (あ) ～ (う) にあてはまる数値を有効数字2桁で答えよ。

問2　空欄 (え) ～ (か) にあてはまる適切な数値，式を答えよ。(お) については数値を有効数字2桁で求め，単位も含めて答えよ。

問 3 空欄 [(き)]，[(く)] にあてはまる最も適切な記述を，次の(ア)～(オ)の中からそれぞれ選び記号で記せ。

(ア) 5 mL の過酸化水素水を用い，MnO_2 の量を増やした

(イ) 5 mL の過酸化水素水を用い，MnO_2 の量を減らした

(ウ) 10 mL の過酸化水素水を用い，MnO_2 の量を増やした

(エ) 10 mL の過酸化水素水を用い，MnO_2 の量を減らした

(オ) 20 mL の過酸化水素水を用い，MnO_2 の量を増やした

問 4 反応開始前の過酸化水素の濃度を$[H_2O_2]_0$，反応開始後の時刻tにおける過酸化水素の濃度を$[H_2O_2]_t$としたとき，$[H_2O_2]_t/[H_2O_2]_0$の時間変化の概略を解答欄のグラフに記入せよ。その際，$t=0$，$t_{\frac{1}{2}}$，$2t_{\frac{1}{2}}$，$3t_{\frac{1}{2}}$における$[H_2O_2]_t/[H_2O_2]_0$の値を●で示せ。

〔解答欄〕

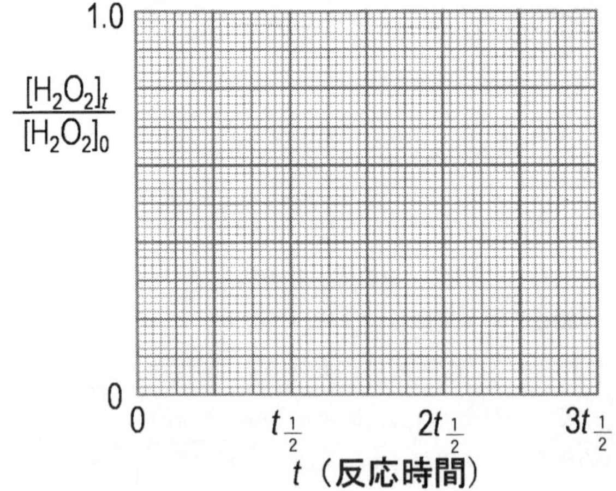

解　答

問1　(あ) 0.10

(い) 4.0×10^{-3}

(う) 2.0×10^{-3}

問2　(え) $k[H_2O_2]$

(お) 2.6×10^{-2}/s

(か) 0.50

問3　(き)―(エ)

(く)―(オ)

問4　右図。

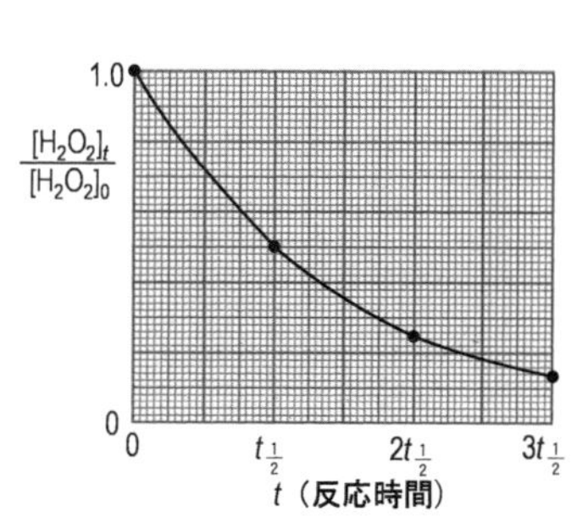

ポイント
（反応速度）＝（反応物のモル濃度の変化量）/（反応時間）であり，反応速度は反応物のモル濃度に比例する。もとの半分の量になるまでの時間を半減期という。問3は，100秒後の酸素の発生量と反応速度から推論できる。

解　説

問1　(あ)　過酸化水素は酸化マンガン(Ⅳ)などの触媒により分解される。

$$2H_2O_2 \longrightarrow 2H_2O + O_2$$

1mol の標準状態における気体の体積は 22.4L だから，実験Aの25秒後では酸素が 5.0×10^{-4}mol 発生し，過酸化水素は 1.0×10^{-3}mol 反応する。

したがって，過酸化水素の濃度は

$$\left(0.20\times\frac{10}{1000}-1.0\times10^{-3}\right)\times\frac{1000}{10}=0.10\,[\mathrm{mol/L}]$$

(い)　過酸化水素の分解速度は

$$\text{分解速度}=-\frac{H_2O_2\text{のモル濃度の変化量}}{\text{反応時間}}=-\frac{0.10-0.20}{25-0}$$

$$=4.0\times10^{-3}\,[\mathrm{mol/(L\cdot s)}]$$

(う)　過酸化水素の分解速度は

$$\text{分解速度}=-\frac{5.0\times10^{-2}-0.10}{50-25}=2.0\times10^{-3}\,[\mathrm{mol/(L\cdot s)}]$$

問2　(え)　反応速度 v は過酸化水素のモル濃度 $[H_2O_2]$ に比例する。

(お)　0秒～25秒で

$$k=\frac{v}{[H_2O_2]}=\frac{4.0\times10^{-3}}{\dfrac{0.20+0.10}{2}}=2.66\times10^{-2}\,[/\mathrm{s}]$$

25秒～50秒で

$$k=\frac{2.0\times10^{-3}}{\frac{0.10+0.050}{2}}=2.66\times10^{-2}\text{〔/s〕}$$

50秒～75秒で

$$k=\frac{1.0\times10^{-3}}{3.8\times10^{-2}}=2.63\times10^{-2}\text{〔/s〕}$$

75秒～100秒で

$$k=\frac{5.0\times10^{-4}}{1.9\times10^{-2}}=2.63\times10^{-2}\text{〔/s〕}$$

平均すると

$$k=\frac{(2.66+2.66+2.63+2.63)\times10^{-2}}{4}=2.64\times10^{-2}$$

$$\fallingdotseq 2.6\times10^{-2}\text{〔/s〕}$$

(か)　実験Aの反応物の濃度が $\frac{1}{2}$ になるのに必要な時間は25秒だから，問題文中の式(2)より，実験Aの速度定数 k_A は

$$k_A=\frac{\log_e 2}{t_{\frac{1}{2}}}=\frac{\log_e 2}{25}$$

また表1より，実験Bでは実験Aと同体積の気体を生じるのに2倍の時間がかかっていることがわかる。実験Bの反応物の濃度が $\frac{1}{2}$ になるのに必要な時間は50秒だから，実験Bの速度定数 k_B は

$$k_B=\frac{\log_e 2}{50}$$

したがって，実験Bの速度定数と実験Aの速度定数の比は

$$\frac{k_B}{k_A}=\frac{\frac{\log_e 2}{50}}{\frac{\log_e 2}{25}}=\frac{1}{2}=0.50$$

問3　(き)　0.20mol/Lの過酸化水素水5mLを完全に反応させたとき，酸素の発生量は

$$0.20\times\frac{5.0}{1000}\times\frac{1}{2}\times22.4\times10^3=11.2\text{〔mL〕}$$

実験Bでは，100秒後の酸素の発生量が16.8mLであり，過酸化水素水5mLを完全に反応させた11.2mLより多く，実験Aに比べて反応が遅いから，(エ)「10mLの過酸化水素水を用い，MnO_2 の量を減らした」が該当する。

(く)　0.20mol/Lの過酸化水素水10mLを完全に反応させたとき，酸素の発生量は

22.4 mL であり，実験Cでは100秒後の酸素の発生量が22.4 mL より多いから，(オ)「20 mL の過酸化水素水を用い，MnO_2 の量を増やした」が該当する。

問4　反応開始後の時刻 $t=0$ のとき　$\dfrac{[H_2O_2]_t}{[H_2O_2]_0}=1.00$

$t_{\frac{1}{2}}$ は半減期なので $t=25$〔s〕では　$\dfrac{[H_2O_2]_t}{[H_2O_2]_0}=\dfrac{1.00}{2}=0.500$

$2t_{\frac{1}{2}}$ は $t=50$〔s〕では　$\dfrac{[H_2O_2]_t}{[H_2O_2]_0}=\dfrac{0.500}{2}=0.250$

$3t_{\frac{1}{2}}$ は $t=75$〔s〕では　$\dfrac{[H_2O_2]_t}{[H_2O_2]_0}=\dfrac{0.250}{2}=0.125$

31 水の電気分解，電気分解の法則

(2015年度[1])

必要があれば次の数値を用いよ。
気体定数：8.3×10^3 Pa・L/(K・mol)
ファラデー定数：9.6×10^4 C/mol

水の電気分解により発生させた水素を，水素吸蔵物質である固体物質Mに吸蔵*させる実験を行った。実験に用いた装置を図1に示す。ただし，陽イオン交換膜は陽イオンだけを透過させるものとする。次のⅠ，Ⅱに答えよ。
(吸蔵*＝気体が固体内部に取り込まれること)

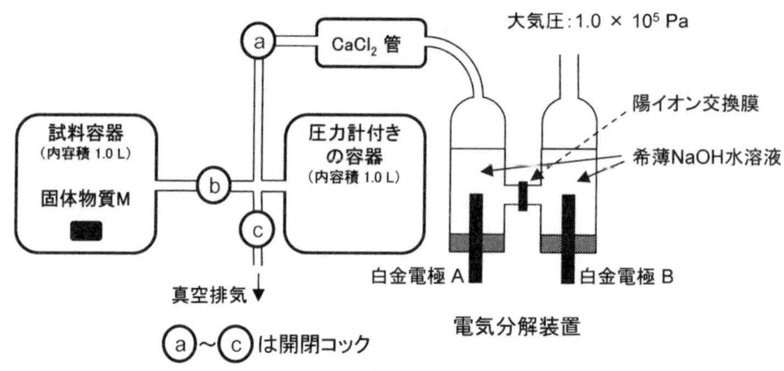

図1　水素発生および固体物質Mの水素吸蔵量測定の装置

Ⅰ　希薄な水酸化ナトリウム水溶液の電気分解で白金電極Aから水素を発生させた。次の問1～問5に答えよ。

問1　この電気分解に電池を用いた場合，電池の正極を図1のA，Bどちらの電極に接続すればよいか，記号で答えよ。

問2　電極Bから発生する気体を分子式で答えよ。

問3　この電気分解で電極Aで起こる反応について，電子を含むイオン反応式を記せ。ただし，電子は e^- で記せ。

問 4　希薄な水酸化ナトリウム水溶液の代わりに希硫酸を用いた場合，陽極および陰極で起こる反応について，電子を含むイオン反応式をそれぞれ記せ。

問 5　問 4 のように希硫酸を用いて電気分解による反応を進めたとき，電極B側の溶液中における硫酸イオンについて，正しい記述を次の(あ)～(か)から二つ選び，記号で記せ。

(あ)　硫酸イオンの濃度は変化しない。

(い)　硫酸イオンの濃度は低くなる。

(う)　硫酸イオンの濃度は高くなる。

(え)　硫酸イオンの物質量は変化しない。

(お)　硫酸イオンの物質量は減る。

(か)　硫酸イオンの物質量は増える。

II　固体物質Mは水素だけをその内部に閉じ込めることができる。次の実験(1)，(2)を順に行い，この物質Mが吸蔵することのできる水素の量を調べた。次の問 6 ～問 9 に答えよ。ただし，気体はすべて理想気体とし，図 1 の ⓐ～ⓒは流量調節ができる開閉コックで，これらのコックと配管の内容積および物質Mの体積は無視できるものとする。また，試料容器と圧力計付きの容器の内容積はともに 1.0 L で操作にともなう温度変化はないものとする。

実験(1)　図 1 の ⓐと電気分解装置の間を大気圧(1.0×10^5 Pa)の水素で満たし，ⓐを閉じた。次に，物質Mを試料容器に入れ，ⓐを閉じたままⓑとⓒを開けて試料容器と圧力計付きの容器の中にある気体を取り除いて真空にしたあとに，ⓑとⓒを閉じた。このとき圧力計は 0 Pa を示した。

次に，装置全体を 300 K に保ち，電極Aから水素を発生させながら，(i)<u>ⓐを調節して開き，水素を大気圧(1.0×10^5 Pa)のまま 1 秒あたり 2.49×10^{-4} L の一定の流量で圧力計付きの容器に入れることができるように電極A，B間に電流を流した</u>。このとき，電極Aで発生させた水素は，混入した［　(ア)　］を取り除くため塩化カルシウム($CaCl_2$)管を通して圧力計付きの容器に導入した。$\underset{(ii)}{\text{}}$圧力計が 0 から 8.3 × 10^4 Pa を示すまで反応を進めたあと電流を切り，ⓐを閉じた。

実験(2) 装置全体の温度を 300 K にしたままⓑを開いた。十分長い時間が経った後，圧力計が一定値 8.3 × 10^3 Pa を示した。

問 6 実験(1)の ［ (ア) ］ にあてはまる適切な物質名を答えよ。

問 7 実験(1)の下線部(i)の流量で水素を圧力計付きの容器に入れるためには，電極A，B間に何 A（アンペア）の電流を流せばよいか，有効数字 2 桁で答えよ。なお，流れた電流のすべてが水の電気分解に使われたものとする。

問 8 実験(1)の下線部(ii)の条件で反応を止めるまでに何 C（クーロン）の電気量を必要としたか，有効数字 2 桁で答えよ。

問 9 実験(2)の結果から，300 K で物質Mが吸蔵した水素は何 g か，有効数字 2 桁で答えよ。

解　答

Ⅰ

問1　B

問2　O_2

問3　$2H_2O + 2e^- \longrightarrow H_2 + 2OH^-$

問4　陽極：$2H_2O \longrightarrow O_2 + 4H^+ + 4e^-$

陰極：$2H^+ + 2e^- \longrightarrow H_2$

問5　(う)・(え)

Ⅱ

問6　水

問7　1.9A

問8　6.4×10^3C

問9　5.3×10^{-2}g

ポイント

Ⅰは，水の電気分解の電極に関する基本的な問題である。電池の正極につないだ陽極および負極につないだ陰極，それぞれでの反応を押さえておこう。問5は水が減少することに注意が必要である。

Ⅱは，図1を見ながら実験内容をしっかりと読み取ろう。発生させた水素の物質量から，問7では1秒間に流れた電流を求め，問8では電気量を求める。問9は，体積が2.0Lとなることに注意しよう。

解　説

Ⅰ．**問1**　白金電極Aから水素を発生させるためには，電極Aを還元反応がおこる陰極にする必要がある。電池の負極と導線で接続した電極を陰極といい，正極と接続した電極を陽極という。したがって，電池の正極は電極Bに接続する。

問2　電極Bでは酸化反応がおこり，次式のように水酸化物イオン OH^- が酸化されて酸素 O_2 が発生する。

$$4OH^- \longrightarrow 2H_2O + O_2 + 4e^-$$

問3　電極Aでは，Naのイオン化傾向が大きいので，Na^+ は陰極で還元されにくく，水分子が還元されて水素が発生する。

問4　陽極では，SO_4^{2-} は酸化されにくいことから水分子が酸化され，酸素が発生する。また，陰極では，水素イオン H^+ が還元され，水素が発生する。

問5　硫酸イオンは反応しないから物質量は変化しないが，水は反応して減少するから硫酸イオンの濃度は高くなる。

Ⅱ．**問6**　塩化カルシウムは乾燥剤として水蒸気を吸収する。

問7 大気圧 1.0×10^5Pa で温度 300K，体積 2.49×10^{-4}L の水素の物質量を a〔mol〕とすると

$$1.0\times10^5\times2.49\times10^{-4}=a\times8.3\times10^3\times300$$

$\therefore\ a=1.00\times10^{-5}$〔mol〕

電極Aでは，$2H_2O+2e^- \longrightarrow H_2+2OH^-$ より，電子 2mol が流れると水素 H_2 が 1 mol 発生するから，1秒間に流れた電流を x〔A〕とすると

$$\frac{x\times1}{9.6\times10^4}\times\frac{1}{2}=1.00\times10^{-5}\qquad\therefore\ x=1.92\fallingdotseq1.9\text{〔A〕}$$

問8 温度 300K，内容積 1.0L で 8.3×10^4Pa の水素の物質量を b〔mol〕とすると

$$8.3\times10^4\times1.0=b\times8.3\times10^3\times300\qquad\therefore\ b=\frac{1}{30}\text{〔mol〕}$$

流れた電気量を y〔C〕とすると

$$\frac{y}{9.6\times10^4}\times\frac{1}{2}=\frac{1}{30}\qquad\therefore\ y=6.4\times10^3\text{〔C〕}$$

問9 温度 300K，体積 2.0L で 8.3×10^3Pa の水素の物質量を c〔mol〕とすると

$$8.3\times10^3\times2.0=c\times8.3\times10^3\times300\qquad\therefore\ c=\frac{2}{300}\text{〔mol〕}$$

したがって，物質Mが吸蔵した水素の質量は

$$\left(\frac{1}{30}-\frac{2}{300}\right)\times2.0=\frac{8}{300}\times2.0=5.33\times10^{-2}\fallingdotseq5.3\times10^{-2}\text{〔g〕}$$

32 弱酸の電離平衡と緩衝溶液の pH

(2014年度[2] I)

必要があれば次の数値を用いよ。

$\log_{10}2.0=0.30$, $\log_{10}3.0=0.48$, $\log_{10}7.0=0.85$

I　次の文章を読み，問1～問7に答えよ。

水に強酸や強塩基を少量加えるだけで，pHは大きく変化する。例えば，25℃の純粋な水のpHは7.0であるが，1.0Lの水に1.0 mol/Lの塩酸1.0 mLを加えるとpHは3.0となる。また，1.0Lの水に1.0 mol/Lの水酸化ナトリウム水溶液1.0 mLを加えるとpHは［(あ)］となる。

一方，弱酸とその塩の混合水溶液，あるいは弱塩基とその塩の混合水溶液は，その中に酸または塩基が少量混入しても，pHの値がほぼ一定に保たれる作用(緩衝作用)がある。そのような水溶液を緩衝液とよび，一定に保ちたいpHの値に応じて<u>さまざまな緩衝液</u>(i)を用いることができるが，ここでは酢酸と酢酸ナトリウムからなる緩衝液のはたらきについて考えてみる。

酢酸は水溶液中で，式(1)の電離平衡にあり，その電離定数 K_a は式(2)で表される。

$$CH_3COOH \rightleftarrows CH_3COO^- + H^+ \tag{1}$$

$$K_a = \frac{[CH_3COO^-][H^+]}{[CH_3COOH]} \tag{2}$$

酢酸の濃度を c〔mol/L〕，電離度を α とすると，K_a は式(3)で表すことができる。酢酸は弱酸であり，K_a は 2.0×10^{-5} mol/L と小さく，<u>電離度 α も1に比べて十分に小さい</u>(ii)。

$$K_a = \frac{\boxed{\text{(い)}}}{1-\alpha}\ \text{〔mol/L〕} \tag{3}$$

式(2)から，K_a が一定のときは，水素イオン濃度 $[H^+]$ が $[CH_3COO^-]$ と $[CH_3COOH]$ の比で決まることがわかる。ここで pK_a $(=-\log K_a)$ を用いると，pHは式(4)で表される。

$$\mathrm{pH} = \boxed{\text{(う)}} + \log \frac{\boxed{\text{(え)}}}{\boxed{\text{(お)}}} \qquad (4)$$

酢酸水溶液に水酸化ナトリウムのような強塩基を少量加えると，式(5)の反応が進み，

$$CH_3COOH + OH^- \longrightarrow CH_3COO^- + H_2O \qquad (5)$$

加えた塩基の量に応じて$[CH_3COO^-]$が増大し，$[CH_3COOH]$が減少する。酢酸水溶液では $\frac{[CH_3COO^-]}{[CH_3COOH]}$ の値は非常に小さく，塩基を加えることで pH が大きく変化する。

式(1)の電離平衡および式(2)と式(4)は酢酸水溶液に酢酸ナトリウムを加えた混合水溶液でも成り立つ。この混合水溶液中では，酢酸ナトリウムはほぼ完全に電離し，酢酸はほとんど電離していないと考えてよい。(iii)<u>酢酸 5.0×10^{-2} mol と酢酸ナトリウム 5.0×10^{-2} mol を含む 1.0 L の混合水溶液</u>に塩基を加えると式(5)の反応が進む。逆に，酸を加えると式(6)の反応が進み，加えた酸が酢酸イオンによって消費される。

$$CH_3COO^- + H^+ \longrightarrow CH_3COOH \qquad (6)$$

加えた酸および塩基の量に比べて，溶液中にあらかじめ存在する酢酸イオンおよび酢酸の量が十分多い場合には，$\frac{[CH_3COO^-]}{[CH_3COOH]}$ の変化，つまり pH の変化が小さくなるので緩衝液として機能する。

問 1 $\boxed{\text{(あ)}}$ にあてはまる値を小数第一位まで示せ。ただし，水酸化ナトリウム水溶液を加えたときの溶液の体積変化は無視してよい。

問 2 下線部(i)について，次の(a)～(d)に示す２成分を１：１の物質量の比で含む混合水溶液のうち，緩衝液に分類できるものはどれか，全て選んで記号で答えよ。

（a）　NH_4Cl/HCl　　（b）　NaH_2PO_4/H_3PO_4

（c）　$NaHCO_3/H_2CO_3$　　（d）　KCl/KOH

問 3　［　(い)　］に c と α を用いた適切な式を入れよ。

問 4　下線部(ii)を考慮して，5.0×10^{-2} mol/L 酢酸水溶液中の酢酸の電離度 α を有効数字 2 桁で求めよ。

問 5　式(4)を完成させるために，［　(う)　］～［　(お)　］にあてはまるものを次の（a）～（f）の中から一つずつ選んで記号で記せ。

（a）　$[H^+]$　　（b）　$[OH^-]$　　（c）　$[CH_3COOH]$

（d）　$[CH_3COO^-]$　　（e）　pK_a　　（f）　$-pK_a$

問 6　下線部(iii)の水溶液の pH を小数第一位まで求めよ。

問 7　下線部(iii)の水溶液に，1.0 mol/L の塩酸 10 mL，あるいは 1.0 mol/L の水酸化ナトリウム水溶液 10 mL を加えたときの pH をそれぞれ小数第一位まで求めよ。

解 答

問1 11.0

問2 (b), (c)

問3 $c\alpha^2$

問4 2.0×10^{-2}

問5 (う)―(e) (え)―(d) (お)―(c)

問6 4.7

問7 塩酸：4.5

水酸化ナトリウム水溶液：4.9

ポイント

問1は，1.0Lの水にNaOHを1.0mL加えることにより，モル濃度が$\frac{1}{1000}$倍になることに注意する。問5は弱酸の電離定数とpHの問題，問6・問7は緩衝液のpHの問題であり，似た問題を解いたことがなければやや難しいだろう。

解 説

問1 水酸化ナトリウムは強塩基なので，水溶液では完全に電離するから，1.0 mol/LのNaOH水溶液の水酸化物イオン濃度［OH^-］は1.0mol/Lである。また，25℃の水溶液中では［H^+］［OH^-］$=1.0\times10^{-14}$〔mol/L〕^{2}の関係が常に成立するから，1.0Lの水に1.0mol/LのNaOH水溶液1.0mLを加えたときの水素イオン濃度［H^+］は

$$[H^+]=\frac{1.0\times10^{-14}}{[OH^-]}=\frac{1.0\times10^{-14}}{1.0\times\frac{1.0}{1000}}=1.0\times10^{-11}\text{〔mol/L〕}$$

$$pH=-\log_{10}[H^+]=-\log_{10}(1.0\times10^{-11})=11.0$$

問2 緩衝液は，弱酸と弱酸の塩または弱塩基と弱塩基の塩の混合溶液である。

問3・問4 酢酸の濃度をc〔mol/L〕，電離度をαとすると

$$CH_3COOH \rightleftarrows CH_3COO^- + H^+$$

平衡時 $c(1-\alpha)$ $c\alpha$ $c\alpha$ 〔mol/L〕

$$K_a=\frac{[CH_3COO^-][H^+]}{[CH_3COOH]}=\frac{c\alpha\cdot c\alpha}{c(1-\alpha)}=\frac{c\alpha^2}{1-\alpha}\text{〔mol/L〕}$$

下線部(ii)より，$1-\alpha\fallingdotseq1$とおけるから

$$K_a\fallingdotseq c\alpha^2$$

$$\therefore\quad \alpha=\sqrt{\frac{K_a}{c}}=\sqrt{\frac{2.0\times10^{-5}}{5.0\times10^{-2}}}=2.0\times10^{-2}$$

問5　水素イオン濃度［H^+］は式(2)より

$$[H^+]=K_a\frac{[CH_3COOH]}{[CH_3COO^-]}$$

$$\therefore\quad pH=-\log_{10}[H^+]=-\log_{10}\left(K_a\frac{[CH_3COOH]}{[CH_3COO^-]}\right)$$

$$=-\left(\log_{10}K_a+\log_{10}\frac{[CH_3COOH]}{[CH_3COO^-]}\right)=-\log_{10}K_a-\log_{10}\frac{[CH_3COOH]}{[CH_3COO^-]}$$

$$=pK_a+\log_{10}\frac{[CH_3COO^-]}{[CH_3COOH]}$$

問6　温度が一定ならば電離定数 K_a は一定値である。また，酢酸ナトリウムはほぼ完全に電離しているから［CH_3COO^-］$=5.0\times10^{-2}$〔mol/L〕になり，酢酸はほとんど電離していないから［CH_3COOH］$=5.0\times10^{-2}$〔mol/L〕になる。

$$pH=-\log_{10}(2.0\times10^{-5})+\log_{10}\frac{5.0\times10^{-2}}{5.0\times10^{-2}}=5-\log_{10}2.0=4.7$$

問7　1.0mol/L の塩酸 10mL を加えたとき

$$CH_3COO^- + H^+ \rightleftarrows CH_3COOH$$

	CH_3COO^-	H^+	CH_3COOH	
平衡前	5.0×10^{-2}	1.0×10^{-2}	5.0×10^{-2}	〔mol〕
平衡時	4.0×10^{-2}		6.0×10^{-2}	〔mol〕

$$pH=-\log_{10}(2.0\times10^{-5})+\log_{10}\frac{\dfrac{4.0\times10^{-2}}{1.01}}{\dfrac{6.0\times10^{-2}}{1.01}}$$

$$=4.7+\log_{10}\frac{2.0}{3.0}=4.7+\log_{10}2.0-\log_{10}3.0$$

$$=4.7+0.30-0.48=4.52$$

$$\fallingdotseq 4.5$$

また，1.0mol/L の水酸化ナトリウム 10mL を加えたとき

$$CH_3COOH + OH^- \rightleftarrows CH_3COO^- + H_2O$$

	CH_3COOH	OH^-	CH_3COO^-	
平衡前	5.0×10^{-2}	1.0×10^{-2}	5.0×10^{-2}	〔mol〕
平衡時	4.0×10^{-2}		6.0×10^{-2}	〔mol〕

$$pH=-\log_{10}(2.0\times10^{-5})+\log_{10}\frac{\dfrac{6.0\times10^{-2}}{1.01}}{\dfrac{4.0\times10^{-2}}{1.01}}$$

$$=4.7+\log_{10}\frac{3.0}{2.0}=4.7+\log_{10}3.0-\log_{10}2.0$$

$$=4.7+0.48-0.30=4.88$$

$$\fallingdotseq 4.9$$

33 窒素の酸化物の反応，反応速度

（2014 年度 [2] Ⅱ）

Ⅱ　次の文章を読み，問1～問5に答えよ。

五酸化二窒素は窒素酸化物の一種であり，その化学式は N_2O_5 で表される。この五酸化二窒素は<u>硝酸と十酸化四リンとの反応により生成する</u>(i)。五酸化二窒素は気体の状態において以下の分解反応機構が提案されている。

$$N_2O_5 \longrightarrow \boxed{(ア)} + \boxed{(イ)} \qquad (1)$$

$$\boxed{(ア)} \longrightarrow \boxed{(ウ)} + NO_2 \qquad (2)$$

$$N_2O_5 + \boxed{(ウ)} \longrightarrow 3\,NO_2 \qquad (3)$$

五酸化二窒素の分解反応は多段階であり，この分解反応で生成する二酸化窒素は産業排出ガスによる大気汚染物質の一成分として知られている。式(1)から式(3)を組み合わせると，

$$2\,N_2O_5 \longrightarrow 4\,NO_2 + O_2 \qquad (4)$$

となるが，式(1)の反応は式(2)および式(3)の反応に比べて非常に遅い。このため，五酸化二窒素の分解の反応速度は $\boxed{(エ)}$ の濃度に比例すると考えられる。つまり，式(4)の反応速度は式(1)の反応速度によって決まる。上記の分解反応における式(1)のことを律速段階という。

容積一定の容器の中で五酸化二窒素 1.85×10^{-2} mol/L を 43 ℃ で放置して分解反応を行った。そのときの五酸化二窒素の濃度 c〔mol/L〕，測定時間ごとの間隔における五酸化二窒素の平均の濃度 $\bar{c}$〔mol/L〕，平均の反応速度 $\bar{v}$〔mol/(L･s)〕を表1に示す。

表1　測定時間ごとの五酸化二窒素の濃度変化

<table>
<tr><td>測定時間〔s〕</td><td colspan="2">0</td><td colspan="2">1400</td><td colspan="2">2500</td><td colspan="2">4000</td><td colspan="2">5000</td><td colspan="2">6900</td></tr>
<tr><td>c〔mol/L〕</td><td colspan="2">1.85×10^{-2}</td><td colspan="2">9.20×10^{-3}</td><td colspan="2">5.42×10^{-3}</td><td colspan="2">2.82×10^{-3}</td><td colspan="2">1.85×10^{-3}</td><td colspan="2">7.50×10^{-4}</td></tr>
<tr><td>$\bar{c}$〔mol/L〕</td><td></td><td colspan="2">1.4×10^{-2}</td><td colspan="2">7.3×10^{-3}</td><td colspan="2">4.1×10^{-3}</td><td colspan="2">(オ)</td><td colspan="2">1.3×10^{-3}</td><td></td></tr>
<tr><td>$\bar{v}$〔mol/(L･s)〕</td><td></td><td colspan="2">6.6×10^{-6}</td><td colspan="2">3.4×10^{-6}</td><td colspan="2">1.7×10^{-6}</td><td colspan="2">(カ)</td><td colspan="2">5.8×10^{-7}</td><td></td></tr>
</table>

表1の平均の濃度 $\bar{c}$ と平均の反応速度 $\bar{v}$ の関係を図1に示す。この図1から，$\bar{c}$ と $\bar{v}$ は比例関係にあることがわかり，その比例関係から得られる直線を用いて反応速度定数を見積もることができる。

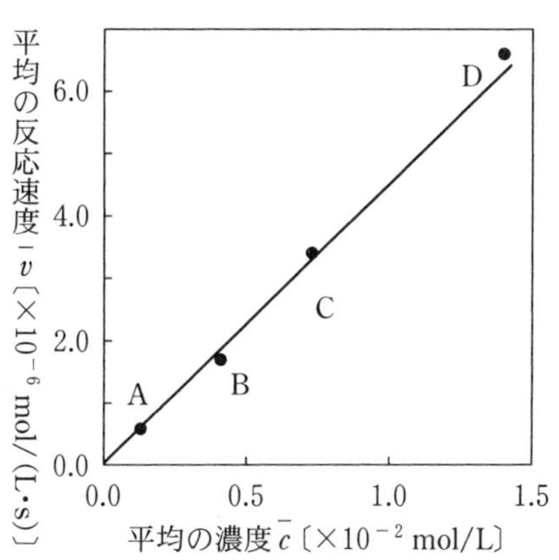

図1　平均の濃度 $\bar{c}$ と平均の反応速度 $\bar{v}$ の関係

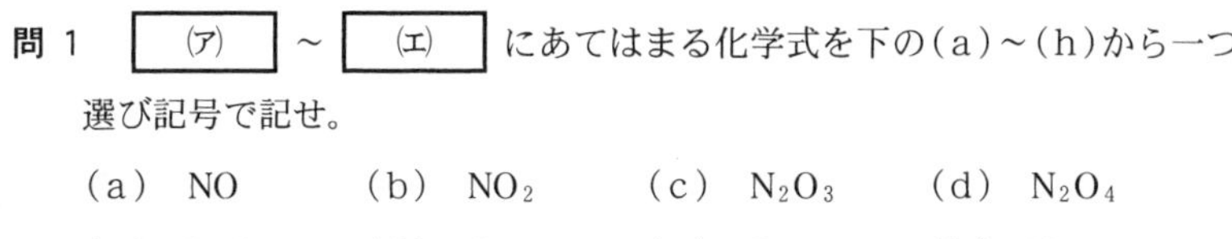

問 1　［(ア)］～［(エ)］にあてはまる化学式を下の(a)～(h)から一つ選び記号で記せ。

(a)　NO　　(b)　NO_2　　(c)　N_2O_3　　(d)　N_2O_4

(e)　N_2O_5　　(f)　O_2　　(g)　O_3　　(h)　N_2

問 2　下線部(i)について，硝酸と十酸化四リンとの反応により五酸化二窒素が生成する以下の化学反応式の［(キ)］～［(コ)］にあてはまる係数を記入せよ。ただし，係数は最も簡単な整数の比とし，係数が1の場合も1

と記入すること。

$$\boxed{\text{(キ)}}\ HNO_3 + \boxed{\text{(ク)}}\ P_4O_{10} \rightleftarrows \boxed{\text{(ケ)}}\ N_2O_5 + \boxed{\text{(コ)}}\ H_3PO_4$$

問 3　表1の(オ)にあてはまる数値を有効数字2桁で求めよ。

問 4　表1の(カ)にあてはまる数値を有効数字2桁で求めよ。

問 5　図1の点Aは直線上にある。この反応の反応速度定数〔s^{-1}〕を有効数字2桁で求めよ。

解　答

問1　(ア)―(c)　(イ)―(f)　(ウ)―(a)　(エ)―(e)

問2　(キ) 12　(ク) 1　(ケ) 6　(コ) 4

問3　2.3×10^{-3}

問4　9.7×10^{-7}

問5　$4.5\times10^{-4}\mathrm{s}^{-1}$

ポイント

問1は(ウ)から考えれば容易に解けるだろう。問2は，十酸化四リンの係数を1とするところから考えよう。問3・問4は，表1のほかの値との関係から考えれば導くことができる。問5は，点Aがどの値を示しているのかわかれば解けるだろう。

解　説

問1　五酸化二窒素の分解反応の化学反応式は次のようになる。

N_2O_5+(ウ)$NO \longrightarrow 3NO_2$　……(3)

(ア)$N_2O_3 \longrightarrow NO+NO_2$　……(2)

$N_2O_5 \longrightarrow N_2O_3+$(イ)$O_2$　……(1)

また，反応(1)はこの多段階反応における律速段階であり，反応式(1)の反応速度は反応物のモル濃度に比例するので，全反応の速度は［N_2O_5］に比例する。

問2　十酸化四リンの係数を1とすると，それぞれの係数は次のようになる。

$12HNO_3+1P_4O_{10} \rightleftarrows 6N_2O_5+4H_3PO_4$

問3　(オ)は 2.82×10^{-3}mol/L と 1.85×10^{-3}mol/L の平均の濃度だから

$$\frac{2.82\times10^{-3}+1.85\times10^{-3}}{2}=2.33\times10^{-3}\fallingdotseq2.3\times10^{-3}\text{〔mol/L〕}$$

問4　(カ)の平均の反応速度は，測定時間 4000s から 5000s の間に濃度が 2.82×10^{-3} mol/L から 1.85×10^{-3}mol/L に変化するから

$$-\frac{1.85\times10^{-3}-2.82\times10^{-3}}{5000-4000}=9.7\times10^{-7}\text{〔mol/(L·s)〕}$$

問5　反応速度定数を k〔s^{-1}〕とおくと，$\bar{v}=k\bar{c}$ と表される。点Aの平均の反応速度は 5.8×10^{-7}mol/(L·s) で，平均の濃度は 1.3×10^{-3}mol/L であるから

$$\frac{5.8\times10^{-7}}{1.3\times10^{-3}}=4.46\times10^{-4}\fallingdotseq4.5\times10^{-4}\text{〔}\mathrm{s}^{-1}\text{〕}$$

34 プロパンの燃焼と熱化学

（2013年度 1 I）

必要があれば次の数値を用いよ。
　気体定数：8.3×10^3 Pa･L/(K･mol)
　0℃の絶対温度：273K

I　プロパン(C_3H_8)は家庭でよく使われる加熱用燃料ガスである。以下の問1～問4に答えよ。なおプロパンの燃焼熱は2220 kJ/mol，水の密度は1.0 g/mL，水1gの温度を1℃上げるのに必要な熱量は4.2 J，水の27℃での飽和蒸気圧は3.6×10^3 Pa とする。また，気体はすべて理想気体とする。

問 1　プロパンが完全燃焼する際の化学反応式を書け。

問 2　プロパンの生成熱$\boldsymbol{Q}$〔kJ/mol〕を求めよ。なおH_2O(液)，CO_2(気)の生成熱はそれぞれ286 kJ/mol，394 kJ/molとする。

問 3　体積一定(1.0 L)の密閉容器を，プロパンと酸素の物質量比が1.0：6.0の混合ガスで満たし，プロパンを完全に燃焼させた。反応後，容器内の温度を27℃として容器内の混合気体の圧力を測定したところ，8.3×10^4 Pa であった。反応後の容器内には水の凝縮が観察された。用いたプロパンの物質量〔mol〕を有効数字2桁で答えよ。ただし凝縮した水の体積は十分小さいため無視でき，生成した気体の水への溶解量も少量のため無視できるものとする。

問 4　プロパンの燃焼を用いて，温度20℃の水10Lを加熱することを試みた。プロパンを0.010 mol/sの燃焼速度で反応させたとき，水の温度が50℃になるのに必要な時間t〔s〕を有効数字2桁で答えよ。プロパンの燃焼により生じた熱はすべて水の加熱に速やかに使われ，水全体の温度は常に均一であるとする。

解　答

問1　$C_3H_8+5O_2 \longrightarrow 3CO_2+4H_2O$

問2　106 kJ/mol

問3　8.0×10^{-3} mol

問4　57 s

ポイント

問3は，反応後の容器内で水が凝縮しているから，水の圧力は飽和蒸気圧になることに注意する。問4は，プロパンの燃焼による発熱量と水の温度上昇に必要な熱量が等しいことに注目する。

解　説

問1　プロパン C_3H_8 を完全燃焼させると，二酸化炭素 CO_2 と水 H_2O が生成する。

問2　プロパンの燃焼の熱化学方程式は次式である。

$$C_3H_8\,(気)+5O_2\,(気)=3CO_2\,(気)+4H_2O\,(液)+2220\,\mathrm{kJ}$$

（反応熱）＝（生成物の生成熱の和）－（反応物の生成熱の和）より

$$2220=(3\times394+4\times286)-Q$$

$$\therefore\quad Q=106\,〔\mathrm{kJ/mol}〕$$

別解　プロパンの燃焼熱は 2220 kJ/mol だから

$$C_3H_8\,(気)+5O_2\,(気)=3CO_2\,(気)+4H_2O\,(液)+2220\,\mathrm{kJ}\quad\cdots\cdots①$$

H_2O（液）の生成熱は 286 kJ/mol だから

$$H_2\,(気)+\frac{1}{2}O_2\,(気)=H_2O\,(液)+286\,\mathrm{kJ}\quad\cdots\cdots②$$

CO_2（気）の生成熱は 394 kJ/mol だから

$$C\,(固)+O_2\,(気)=CO_2\,(気)+394\,\mathrm{kJ}\quad\cdots\cdots③$$

プロパンの生成熱を Q〔kJ/mol〕とすると

$$3C\,(固)+4H_2\,(気)=C_3H_8\,(気)+Q\,\mathrm{kJ}$$

③×3＋②×4－①より

$$Q=394\times3+286\times4-2220=106\,〔\mathrm{kJ}〕$$

問3　用いたプロパンの物質量を x〔mol〕で表すと，酸素は $6x$〔mol〕混合したことになる。

	C_3H_8	$+\,5O_2$	$\longrightarrow\,3CO_2$	$+\,4H_2O$	
反応前	x	$6x$	0	0	〔mol〕
反応後		x	$3x$	$4x$	〔mol〕

容器内に水の凝縮が認められたので，水蒸気は飽和しており，O_2 と CO_2 の分圧の合計は

$$8.3\times10^4-3.6\times10^3=7.94\times10^4\text{〔Pa〕}$$

それらの物質量の合計は，$x+3x=4x$〔mol〕になるから，気体の状態方程式より次の関係式を得る。

$$4x=\frac{PV}{RT}=\frac{7.94\times10^4\times1.0}{8.3\times10^3\times(273+27)}=3.188\times10^{-2}\text{〔mol〕}$$

$\therefore\ x=7.97\times10^{-3}\fallingdotseq8.0\times10^{-3}$〔mol〕

問4 （水の加熱に必要な熱量）＝（プロパンの燃焼による発熱量）であるから

$$10\times10^3\times1.0\times4.2\times(50-20)=0.010\times2220\times10^3\times t\text{〔J〕}$$

$\therefore\ t=56.7\fallingdotseq57$〔s〕

35 弱酸の電離平衡，pH，電離定数

（2013年度［1］Ⅱ）

必要があれば次の数値を用いよ。
原子量：H＝1.0，C＝12.0，O＝16.0，Na＝23.0
$\log_{10}2=0.30$，$\log_{10}3=0.48$

Ⅱ　次の文章を読み，問1～問4に答えよ。

フェノールフタレインなどのpH指示薬(HA)の多くは弱酸であり，その電離定数K_aは式(1)で表すことができる。

$$K_a=\frac{[H^+][A^-]}{[HA]} \qquad (1)$$

これらのpH指示薬はHAとA^-が異なる色を示すため，HAとA^-のpHによる濃度変化を色変化として観察できる(i)。pH指示薬を含む25℃の水溶液を用いて滴定実験を行った。まず，0.100gの水酸化ナトリウムを125mLの水に溶解し(ii)，この溶液にpH指示薬をわずかに加えて0.100mol/Lの酢酸を用いて滴定を行ったところ，中和するまでに要した酢酸は［(ア)］mLであった。

ここで用いる酢酸も弱酸であり，水溶液中において電離平衡状態にある。酢酸のような電解質において，溶けている電解質の物質量に対する電離している電解質の物質量の割合を電離度という。この電離度は濃度と温度(iii)に依存する。

水のpHも温度によって変化する。純粋な水は25℃のときpHは7となるが，温度が変化するとpHは7にならない。水の電離平衡は

$$H_2O \rightleftarrows H^+ + OH^-$$

で表される。この電離平衡において，水の電離は［(イ)］であり，温度が低くなると［(ウ)］の原理により［(エ)］。このため，25℃よりも温度が低い中性の水のpHは7よりも［(オ)］なる。

問 1　下線部(i)について，フェノールフタレインを含む水溶液は，HA と A^- の濃度の比 $[HA]/[A^-]$ が 0.1 付近にて色変化が確認できる。濃度の比 $[HA]/[A^-]$ が 0.100 のときの pH を有効数字 3 桁で求めよ。ただし，フェノールフタレインの K_a を 4.00×10^{-10} mol/L とする。

問 2　［ (ア) ］にあてはまる数値を有効数字 2 桁で求めよ。また，下線部(ii)の水溶液の pH を有効数字 2 桁で求めよ。

問 3　下線部(iii)について，25 ℃における濃度 0.25 mol/L の酢酸の電離度を 0.010 とする。このときの酢酸水溶液の電離定数〔mol/L〕を有効数字 2 桁で求めよ。

問 4　［ (イ) ］から［ (オ) ］にあてはまる語句を下の(a)～(ℓ)から一つずつ選び記号で記せ。

(a)　発熱反応　　(b)　吸熱反応
(c)　中和反応　　(d)　滴定反応
(e)　電離がおこりやすくなる　　(f)　電離がおこりにくくなる
(g)　大きく　　(h)　小さく
(i)　アレニウス　　(j)　ドルトン
(k)　ルシャトリエ　　(ℓ)　ブレンステッド

解　答

問1　10.4

問2　(ア) 25　pH：12

問3　2.5×10^{-5} mol/L

問4　(イ)—(b)　(ウ)—(k)　(エ)—(f)　(オ)—(g)

ポイント
問1は，電離定数 K_a の式から $[H^+]$ を求める。問3は，電離定数と電離度の関係から求める。電離度 α が 0.010 であるから，$1-\alpha\fallingdotseq1$ と近似せずに計算しよう。問4は，中和が発熱反応であり，その逆反応である電離が吸熱反応であることに注意する。

解　説

問1　問題文中の式(1)より

$$[H^+]=K_a\times\frac{[HA]}{[A^-]}=4.00\times10^{-10}\times0.100=4.00\times10^{-11}\text{〔mol/L〕}$$

よって

$$pH=-\log_{10}[H^+]=-\log_{10}(4.00\times10^{-11})$$
$$=11-2\times\log_{10}2.00=10.4$$

問2　酢酸水溶液の体積を v〔mL〕とする。中和の反応式は次のとおり。

$$NaOH+CH_3COOH\longrightarrow CH_3COONa+H_2O$$

よって，中和の量的関係より

$$\frac{0.100}{40.0}=0.100\times\frac{v}{1000}\qquad\therefore\quad v=25\text{〔mL〕}$$

下線部(ii)溶液の NaOH 濃度（OH^- 濃度）は次のとおり。

$$[OH^-]=\frac{0.100}{40.0}\times\frac{1000}{125}=2.00\times10^{-2}\text{〔mol/L〕}$$

水のイオン積 K_w は 25℃では $1.0\times10^{-14}\,(\text{mol/L})^2$ であるから

$$[H^+]=\frac{K_w}{[OH^-]}=\frac{1.0\times10^{-14}}{2.00\times10^{-2}}=2.00^{-1}\times10^{-12}\text{〔mol/L〕}$$

$$pH=-\log_{10}[H^+]=-\log_{10}(2.00^{-1}\times10^{-12})=12+\log_{10}2.00=12.30\fallingdotseq12$$

問3

	CH_3COOH	$\rightleftarrows$	CH_3COO^-	+	H^+	
電離前	0.25		0		0	〔mol/L〕
変化量	-0.25×0.010		$+0.25\times0.010$		$+0.25\times0.010$	〔mol/L〕
電離後	$0.25\times(1-0.010)$		0.25×0.010		0.25×0.010	〔mol/L〕

$$K_a=\frac{[CH_3COO^-][H^+]}{[CH_3COOH]}=\frac{(0.25\times0.010)^2}{0.25\times(1-0.010)}=2.52\times10^{-5}$$
$$\fallingdotseq2.5\times10^{-5}\text{〔mol/L〕}$$

問4 (イ) 水の電離は，中和の逆反応である。中和は反応熱（中和熱）を生じる発熱反応だから，逆反応の電離は吸熱反応である。

(ウ) 平衡移動の法則で，ルシャトリエの原理ともいう。

(エ) 温度を下げると発熱方向に平衡移動するから，電離がおこりにくくなる。

(オ) 電離がおこりにくくなると［H^+］が小さくなるので，$pH=-\log_{10}[H^+]$ の値は大きくなる。

36 混合気体，気体反応の平衡定数

（2012年度 [1] Ⅱ）

必要があれば次の数値を用いよ。
原子量：H＝1.0，C＝12.0，N＝14.0，O＝16.0
気体定数：8.31×10^{3} Pa·L/(K·mol)
0℃の絶対温度：273K

Ⅱ　次の文章を読み，問1～問5に答えよ。ただし，気体はすべて理想気体である。

四酸化二窒素 N_2O_4 は，固体状態では無色であるが，液体および気体状態では，N_2O_4 の一部が二酸化窒素 NO_2 に解離し，NO_2 に由来する呈色を示す。(i)NO_2 は，水と反応させると酸を生じる。(ii)N_2O_4 は，ロケットのエンジンにおいて燃料を酸化させる酸化剤として用いられている。

固体の N_2O_4 と窒素 N_2 のみが容積 15.0 L の密閉容器に入っている。容器は冷却されており，N_2O_4 と N_2 の物質量はそれぞれ 0.500 mol と 1.50 mol である。この容器の温度をゆるやかに上昇させて，27℃の温度で一定になるようにした。N_2O_4 は気体となり，長時間放置することによって，N_2O_4 と NO_2 は式(1)の平衡に達した。(iii)平衡状態における容器内の混合気体の全圧は 3.50×10^{5} Pa であった。このとき，N_2O_4 の物質量が，0.500 mol から $0.500(1-\alpha)$〔mol〕に変化したと仮定すると，NO_2 の物質量は 1.00α〔mol〕となり，容器内の N_2O_4，NO_2 および N_2 からなる混合気体の平均分子量は，α を用いて［(ア)］$\times\dfrac{1}{(4+\alpha)}$ となる。式(1)の平衡定数 K_C の値は［(イ)］$\times\dfrac{\alpha^2}{(1-\alpha)}$〔mol/L〕となり，$\alpha$ を代入して求められる。ただし K_C は，N_2O_4 と NO_2 の濃度を $[N_2O_4]$，$[NO_2]$ とおくと式(2)で表される。α は N_2O_4 と NO_2 の分圧の和を用いて，理想気体の状態方程式から求めることができる。

$$N_2O_4(気) \rightleftarrows 2\,NO_2(気) \tag{1}$$

$$K_C=\frac{[NO_2]^2}{[N_2O_4]} \tag{2}$$

問 1 下線部(i)について，酸ができる化学反応式を一つ記せ。

問 2 下線部(ii)について，ロケットエンジンの推進力として，ジメチルヒドラジン $C_2H_8N_2$ と N_2O_4 の燃焼反応が用いられている。この燃焼反応が，式(3)のように，N_2，二酸化炭素 CO_2 および水 H_2O のみを生じる場合，式(3)の [(a)] ～ [(e)] に係数を入れて，$C_2H_8N_2$ と N_2O_4 の燃焼反応の化学反応式を完成させよ。

[(a)] $C_2H_8N_2$ + [(b)] N_2O_4
⟶ [(c)] N_2 + [(d)] CO_2 + [(e)] H_2O (3)

問 3 下線部(iii)について，式(1)の平衡に到達したときの N_2O_4 と NO_2 の分圧の和を有効数字 2 桁で答えよ。

問 4 [(ア)] にあてはまる適切な値を整数で答えよ。

問 5 [(イ)] にあてはまる適切な値を有効数字 2 桁で答えよ。

解　答

問1　$3NO_2 + H_2O \longrightarrow 2HNO_3 + NO$

問2　(a) 1　(b) 2　(c) 3　(d) 2　(e) 4

問3　1.0×10^5 Pa

問4　176

問5　0.13

ポイント

問1のNO_2は，水と反応させると硝酸と一酸化窒素を生じる。問2の化学反応式は，$C_2H_8N_2$の係数を1としてほかの係数を順に求める。問3は，分圧の法則を利用する。問4では，平均分子量は個々の分子についての加重平均であることから計算する。

解　説

問1　NO_2を水と反応させると，硝酸と一酸化窒素が生じる。

$$3NO_2 + H_2O \longrightarrow 2HNO_3 + NO$$

問2　(a)＝1とすると，(d)＝2，(e)＝4，(b)＝2，(c)＝(a)＋(b)＝3が順に求められる。

問3　N_2の分圧P_{N_2}を計算すると，気体の状態方程式より

$$P_{N_2} = \frac{1.50 \times 8.31 \times 10^3 \times (273 + 27)}{15.0} \fallingdotseq 2.49 \times 10^5 \text{〔Pa〕}$$

したがって，N_2O_4とNO_2の分圧の和は，混合気体の全圧からN_2の分圧を引いた値になるから

$$3.50 \times 10^5 - 2.49 \times 10^5 = 1.01 \times 10^5 \fallingdotseq 1.0 \times 10^5 \text{〔Pa〕}$$

問4　混合気体の全物質量は

$$1.50 + 0.500(1 - \alpha) + 1.00\alpha = 2.00 + 0.500\alpha \text{〔mol〕}$$

となる。$N_2 = 28.0$，$NO_2 = 46.0$，$N_2O_4 = 92.0$であるから，平均分子量は

$$\frac{92.0 \times 0.500(1 - \alpha) + 46.0 \times 1.00\alpha + 28.0 \times 1.50}{2.00 + 0.500\alpha} = 176 \times \frac{1}{4.00 + 1.00\alpha}$$

問5　$[N_2O_4] = \dfrac{0.500(1 - \alpha)}{15.0}$〔mol/L〕，$[NO_2] = \dfrac{1.00\alpha}{15.0}$〔mol/L〕を問題文中の式(2)に代入すると

$$K_C = \frac{\left(\dfrac{1.00\alpha}{15.0}\right)^2}{\dfrac{0.500(1 - \alpha)}{15.0}} = \frac{1}{7.5} \times \frac{\alpha^2}{(1 - \alpha)} \fallingdotseq 0.13 \times \frac{\alpha^2}{(1 - \alpha)} \text{〔mol/L〕}$$

37 銅の電解精錬

(2012年度 [2] Ⅱ)

必要があれば次の数値を用いよ。
原子量：O＝16.0，S＝32.1，Cu＝63.5，Zn＝65.4，Ag＝108，Pb＝207
ファラデー定数：9.65×10^4 C/mol

Ⅱ 電解精錬に関する以下の文章を読み，問1～4に答えよ。解答の有効数字は2桁とする。ただし，流れた電流はすべて金属の溶解・析出に使われ，気体は発生しないものとする。また，反応によって溶液の体積は変化しないものとする。

不純物金属として銀，亜鉛および鉛のみを含む粗銅および純銅を電極にし，銅(Ⅱ)イオン Cu^{2+} を含む硫酸酸性水溶液 1.00 L 中で電解精錬を行った。10.0 A の直流電流をある一定時間流したところ，粗銅は 103.5 g 減少し，純銅は 100.0 g 増加した。溶液中の銅イオンの濃度は 0.0600 mol/L 減少した。また，反応中に生じた沈殿の質量は 3.87 g であった。

問1 この反応で流れた電気量〔C〕を求めよ。

問2 粗銅から溶けだした銅の質量〔g〕を求めよ。

問3 この電解精錬により粗銅から放出された不純物の銀，亜鉛，鉛が，次の(あ)～(う)のいずれの状態で反応槽内に存在するかを記号で答えよ。

(あ) イオンとして溶解している。
(い) 金属塩として沈殿している。
(う) 金属として沈殿している。

問4 溶液中の銅イオン濃度の減少 0.0600 mol/L は，粗銅からの不純物イオンの放出にともなって生じた。この電解精錬により粗銅から放出された亜鉛の質量〔g〕を求めよ。

解　答

問1　3.0×10^5C

問2　9.6×10g

問3　銀：(う)　亜鉛：(あ)　鉛：(い)

問4　3.7g

ポイント

問2では，純銅の増加質量と粗銅から溶出したCuの質量，および溶液中のCu^{2+}の減少質量の収支に注意する。問4では，減少した粗銅103.5g中に含まれる亜鉛，鉛，銀に着目し，連立方程式から求める。

解　説

この電解精錬でおこる反応は次のようになる。

陽極（粗銅）：$Cu \longrightarrow Cu^{2+}+2e^-$

$Zn \longrightarrow Zn^{2+}+2e^-$

$Pb+SO_4{}^{2-} \longrightarrow PbSO_4+2e^-$

陰極（純銅）：$Cu^{2+}+2e^- \longrightarrow Cu$

問1　陰極（純銅）では，電子2molが流れると銅1molが析出するから，質量の増加分より，流れたe^-の電気量〔C〕は

$$\frac{100.0}{63.5}\times2\times9.65\times10^4=3.039\times10^5\fallingdotseq3.0\times10^5〔C〕$$

問2　（粗銅から溶出したCuの質量）＝（純銅の増加質量）－（溶液中のCu^{2+}の減少質量）より

$$100.0-0.0600\times1.00\times63.5=96.19\fallingdotseq96〔g〕$$

問3　イオン化傾向は，Zn＞Pb＞Cu＞Agであるから，この順で酸化される。Cuが酸化されて溶解するとき，Agは酸化されずに単体のまま陽極の下に沈殿する。Znはイオン化してZn^{2+}として溶解するが，Pbは酸化され，$SO_4{}^{2-}$と結合し，水に不溶の$PbSO_4$として陽極の下に沈殿する。

問4　粗銅103.5g中に含まれるZn，Pb，Agの物質量〔mol〕の値をそれぞれx，y，zとすると次の連立方程式が得られる。

溶液中のCu^{2+}の減少量〔mol〕＝溶解したZnとPbの量〔mol〕より

$$x+y=0.0600\times1.00 \quad \cdots\cdots①$$

生じた沈殿はAg（原子量108）と$PbSO_4$（式量303.1）であるから

$$303.1y+108z=3.87 \quad \cdots\cdots②$$

粗銅103.5g中の不純物の質量は103.5－96.19＝7.31〔g〕であるから

$$65.4x + 207y + 108z = 7.31 \quad \cdots\cdots ③$$

①～③より　$x = 0.0570$〔mol〕

よって求める質量は　$65.4x = 3.72 \fallingdotseq 3.7$〔g〕

38 結合エネルギー

（2011年度 ① Ⅱ）

Ⅱ　以下の熱化学方程式を用いて問1，問2に答えよ。

$$C(\text{黒鉛}) = C(\text{気}) - 715\,\text{kJ}$$

$$C(\text{黒鉛}) + 2\,H_2(\text{気}) = CH_4(\text{気}) + 75\,\text{kJ}$$

$$3\,C(\text{黒鉛}) + 4\,H_2(\text{気}) = C_3H_8(\text{気}) + 105\,\text{kJ}$$

$$H_2(\text{気}) = 2\,H(\text{気}) - 437\,\text{kJ}$$

問1　共有結合を切断するのに要するエネルギーをその共有結合の結合エネルギーという。

(i)　メタン中の1つのC–H結合の結合エネルギー〔kJ/mol〕を求めよ。

(ii)　プロパン中の1つのC–C結合の結合エネルギー〔kJ/mol〕を求めよ。ただし，プロパン中のいずれのC–H結合もメタン中のC–H結合と等しい結合エネルギーをもつものとする。

問2　鎖状飽和炭化水素 C_nH_{2n+2} の生成の熱化学方程式は，次の式で表される。

$$nC(\text{黒鉛}) + (n+1)H_2(\text{気}) = C_nH_{2n+2}(\text{気}) + Q\,[\text{kJ}]$$

(i)　C_nH_{2n+2} に含まれるC–H結合とC–C結合の数のそれぞれを，n を用いて表せ。

(ii)　$Q = 90\,\text{kJ}$ であるとき n はいくつか。ここで，C_nH_{2n+2} 中のいずれのC–H結合もメタン中のC–H結合と等しい結合エネルギーをもち，また，いずれのC–C結合もプロパン中のC–C結合と等しい結合エネルギーをもつものとする。

解 答

問1 (i) **416 kJ/mol**

(ii) **335 kJ/mol**

問2 (i) **C−H 結合の数：$2n+2$ C−C 結合の数：$n-1$**

(ii) **$n=2$**

ポイント

ヘスの法則を用いて，熱化学方程式を活用して求めたい。また，反応物，生成物ともに気体のときは，結合エネルギーの値から，(反応熱)＝(生成物の結合エネルギーの総和)−(反応物の結合エネルギーの総和) の関係を用いてもよい。黒鉛を構成する結合の結合エネルギーは，昇華熱に相当することに注意する。

解 説

C (黒鉛)＝C (気)−715 kJ ……① (昇華熱)

C (黒鉛)＋$2H_2$ (気)＝CH_4 (気)＋75 kJ ……② (CH_4 の生成熱)

3C (黒鉛)＋$4H_2$ (気)＝C_3H_8 (気)＋105 kJ ……③ (C_3H_8 の生成熱)

H_2 (気)＝2H (気)−437 kJ ……④ (H−H 結合の結合エネルギー)

問1 (i) メタン中の C−H 結合の結合エネルギーを E_{C-H}〔kJ/mol〕とすると

CH_4 (気)＝C (気)＋4H (気)−$4E_{C-H}$ kJ ……⑤

①＋④×2−⑤ より

C (黒鉛)＋$2H_2$ (気)＝CH_4 (気)−(715＋437×2−$4E_{C-H}$) kJ

この式と②を比較すると

$715+437\times2-4E_{C-H}=-75$ ∴ $E_{C-H}=416$〔kJ/mol〕

(ii) プロパン中の C−C 結合の結合エネルギーを E_{C-C}〔kJ/mol〕とすると

C_3H_8 (気)＝3C (気)＋8H (気)−($2E_{C-C}+8E_{C-H}$) kJ ……⑥

①×3＋④×4−⑥ より

3C (黒鉛)＋$4H_2$ (気)＝C_3H_8 (気)−(715×3＋437×4−$2E_{C-C}$−8×416) kJ

この式と③を比較すると

$715\times3+437\times4-2E_{C-C}-8\times416=-105$

∴ $E_{C-C}=335$〔kJ/mol〕

別解 (反応熱)＝(生成物の結合エネルギーの総和)−(反応物の結合エネルギーの総和) の関係を適用すると，黒鉛を構成する結合の結合エネルギーは昇華熱に相当するから，(i)については①，④および C−H 結合の結合エネルギー E_{C-H} を用いて，②より

$75=4E_{C-H}-(715+2\times437)$

∴ $E_{C-H}=416$〔kJ/mol〕

(ii)については①，④，E_{C-H}，およびC−C結合の結合エネルギーE_{C-C}を用いて，③より

$$105=(2E_{C-C}+8\times416)-(3\times715+4\times437)$$

$$\therefore\quad E_{C-C}=335\,[\mathrm{kJ/mol}]$$

問2　(i)　アルカン分子では，C原子が1つ増すと，C−C結合が1つとC−H結合が2つ増す。したがって，C_nH_{2n+2}に含まれるC−C結合は$n-1$個で，C−H結合は$2n+2$個である。

(ii)　nC（黒鉛）$+(n+1)\,H_2$（気）$=C_nH_{2n+2}$（気）$+Q$kJ

プロパン中のC−C結合の結合エネルギーをE_{C-C}〔kJ/mol〕，メタン中のC−H結合の結合エネルギーをE_{C-H}〔kJ/mol〕，Cの昇華熱を$C_{昇華}$〔kJ/mol〕，H−H結合の結合エネルギーをE_{H-H}〔kJ/mol〕とすると，（反応熱）=（生成物の結合エネルギーの総和）−（反応物の結合エネルギーの総和）より

$$Q=\{(n-1)E_{C-C}+(2n+2)E_{C-H}\}-\{nC_{昇華}+(n+1)E_{H-H}\}$$

となるので

$$90=\{(n-1)\times335+(2n+2)\times416\}-\{n\times715+(n+1)\times437\}$$

$$\therefore\quad n=2$$

39 反応速度，化学平衡

(2011年度[2]Ⅱ)

必要があれば，次の数値を用いよ。
気体定数：8.3×10^3 Pa·L/(K·mol)

Ⅱ 次の文章を読み，問1〜問5に答えよ。

一般に化学反応では，高いエネルギーをもった分子同士が衝突し，ある一定のエネルギーの高い状態が形成される。この状態のエネルギーと反応物のエネルギーとの差を [(a)] エネルギーという。加熱すると，分子の熱運動がはげしくなり，高いエネルギーを持つ分子の数が増加するため分子間の衝突により [(a)] 状態になる分子の数が増え，結果として化学反応が速く進行する。

密閉された高温の容器内において，気体のヨウ素と水素を反応させると気体のヨウ化水素が生成する。また，ヨウ化水素を密閉容器内で加熱すると，一部が分解して水素とヨウ素になる反応も進行する。このようにどちらの向きにも起こる反応を [(b)] 反応といい，水素，ヨウ素，ヨウ化水素がある一定の割合で存在する平衡状態に達すると，ヨウ化水素の生成速度と分解速度が等しいことから，反応が停止したように見える。

一方，触媒存在下において同様の化学反応を行うと， [(a)] エネルギーが小さくなるため，化学反応が速く進行する。これは，触媒のない状態とは異なった反応経路を経て生成物が生成されるためである。また，触媒がある場合とない場合では反応物と生成物のエネルギーの差である [(c)] の大きさは変化しない。工業的に硝酸を製造するオストワルト法では，アンモニアを酸化して一酸化窒素を製造するときに， [(d)] が触媒として使われている。

問1 文中の空欄 [(a)] 〜 [(d)] にあてはまる適切な語句を記せ。

問2 次の記述(あ)〜(お)の内から正しいものをすべて選んで，記号で記せ。

(あ) 工業的な硫酸の製造に用いられる触媒には，酸化バナジウム(V)が含まれている。

(い) 溶液中の化学反応の速度は，反応物の濃度に依存することはない。

(う)　発酵では酵素が触媒としてはたらいている。

(え)　過酸化水素の分解などに用いられる酸化マンガン(Ⅳ)は均一系触媒の1つである。

(お)　触媒は，反応前後にそれ自身は変化しない。

問 3　オストワルト法において，アンモニアを酸化して一酸化窒素を製造するときの反応式を記せ。

問 4　水素とヨウ素からヨウ化水素が生成する反応を，内容積1.0Lの容器を用い，圧力と温度をそれぞれ100kPa，610Kに保って行った。水素とヨウ素の分圧は，反応開始時にはいずれも50kPaであったが，ある時間経過した後にはいずれも10kPaの一定値であった。生成したヨウ化水素の物質量〔mol〕を有効数字2桁で求めよ。

問 5　問4における反応の平衡定数(K)を有効数字2桁で求めよ。また，本実験系において圧力，濃度または温度を変化させた場合，平衡定数が変化すると考えられる場合は○，変化しないと考えられる場合は×と記せ。

解 答

問1 (a)活性化 (b)可逆 (c)反応熱 (d)白金

問2 (あ)・(う)・(お)

問3 $4NH_3+5O_2 \longrightarrow 4NO+6H_2O$

問4 1.6×10^{-2} mol

問5 $K=64$ 圧力：× 濃度：× 温度：○

ポイント

反応速度と化学平衡に関する，標準的な問題である。問4は，反応式の係数より平衡時の各気体の分圧を求め，その分圧から物質量を求めることに注意したい。問5は，理想気体の状態方程式を用いて各気体のモル濃度の式を導き，平衡定数の式に代入したい。

解 説

問1 (a) 反応物を活性化状態にするのに必要な最小のエネルギーを，活性化エネルギーという。

(b) 正反応も逆反応もおこりうる反応を，可逆反応という。

(c) 反応熱は反応物と生成物のもっているエネルギーの差で決まるので，触媒を用いても反応熱の値は変わらない。

(d) 白金を触媒としてアンモニアを酸化し，一酸化窒素をつくる。

問2 (あ) 正文。二酸化硫黄を，酸化バナジウム(V) V_2O_5 を触媒として空気中の酸素で酸化し，三酸化硫黄 SO_3 をつくる。

$$2SO_2+O_2 \xrightarrow{V_2O_5} 2SO_3$$

(い) 誤文。反応物の濃度が高いほど，反応速度は大きくなる。

(う) 正文。例えば，アルコール発酵などでは酵素チマーゼが用いられる。

(え) 誤文。MnO_2 の固体表面で反応がおこり，MnO_2 は溶液中に均一に分散していない。このような触媒を不均一触媒という。エステル化などで用いる濃硫酸は均一触媒である。

(お) 正文。ただし，反応前後では変化していないが，反応の途中では反応物と結びついて変化している。

問4 水素とヨウ素からヨウ化水素が生成する。

$$H_2+I_2 \rightleftarrows 2HI$$

この反応は気体の総物質量に変化がない。したがって，温度を610Kに保った場合，圧力は常に100kPaのままである。

	H_2	+ I_2	$\rightleftarrows$ 2HI		
反応前	50	50		（計）	100〔kPa〕
変化量	−40	−40	+80		
平衡時	10	10	80	（計）	100〔kPa〕

よって，ヨウ化水素の分圧 P_{HI}〔Pa〕は

$$P_{HI}=80\text{〔kPa〕}=8.0\times10^4\text{〔Pa〕}$$

気体の状態方程式より，ヨウ化水素の物質量 n_{HI}〔mol〕は

$$n_{HI}=\frac{P_{HI}V}{RT}=\frac{8.0\times10^4\times1.0}{8.3\times10^3\times610}=1.58\times10^{-2}$$

$$\fallingdotseq1.6\times10^{-2}\text{〔mol〕}$$

問5　ヨウ化水素のモル濃度は

$$[HI]=\frac{n_{HI}}{V}=\frac{P_{HI}}{RT}\text{〔mol/L〕}$$

水素のモル濃度は，水素の分圧を P_{H_2} とすると

$$[H_2]=\frac{P_{H_2}}{RT}\text{〔mol/L〕}$$

ヨウ素のモル濃度は，ヨウ素の分圧を P_{I_2} とすると

$$[I_2]=\frac{P_{I_2}}{RT}\text{〔mol/L〕}$$

であるから，平衡定数 K は

$$K=\frac{[HI]^2}{[H_2][I_2]}=\frac{\left(\dfrac{P_{HI}}{RT}\right)^2}{\dfrac{P_{H_2}}{RT}\times\dfrac{P_{I_2}}{RT}}=\frac{80^2}{10\times10}=64$$

一般に，平衡定数の値は温度に依存するが，圧力や濃度が変わっても変化しない。平衡状態にある系は，温度を変えると平衡定数が新しい値に変わるので，その値をとる方向に平衡移動する。一方，濃度や圧力を変えると，平衡定数の値が保たれる方向に平衡移動する。

40 反応速度

(2010年度 1 Ⅱ)

Ⅱ　次の文章を読み，問1～問5に答えよ。ただし，物質の濃度を[物質の化学式]で表し，反応開始時の濃度を[物質の化学式]$_0$と表すことにする。

ほとんどの化学反応において，その反応速度は反応物の濃度に依存する。次の式(1)で表すことができる反応で，反応速度が反応物の濃度の二乗に比例する反応はその一例である。

$$2\mathrm{A} \rightarrow \mathrm{B} \tag{1}$$

しかし，以下の酢酸メチルの加水分解反応

$$CH_3COOCH_3 + H_2O \rightarrow CH_3COOH + CH_3OH \tag{2}$$

は，反応により生成する酢酸が触媒としてはたらくために，この反応の反応速度 v〔mol/(L･s)〕は，反応物の酢酸メチルだけではなく，生成物である酢酸の濃度にも依存する。ある条件下では，この反応の反応速度は，k を反応速度定数として，以下の式(3)のように表すことができる。

$$v = k[CH_3COOCH_3][CH_3COOH] \tag{3}$$

一定温度に保たれている反応容器に酢酸メチルと酢酸と水を入れ，混ぜて反応を開始させた。このとき，$[CH_3COOCH_3]_0$と$[CH_3COOH]_0$は，それぞれ 5.0×10^{-1} mol/L と 1.0×10^{-1} mol/L であった。これらの条件下では反応速度は式(3)のように表すことができるものとする。反応の進行に伴い$[CH_3COOCH_3]$は減少し，$[CH_3COOH]$もそれに伴って変化した。反応容器内の液体の体積は常に一定であるとすると，1 mol の酢酸メチルが反応すると 1 mol の酢酸が生成することより，$[CH_3COOH]$は式(4)のように

$[CH_3COOCH_3]$の関数として表すことができる。

$$[CH_3COOH] = (\boxed{\ (a)\ } - [CH_3COOCH_3]) \tag{4}$$

よって，vは式(5)のように$[CH_3COOCH_3]$の関数として表すことができる。

$$v = k[CH_3COOCH_3](\boxed{\ (a)\ } - [CH_3COOCH_3]) \tag{5}$$

問 1　下線部のような反応を行った場合，反応速度は反応物の濃度に対してどのように変化するか。最も適切に表したグラフを図1の(あ)～(け)から選び，記号で答えよ。ただし，グラフ中のvは反応速度を，Aは式(1)のAを表すものとする。

問 2　$\boxed{\ (a)\ }$に入る適切な濃度〔mol/L〕の値を有効数字2桁で答えよ。

問 3　$[CH_3COOCH_3]$が$[CH_3COOCH_3]_0$の40％になったとき，vは8.8×10^{-5} mol/(L･s)となった。反応速度定数kの値を有効数字2桁で求め，単位とともに答えよ。

問 4　反応速度vは$[CH_3COOCH_3]$に対してどのように変化するか。最も適切に表したグラフを図1の(あ)～(け)から選び，記号で答えよ。ただし，グラフ中の[A]は$[CH_3COOCH_3]$を，また$[A]_0$は$[CH_3COOCH_3]_0$を表すものとする。

問 5　反応速度vの最大値v_{max}と，それを与える$[CH_3COOCH_3]$の値をそれぞれ有効数字2桁で求め，単位とともに答えよ。

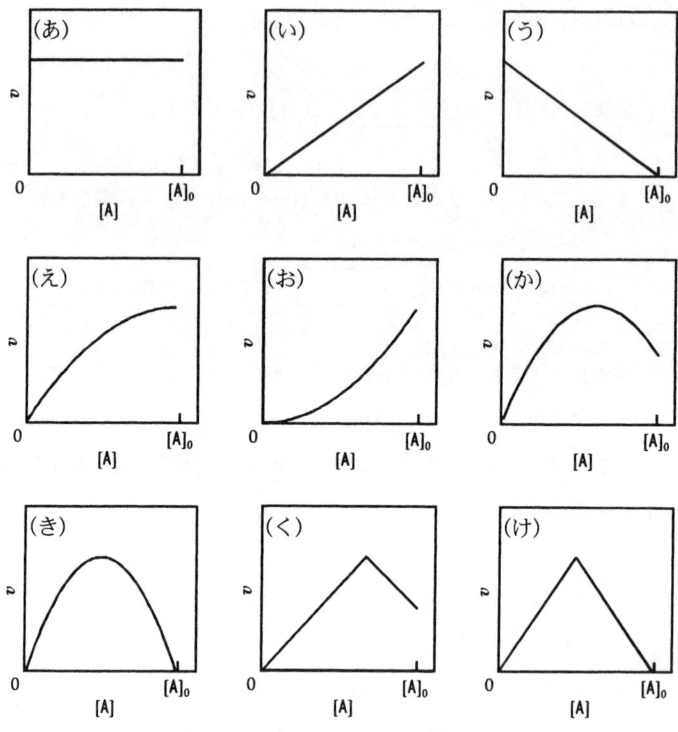

図1　反応物の濃度と反応速度の関係

解　答

問1　(お)

問2　6.0×10^{-1}

問3　1.1×10^{-3}L/(mol·s)

問4　(か)

問5　v_{max}：9.9×10^{-5}mol/(L·s)

v_{max}を与える［CH_3COOCH_3］：3.0×10^{-1}mol/L

ポイント

問2は，(a)の値がCH_3COOHの最大値になることに注意する。問4は，式(5)の反応速度vを［CH_3COOCH_3］の2次関数と捉えて整理する。$[A]_0$のときのvは0でないことから判断する。

解　説

問1　この反応の反応速度は$v=k[A]^2$と表される。

したがって，(お)のグラフが最適である。

問2　反応の前後におけるそれぞれの物質の濃度は，反応による酢酸メチルおよび酢酸の濃度変化をa〔mol/L〕とすると

	$CH_3COOCH_3 + H_2O \longrightarrow$	CH_3COOH	$+CH_3OH$	
反応前	5.0×10^{-1}	1.0×10^{-1}	0	〔mol/L〕
変化量	$-a$	$+a$	$+a$	〔mol/L〕
反応後	$5.0\times10^{-1}-a$	$1.0\times10^{-1}+a$	a	〔mol/L〕

よって，$[CH_3COOCH_3]=5.0\times10^{-1}-a$，$[CH_3COOH]=1.0\times10^{-1}+a$であるから

$$[CH_3COOH]=(6.0\times10^{-1}-[CH_3COOCH_3])$$

と表すことができる。

問3　問題文中の式(2)の反応が進行して，酢酸メチルの濃度が

$$5.0\times10^{-1}\times0.40=2.0\times10^{-1}\text{〔mol/L〕}$$

になったとき，式(5)より，反応速度は次のように表される。

$$8.8\times10^{-5}=k\times2.0\times10^{-1}(6.0\times10^{-1}-2.0\times10^{-1})$$

$$\therefore\ k=1.1\times10^{-3}\text{〔L/(mol·s)〕}$$

問4　$v=k[CH_3COOCH_3](6.0\times10^{-1}-[CH_3COOCH_3])$であるから，$v=y$，$[CH_3COOCH_3]=x$とおきかえて数式で表すと

$$\begin{aligned}y&=kx(6.0\times10^{-1}-x)\\&=-k(x^2-6.0\times10^{-1}x)\\&=-k(x^2-6.0\times10^{-1}x+9.0\times10^{-2}-9.0\times10^{-2})\\&=-k(x-3.0\times10^{-1})^2+9.0\times10^{-2}k\end{aligned}$$

となり，$k=1.1\times10^{-3}>0$ より，上に凸のグラフになる。

$[CH_3COOCH_3]_0$ のとき，v は0ではなく正の値をもつので，グラフは(き)ではなく(か)が該当する。

問5 問4で示したように　$x=3.0\times10^{-1}$〔mol/L〕

すなわち $[CH_3COOCH_3]=3.0\times10^{-1}$〔mol/L〕のとき v は最大になる。

したがって，v_{max} は

$$v_{max}=1.1\times10^{-3}\times3.0\times10^{-1}\times(6.0\times10^{-1}-3.0\times10^{-1})$$
$$=9.9\times10^{-5}\text{〔mol/(L·s)〕}$$

41　溶存酸素量の測定

（2010年度 ② Ⅱ）

必要があれば次の数値を用いよ。
原子量：H＝1.0，O＝16

Ⅱ　次の文章を読み，問1～問7に答えよ。

ある河川から採取した試料水中の溶存酸素量を測定した。ただし，試料水以外に測定に用いた試薬溶液中の溶存酸素は無視できる。まず，試料水 100 mL を空気が入らないように密閉容器に詰めて，12 mol/L の水酸化カリウム水溶液 0.50 mL と(i)2.0 mol/L の硫酸マンガン（Ⅱ）水溶液 0.50 mL を，その密閉容器内に注入した。溶液中では以下の式(1)の反応がおこり，水酸化アルミニウムと同じ［(ア)］色の沈殿が生じた。

$$Mn^{2+} + 2OH^- \longrightarrow Mn(OH)_2\downarrow \quad (1)$$

生成した沈殿が密閉容器内の全体に及ぶように溶液を混ぜると，沈殿の一部は以下の式(2)の反応のように(ii)試料水中のすべての溶存酸素と反応して，沈殿は灰色に変化した。

$$2Mn(OH)_2 + O_2 \longrightarrow 2MnO(OH)_2 \quad (2)$$

この式(2)の反応ではマンガンの酸化数は［(a)］から［(b)］に変化する。このあとこの密閉容器内に，1 mol/L のヨウ化カリウム水溶液 0.50 mL と 12 mol/L の硫酸 2.0 mL を注入し，溶液を混ぜると，以下の式(3)の反応が起こり，沈殿は溶解して，ヨウ素の遊離により溶液の色は［(イ)］色になった。

$$MnO(OH)_2 + 2I^- + 4H^+ \longrightarrow Mn^{2+} + I_2 + 3H_2O \quad (3)$$

この容器中の溶液をすべて三角フラスコに移し，1.0％デンプン水溶液 1.0 mL を加えると，溶液は［(ウ)］色に変化した。この溶液を 0.025 mol/L のチオ硫酸ナトリウム（$Na_2S_2O_3$）標準溶液で滴定すると，3.00 mL 滴下したところで［(ウ)］色が完全に消滅した。この滴定時の反応は以下の式(4)で表される。

$$I_2 + 2Na_2S_2O_3 \longrightarrow 2NaI + Na_2S_4O_6 \quad (4)$$

問 1 文中の (ア) ～ (ウ) にあてはまる適切な語句を，下の(あ)～(か)から選び，記号で答えよ。

(あ) 赤 (い) 黄 褐 (う) 白
(え) 黒 (お) 青 紫 (か) 緑

問 2 文中の (a) と (b) に入る整数値を正負の符号も含めて答えよ。

問 3 以下の(1)，(2)に答えよ。

(1) 「気体の水への溶解度は，温度が変わらなければ，水に接しているその気体の分圧に比例する」という法則がある。この法則の名前を答えよ。

(2) 文中の試料水の温度では酸素の分圧 1.01×10^5 Pa 下での水 1 L への酸素の溶解度は 2.0×10^{-3} mol だった。空気は窒素と酸素が体積比で 4 : 1 の混合物であるとして，この温度で大気圧 1.01×10^5 Pa 下での水 100 mL 中に溶解できる酸素量(飽和溶存酸素量〔mg〕)を，問 3 (1)の法則を用いて有効数字 2 桁で求めよ。

問 4 文中の下線部(ii)のように，問 3 (2)で計算した飽和溶存酸素量のすべてを $Mn(OH)_2$ と反応させるために必要な，文中の下線部(i)の 2.0 mol/L の硫酸マンガン(Ⅱ)水溶液の容量〔mL〕を有効数字 2 桁で求めよ。

問 5 文中の式(2)～(4)から，溶存酸素分子 1.0 mol を滴定するのに必要なチオ硫酸ナトリウムの物質量〔mol〕を有効数字 2 桁で求めよ。

問 6 文中の式(2)～(4)から，1.0 mol のチオ硫酸ナトリウムで滴定できる最大の溶存酸素量〔g〕を有効数字 2 桁で求めよ。

問 7 文中の試料水 100 mL 中に含まれていた溶存酸素量〔mg〕を有効数字 2 桁で求めよ。

解　答

問1　(ア)―(う)　(イ)―(い)　(ウ)―(お)

問2　(a) +2　(b) +4

問3　(1)ヘンリーの法則　(2) 1.3mg

問4　4.0×10^{-2}mL

問5　4.0mol

問6　8.0g

問7　6.0×10^{-1}mg

ポイント

酸化還元反応により水中の溶存酸素量を求める問題である。問1の $Mn(OH)_2$ の色は，$Al(OH)_3$ と同じとあることから推論できる。問3では，空気中の酸素の分圧は体積比に比例する。また，酸素を溶解させる水の量に注意して，ヘンリーの法則を用いる。問4・問5では，与えられた化学反応式の係数より，量的関係を使って求める。

解　説

問1　(ア)　$Al(OH)_3$ と同じであるから白色沈殿である。

(イ)　I_2 の溶液の色は，その濃度により黄～黄褐～褐色と多少色あいに違いがある。

(ウ)　ヨウ素デンプン反応による色で，青紫あるいは濃青色である。

チオ硫酸ナトリウムを用いる還元反応により $I_2 + 2e^- \longrightarrow 2I^-$ と変化すると無色になる。

問2　$Mn(OH)_2$ の Mn は2価の陽イオンであるから，酸化数は+2である。

$MnO(OH)_2$ の Mn の酸化数を x とすると

$$x + (-2) + (-1)\times2 = 0 \qquad \therefore \quad x = +4$$

問3　(1)　ヘンリーの法則は，溶解度の小さい気体のとき成り立つ。

(2)　空気中の O_2 の分圧は　　$1.01\times10^5\times\dfrac{1}{5}$〔Pa〕

ヘンリーの法則により，水100mLに溶解する O_2 の物質量を x〔mol〕とすると

$$(1.01\times10^5) : \left(2.0\times10^{-3}\times\frac{100}{1000}\right) = \left(1.01\times10^5\times\frac{1}{5}\right) : x$$

$$x = 4.0\times10^{-5}\text{〔mol〕}$$

したがって，その質量は

$$4.0\times10^{-5}\times32\times10^3 = 1.28 \fallingdotseq 1.3\text{〔mg〕}$$

問4　問題文中の(1)および(2)の反応式から，1molの酸素に対応する硫酸マンガンの物質量は2molなので，必要な $MnSO_4aq$ の容量を V〔mL〕とすると

$$4.0\times10^{-5}\times2=2.0\times\frac{V}{1000}\qquad V=4.0\times10^{-2}\text{〔mL〕}$$

問5　問題文中の(2)および(3)の反応式から，O_2 1mol が反応すると I_2 を 2mol 生じることがわかる。

式(4)から，I_2 2mol と反応する $Na_2S_2O_3$ は

$$2\times2=4\text{〔mol〕}$$

問6　問5の結果から，溶存酸素分子 1.0mol を滴定するのに必要なチオ硫酸ナトリウムの物質量は 4.0mol である。したがって，$Na_2S_2O_3$ 1mol で滴定できる最大の溶存酸素量は $\frac{1}{4}$ mol であるから，その質量は

$$\frac{1}{4}\times32=8.0\text{〔g〕}$$

問7　問6の結果から，$Na_2S_2O_3$ 1.0mol で滴定できる最大の溶存酸素量は 8.0g である。したがって 0.025mol/L のチオ硫酸ナトリウム標準溶液 3.00mL と反応した酸素の質量は

$$0.025\times\frac{3.00}{1000}\times\frac{8.0}{1.0}\times10^{3}=6.0\times10^{-1}\text{〔mg〕}$$

42 溶解度，水酸化カルシウムの反応

(2009 年度 ①)

必要があれば次の数値を用いよ。
原子量：H＝1.0，O＝16，Ca＝40，Sr＝88

水酸化カルシウム $Ca(OH)_2$ と水酸化ストロンチウム $Sr(OH)_2$ の溶解度に関する以下の文章Aを読み，問1～問3に答えよ。また文章Bを読み，問4～問9に答えよ。ただし，水酸化ストロンチウムは八水和物 $Sr(OH)_2 \cdot 8H_2O$ として析出する。

文章A

固体の溶解度は，水 100 g に溶解する溶質の最大量をグラム単位(g)で表したものである。$Ca(OH)_2$ の溶解度は，0℃～100℃ の範囲で温度が上昇すると単調に減少することが知られている。このことから，溶解が［(あ)］反応であることがわかる。単独の $Ca(OH)_2$ と $Sr(OH)_2$ の溶解度を表1に示す。60℃ の水 1 kg を含む $Sr(OH)_2$ の飽和水溶液を得るためには，［(a)］g の水に［(b)］g の $Sr(OH)_2 \cdot 8H_2O$ を溶解すればよい。一方，$Ca(OH)_2$ と $Sr(OH)_2 \cdot 8H_2O$ の混合物を水に溶解させて溶解度を測定したところ表2のようになり，それぞれの物質の溶解度は，表1に示した単独の物質の溶解度と異なる値となった。これは $Ca(OH)_2$ と $Sr(OH)_2$ が溶解したときに同じイオンを生じるためであり，［(い)］効果と呼ばれる。また，物質が溶解している水溶液の条件を変えて目的とする固体を析出させることで物質を精製する方法を［(う)］という。

表1　各物質の溶解度 (g/水 100 g)

温度(℃)	10	60
$Ca(OH)_2$	0.182	0.122
$Sr(OH)_2$	0.56	3.56

表2　混合水溶液における各物質の溶解度　(g/水 100 g)

温度(℃)	10	60
$Ca(OH)_2$	0.060	0.033
$Sr(OH)_2$	0.49	3.40

文章B

$Ca(OH)_2$ と $Sr(OH)_2 \cdot 8H_2O$ の混合物から各純物質を精製するために，表2の値をもとにして，図1のような仮想的な装置と操作を考えた。容器AとBに水が入っており，それぞれ10℃と60℃に保たれている。つぎに両方の容器に溶けきらない量の $Ca(OH)_2$ と $Sr(OH)_2 \cdot 8H_2O$ の混合物を入れ，容器AとBの水溶液を図1の矢印のように循環させる。容器AとBの間では，水溶液だけが移動すると考える。また，それぞれの容器内で溶解と析出は速やかに起こるものとする。［(え)］は温度の低い容器Aで溶解して温度の高い容器Bで析出し，［(お)］はこの逆になる。

いま，$Ca(OH)_2$ 100 g と $Sr(OH)_2 \cdot 8H_2O$ 200 g からなる均一な混合物を150 g ずつ，水の入っている容器AとBに入れ，飽和溶液とする。このあと容器AとBの間で水溶液を循環させると，容器Aの固体の質量は［(か)］。また容器Bの固体の質量は［(き)］。水溶液の循環を続けていると，やがて容器AとBにある固体の量が変化しなくなる。このとき，容器Aの中では［(く)］，また容器Bの中では［(け)］。この段階で容器AとBにそれぞれ水1 kg を含む水溶液があるとすると，容器Aにある固体の質量は［(c)］g になると推定される。容器AとBにある固体をそれぞれろ過すると，純物質を得ることができる。(1) 容器Bで析出した固体をろ過して分別し，再び水に溶かして二酸化炭素を吹き込むと，最初は白色沈殿が生じるが，(2) さらに吹き込むと白色沈殿が溶解する。(3)

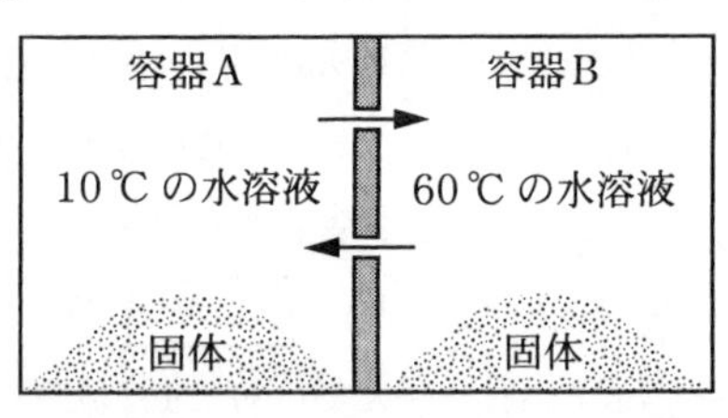

図1 装置の概略図

問1 ［(あ)］に入る語句として適切なものを下の(ア)～(エ)から選び，記号で答えよ。

(ア) 中 和　(イ) 吸 熱　(ウ) 凝 固　(エ) 発 熱

問2 ［(い)］，［(う)］に適切な語句を入れよ。

問 3　[(a)]，[(b)] に整数値を入れよ。

問 4　[(え)]，[(お)] に化学式を入れよ。

問 5　[(か)]，[(き)] にあてはまる適切なものを下の(ア)〜(エ)から選び，記号で答えよ。

(ア)　増加する　　(イ)　いったん増加して減少する
(ウ)　減少する　　(エ)　いったん減少して増加する

問 6　[(く)]，[(け)] にあてはまる適切なものを下の(ア)〜(エ)から選び，記号で答えよ。

(ア)　$Ca(OH)_2$ と $Sr(OH)_2$ がともに飽和に達している
(イ)　$Ca(OH)_2$ と $Sr(OH)_2$ がともに飽和に達していない
(ウ)　$Ca(OH)_2$ が飽和に達しており，$Sr(OH)_2$ は飽和に達していない
(エ)　$Sr(OH)_2$ が飽和に達しており，$Ca(OH)_2$ は飽和に達していない

問 7　[(c)] に有効数字 2 桁の数値を入れよ。

問 8　下線部(1)に関して，容器 A で析出する純物質をなるべく多く得るためには，どのような条件にすればよいか。下の(ア)〜(エ)から 2 つ選び，記号で答えよ。

(ア)　水の量を増やす　　(イ)　水の量を減らす
(ウ)　容器 A の温度を下げる　　(エ)　容器 B の温度を上げる

問 9　下線部(2)と(3)の反応式を記せ。

解 答

問1 (あ)―(エ)

問2 (い)共通イオン (う)再結晶法

問3 (a) 958 (b) 78

問4 (え)$Ca(OH)_2$ (お)$Sr(OH)_2 \cdot 8H_2O$

問5 (か)―(イ) (き)―(エ)

問6 (く)―(エ) (け)―(ウ)

問7 1.8×10^2

問8 (イ)・(ウ)

問9 (2)$Ca(OH)_2 + CO_2 \longrightarrow CaCO_3 + H_2O$

(3)$CaCO_3 + H_2O + CO_2 \longrightarrow Ca(HCO_3)_2$

ポイント

問3は$Sr(OH)_2 \cdot 8H_2O$の水和水に注意しよう。文章Bは内容の理解が大切である。$Ca(OH)_2$は低温になるほど溶解度が大きく，$Sr(OH)_2$は高温になるほど溶解度が大きいから，容器Aでは$Sr(OH)_2 \cdot 8H_2O$が，容器Bでは$Ca(OH)_2$が析出していることを理解することがポイントである。

解 説

問1 ルシャトリエの原理から発熱反応とわかる。これは例外的で，一般には溶解は吸熱反応で，温度が上昇するにつれ溶解度は増大する。

問2 溶解により，$Ca(OH)_2 \rightleftarrows Ca^{2+} + 2OH^-$のように電離するので，$OH^-$が増えると，平衡は左に移動する。つまり，溶解度が減少する。

ある種のイオンを含む水溶液が平衡状態にあるとき，平衡に関係するイオンを含む電解質を加えると，平衡移動により溶解度が減少する現象を共通イオン効果という。

再結晶法は，溶解度が温度により大きく変化する物質に適用する精製法である。

問3 $Sr(OH)_2 = 122$，$Sr(OH)_2 \cdot 8H_2O = 266$であるので，$Sr(OH)_2 \cdot 8H_2O$を$x$〔g〕とすると，$Sr(OH)_2$の60℃における溶解度が3.56g/水100gだから

$$\frac{3.56}{100} = \frac{x \times \dfrac{122}{266}}{1000} \qquad \therefore \quad x = 77.6 \fallingdotseq 78〔g〕$$

水の質量は　$1000 - 77.6 \times \dfrac{144}{266} = 957.9 \fallingdotseq 958〔g〕$

問4 $Ca(OH)_2$は低温ほど溶解度が大きい。これに対して$Sr(OH)_2$は高温ほど溶解度が大きい。したがって，$Ca(OH)_2$は容器Aでより多く溶解し，容器Bで析出する。$Sr(OH)_2 \cdot 8H_2O$はこの逆になる。

問5　問4より，固体の$Ca(OH)_2$は容器AからBに，固体の$Sr(OH)_2$は容器BからAに移動することがわかる。$Sr(OH)_2$の溶解量のほうが多いので，移動する量も多く，最初は容器Aの固体の質量が増加し，容器Bの質量は減少する。しかし，$Sr(OH)_2$の移動が完了した後は，$Ca(OH)_2$のみが移動することになり，この移動が完了するまでは，容器Aの固体の質量は減少し，容器Bの質量は増加することになる。

問6　容器Aでは，$Sr(OH)_2 \cdot 8H_2O$が析出しているので，$Sr(OH)_2$の飽和溶液になっている。同様に，容器B中では$Ca(OH)_2$が析出しているので，$Ca(OH)_2$の飽和溶液になっている。これらの飽和溶液がもう一方の容器に入ると，溶解度が大きくなるので，不飽和溶液になる。

問7　容器AとB全体に，$Sr(OH)_2 \cdot 8H_2O$が，200g入っている。図1のように操作していくと容器B中の$Sr(OH)_2$は容器Aに移る。最終的には，容器A中の10℃における飽和溶液がBに入って移動が終了すると考えられる。すると，容器AおよびBの水に溶けている$Sr(OH)_2$は，$0.49 \times 10 \times 2 = 9.8$〔g〕である。これから$Sr(OH)_2 \cdot 8H_2O$の質量を求めると

$$9.8 \times \frac{266}{122} = 21.36 \fallingdotseq 21.4 \text{〔g〕}$$

容器Aにある固体の質量は

$$200 - 21.4 = 178.6 \fallingdotseq 1.8 \times 10^2 \text{〔g〕}$$

なお，$Ca(OH)_2$は容器Aの固体中には含まれていない。

問8　容器Aにおける$Sr(OH)_2$の溶解度を減らす方法を考えればよい。水の量を減らすと析出しやすくなる。また，温度を下げると$Sr(OH)_2$の溶解度は小さくなる。

問9　容器Bで析出する固体は$Ca(OH)_2$である。

(2)　$Ca(OH)_2 + CO_2 \longrightarrow CaCO_3 + H_2O$

水に溶けにくい炭酸カルシウムが析出する。

(3)　$CaCO_3 + H_2O + CO_2 \longrightarrow Ca(HCO_3)_2$

$CaCO_3$は炭酸水に可溶である。この反応が進行する理由は，炭酸水素カルシウムが水に可溶なためである。

43 沈殿滴定

(2009年度 2 Ⅱ)

必要があれば次の数値を用いよ。
原子量：N＝14, O＝16, Ag＝108

Ⅱ 次の文章を読み，問1～問4に答えよ。

食塩水の濃度を調べるために，以下の実験を行った。

操作1：0.68 g の硝酸銀を天秤で正確にはかりとり，ビーカー中で純水に溶解した。この水溶液を 50 mL メスフラスコに移し，標線まで純水を加えた後，よく振り混ぜた。

操作2：メスフラスコの水溶液をビュレットに入れた。

操作3：ホールピペットを用いて食塩水 5.0 mL を三角フラスコに入れた。さらに純水 14.5 mL とクロム酸カリウム水溶液 0.5 mL を加えてよく振り混ぜた。

操作4：三角フラスコをよく振り混ぜながらビュレットから硝酸銀水溶液を滴下した。この操作により三角フラスコ内に白色沈殿 [(a)] が生成した。

操作5：硝酸銀水溶液の滴下を続けると，三角フラスコ内に暗赤色の沈殿 [(b)] が生成した。フラスコを振り混ぜても，この沈殿が消えなくなったところを滴定終点と判断し，滴下した硝酸銀水溶液の体積を読み取った。終点以降は硝酸銀水溶液を添加しても三角フラスコ内の溶液に変化は見られなかった。

なお，正確な測定のためには，中性付近の pH で滴定を行う必要がある。これは，酸性条件下でクロム酸イオンが [(c)] に，アルカリ性条件下で銀イオンが [(d)] になるためである。

問1 空欄 [(a)] ～ [(d)] にあてはまる化学式またはイオン式を記せ。

問 2　滴定終点での硝酸銀水溶液の滴下体積は 12.50 mL であった。食塩水の濃度(mol/L)を有効数字 2 桁で求めよ。

問 3　硝酸銀水溶液の滴下体積と三角フラスコ内の水溶液中の銀イオン濃度および塩化物イオン濃度の関係を示すグラフを，図 1 の(ア)〜(ク)の中から選び，それぞれ記号で答えよ。ただし，白色沈殿の溶解度積は非常に小さく，またクロム酸イオンは白色沈殿の生成に影響をおよぼさないものと考えてよい。

問 4　以下の(ア)〜(エ)の操作について，正確な滴定結果を得るうえで間違っているものをすべて選び記号で答えよ。

(ア)　操作 1 において，硝酸銀水溶液をビーカーからメスフラスコに移す前に，この硝酸銀水溶液でメスフラスコを数回共洗いした。

(イ)　操作 1 において，硝酸銀水溶液をビーカーからメスフラスコに移した後，水溶液が少し残ったビーカーを少量の純水で数回すすぎ，その洗液をメスフラスコに移した。その後，標線まで純水を加えた。

(ウ)　操作 2 において，硝酸銀水溶液をメスフラスコからビュレットに入れた後，水溶液が少し残ったメスフラスコを少量の純水で数回すすぎ，その洗液をビュレットに入れた。

(エ)　操作 3 において，純水で洗浄した三角フラスコを，ぬれたままの状態で使用した。

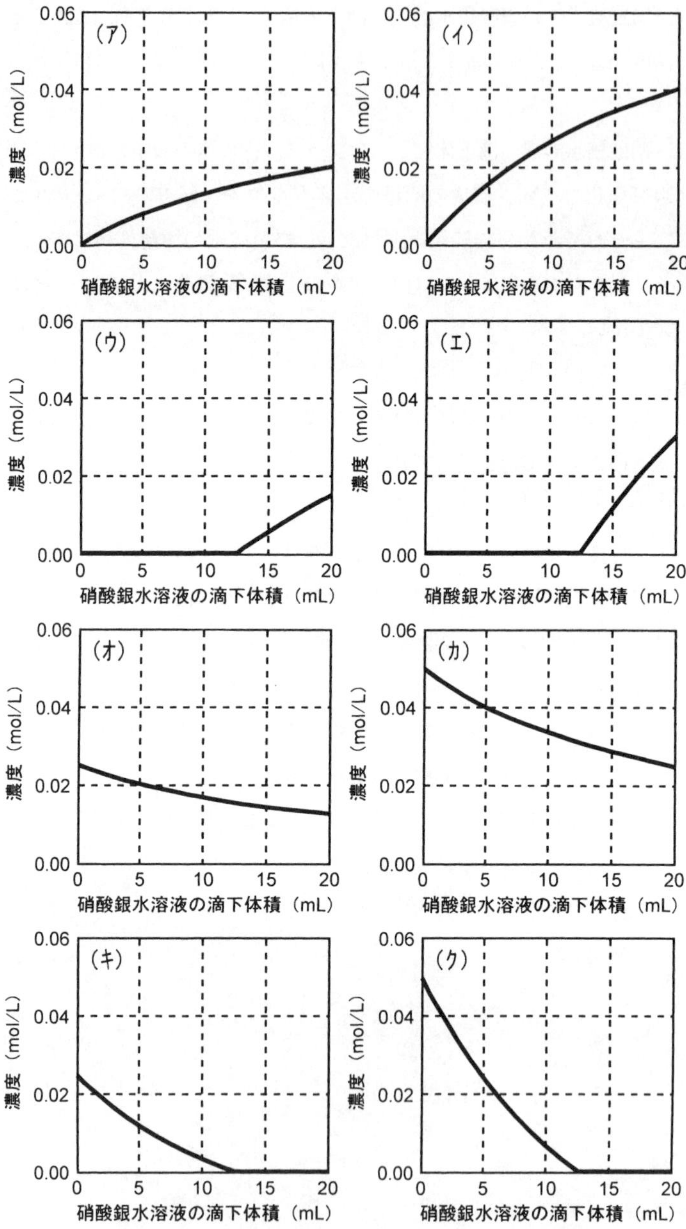

図1　硝酸銀水溶液の滴下体積と水溶液中のイオン濃度の関係

解　答

問1　(a) $AgCl$　(b) Ag_2CrO_4　(c) $Cr_2O_7^{2-}$　(d) Ag_2O

問2　0.20 mol/L

問3　銀イオン濃度：(ウ)　塩化物イオン濃度：(ク)

問4　(ア)・(ウ)

ポイント

塩化物イオンを含む溶液を $AgNO_3$ 水溶液で滴定する沈殿滴定は，指示薬として K_2CrO_4 水溶液を用いることにより，AgCl がほぼ沈殿し終わった後に，Ag_2CrO_4 の暗赤色沈殿があらわれ，滴定の終点を知ることができる。

解　説

問1　(a)　硝酸銀水溶液と食塩水が反応すると，塩化銀 AgCl の白色沈殿が生じる。

$$Ag^+ + Cl^- \longrightarrow AgCl$$

(b)　硝酸銀水溶液とクロム酸カリウム水溶液が反応すると，クロム酸銀 Ag_2CrO_4 の暗赤色の沈殿が生じる。

$$2Ag^+ + CrO_4^{2-} \longrightarrow Ag_2CrO_4$$

(c)　クロム酸イオン CrO_4^{2-} を含む水溶液を酸性にすると，二クロム酸イオン $Cr_2O_7^{2-}$ を生じて橙赤色になる。

$$2CrO_4^{2-} + 2H^+ \longrightarrow Cr_2O_7^{2-} + H_2O$$

(d)　銀イオン Ag^+ を含む水溶液に，少量の塩基性の水溶液を加えると，酸化銀 Ag_2O の褐色沈殿を生じる。

$$2Ag^+ + 2OH^- \longrightarrow Ag_2O + H_2O$$

問2　塩化物イオン Cl^- と少量のクロム酸イオン CrO_4^{2-} を含む水溶液に，銀イオン Ag^+ を含む水溶液を滴下すると，加えた Ag^+ のほとんどが AgCl として沈殿する。水溶液中の Cl^- のほとんどすべてが AgCl として沈殿した後に，Ag_2CrO_4 の暗赤色沈殿が生じることで，滴定の終点を知ることができる。この沈殿滴定はモール法として知られている。

硝酸銀と塩化ナトリウムの反応は次のようになる。

$$NaCl + AgNO_3 \longrightarrow NaNO_3 + AgCl$$

滴定で用いた $AgNO_3$aq の濃度は，$AgNO_3 = 170$ であるので

$$\frac{0.68}{170} \times \frac{1000}{50} = 8.0 \times 10^{-2}\,〔\mathrm{mol/L}〕$$

食塩水の濃度を x〔mol/L〕とすると，化学反応式より物質量比 1：1 で反応するので

$$8.0\times10^{-2}\times\frac{12.5}{1000}:x\times\frac{5.0}{1000}=1:1$$

$$x=0.200\fallingdotseq0.20\,[\text{mol/L}]$$

問3　銀イオン濃度：加えた Ag^+ は，$Ag^+ + Cl^- \longrightarrow AgCl$ の反応で沈殿するので 12.5mL まで三角フラスコ中の Ag^+ は 0 とみなせる。したがって，硝酸銀水溶液を 20mL 加えたときの Ag^+ の濃度は

$$0.080\times\frac{20-12.5}{1000}\times\frac{1000}{20+20}=0.015\,[\text{mol/L}]$$

したがって，図(ウ)が該当する。

塩化物イオン濃度：$AgNO_3aq$ を加える前の食塩水の濃度は，三角フラスコ中の水溶液の体積が 20mL になっているので

$$0.20\times\frac{5}{20}=0.050\,[\text{mol/L}]$$

$AgNO_3aq$ を 12.5mL 加えると，Cl^- はなくなるので，図(ク)が該当する。

問4　(ア)　誤文。メスフラスコは純水で洗わなければいけない。

(イ)　正文。ビーカーを少量の純水で数回すすぎ，その洗液をメスフラスコに移して使用する。

(ウ)　誤文。調製した $AgNO_3aq$ の濃度が変わってしまう。$AgNO_3aq$ で共洗いして使用する。

(エ)　正文。三角フラスコは純水でぬれたまま使用してもよい。

44 中和滴定，電離平衡，pH

（2008年度 1 Ⅰ）

Ⅰ　次の文章を読み，問1～問4に答えよ。ただし，物質Aの濃度を[A]で表わすこととし，一例として水素イオン濃度は$[H^+]$と書くことにする。また，計算値は有効数字2桁で答えよ。

酢酸CH_3COOHの水溶液10.0 mLをビーカーにとり，［ (ア) ］指示薬を2～3滴加え，0.050 mol/Lの水酸化ナトリウム水溶液をビュレットにより少しずつ滴下した。水酸化ナトリウムを12.0 mL滴下したとき，溶液の色は無色から淡赤色へ変化した。(1)

酢酸水溶液への水酸化ナトリウムの滴下による滴定の終点では酢酸ナトリウムCH_3COONaが生成した。CH_3COONaは水中で以下のように電離する。

$$CH_3COONa \rightarrow CH_3COO^- + Na^+ \qquad (1)$$

また，水もわずかに電離している。

$$H_2O \rightleftarrows H^+ + OH^- \qquad (2)$$

酢酸イオンと水素イオンとの反応は，以下のようになる。

$$CH_3COO^- + H^+ \rightleftarrows CH_3COOH \qquad (3)$$

酢酸イオンの加水分解反応を考えると，以下のようになる。

$$CH_3COO^- + H_2O \rightleftarrows CH_3COOH + OH^- \qquad (4)$$

結果として$[OH^-]$が$[H^+]$より［ (a) ］くなるため，CH_3COONa水溶液は［ (b) ］性を示す。

一方，滴定前の酢酸水溶液のpHは以下のように計算できる。

酢酸の酸解離定数K_aは，

$$K_a = \frac{[CH_3COO^-][H^+]}{[CH_3COOH]} = 1.67 \times 10^{-5}\ \mathrm{mol/L}$$

である。ここで，$[CH_3COO^-] \fallingdotseq [H^+]$に近似できるので，$K_a$を電離度$\alpha$と酢酸濃度$c$により書き表すと，以下のようになる。

$K_a =$ [(イ)] $/(1-\alpha)$

αは極めて小さいので，$1-\alpha \fallingdotseq 1$と近似できる。水素イオン濃度を計算すると [(ウ)] mol/Lになる。ゆえに，pH = [(エ)] となる。

問 1 [(ア)] にあてはまる最も適切な指示薬を以下の中から一つ選び，番号で答えよ。

① クレゾールレッド ② メチルレッド ③ メチルパープル

④ フェノールフタレイン ⑤ リトマス

問 2 下線部(1)の滴定量から滴定前の酢酸濃度(mol/L)を計算せよ。

問 3 [(a)] と [(b)] にあてはまる語句を記入せよ。

問 4 [(イ)] にはあてはまる式を，[(ウ)] と [(エ)] には計算値を記入せよ。

解　答

問1　④

問2　6.0×10^{-2} mol/L

問3　(a)大き　(b)塩基

問4　(イ)$c\alpha^2$　(ウ)1.0×10^{-3}　(エ)3.0

ポイント
酢酸の電離平衡に関する基本的な問題である。

解　説

問1　この中和反応は，中和点の液性が弱塩基性を示すので，変色域が pH＝8.0〜9.8のフェノールフタレインが最適の指示薬である。変色域では，「無色→淡赤色→赤色」と変化する。したがって，淡赤色になったとき中和が完了する。弱塩基性を示す理由は，式(4)の加水分解で説明できる。

問2　酢酸水溶液の濃度を x〔mol/L〕とすると，中和の量的関係から

$$1\times x\times\frac{10.0}{1000}=1\times0.050\times\frac{12.0}{1000}$$

∴　$x=6.0\times10^{-2}$〔mol/L〕

問3　$CH_3COO^- + H_2O \rightleftharpoons CH_3COOH + OH^-$

の反応により，水溶液中では

$$[H^+]<[OH^-]$$

になる。これは

$$H_2O \rightleftharpoons H^+ + OH^-$$

の平衡が，H^+ が減ったため右に移動し，OH^- が多くなったとみることもできる。

問4　酢酸の濃度を c〔mol/L〕，電離度を α とすると，電離平衡になったときの各成分のモル濃度は次のとおりである。

$$CH_3COOH \rightleftharpoons CH_3COO^- + H^+$$

	CH_3COOH	CH_3COO^-	H^+	
電離前	c	0	0	〔mol/L〕
変化量	$-c\alpha$	$+c\alpha$	$+c\alpha$	〔mol/L〕
平衡時	$c(1-\alpha)$	$c\alpha$	$c\alpha$	〔mol/L〕

K_a は，次のように表すことができる。

$$K_a=\frac{[CH_3COO^-][H^+]}{[CH_3COOH]}=\frac{c\alpha\cdot c\alpha}{c(1-\alpha)}=\frac{c\alpha^2}{1-\alpha}$$

ここで，$1-\alpha\fallingdotseq1$ とおくと

$$K_a=c\alpha^2$$

$0<\alpha<1$ より

$$\alpha=\sqrt{\frac{K_a}{c}}$$

水素イオン濃度は

$$[H^+]=c\alpha=c\sqrt{\frac{K_a}{c}}$$

$$=\sqrt{c\cdot K_a}$$

与えられた数値を代入すると

$$[H^+]=\sqrt{0.060\times1.67\times10^{-5}}=\sqrt{10.02\times10^{-7}}\fallingdotseq\sqrt{1.0\times10^{-6}}$$

$$=1.0\times10^{-3}\,〔mol/L〕$$

したがって　$\mathrm{pH}=-\log_{10}[H^+]=-\log_{10}(1.0\times10^{-3})$

$$=3.0$$

45 アンモニアの合成，結合エネルギーと反応熱，平衡移動

（2008 年度 2 Ⅰ）

Ⅰ　次の文章を読み，問1～問4に答えよ。

気体の水素と窒素を混合し，高温に保つと以下の式で表される可逆反応によりアンモニアが生成する。

$$N_2 + 3H_2 \rightleftarrows 2NH_3 \qquad (1)$$

（反応物）　　（生成物）

問1　アンモニアは工業的には(1)式に基づいた反応によって生産されており，鉄を主成分とした触媒が用いられている。この生産方法の名称を記せ。

問2　水素分子ならびに窒素分子の結合エネルギーはそれぞれ 430 kJ/mol ならびに 960 kJ/mol であり，アンモニア分子の N−H 結合の結合エネルギーは 390 kJ/mol である。(1)式の反応の熱化学方程式 $N_2 + 3H_2 = 2NH_3 + Q$(kJ) における熱量 Q(kJ) を求めよ。

問3　(1)式の反応において，触媒を用いない場合のアンモニアの生成量と反応時間との関係を表す曲線を解答用紙に示してある（図中の点線）。温度を変化させず，この反応において鉄触媒を用いた場合，アンモニア生成量と反応時間との関係を表す曲線の概略はどのようになるか。解答用紙の図中にその曲線を描け。

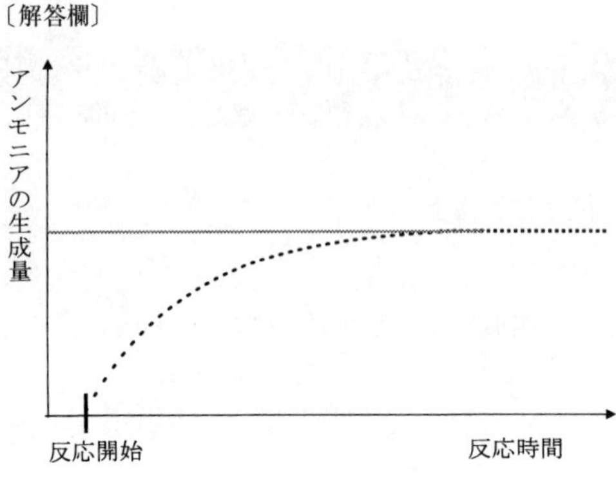

問 4 (1)式の反応が平衡に達しているとき，次の(イ)～(ニ)の作用を外部から加えた。

(イ) 温度と体積を一定に保ちながら，水素ガスを加える。
(ロ) 温度と圧力を一定に保ちながら，ヘリウムガスを加える。
(ハ) 温度と体積を一定に保ちながら，ヘリウムガスを加える。
(ニ) 温度を一定に保ちながら，圧縮する(圧力を高くする)。

このとき，(1)式の平衡は，どのように変化するか。(イ)～(ニ)に対し，それぞれ次の(a)～(c)の中から正しいものを一つ選び，記号で答えよ。

(a) 反応物の方に(左に)移動する。
(b) 生成物の方に(右に)移動する。
(c) どちらにも移動しない。

解　答

問1　ハーバー・ボッシュ法

問2　90 kJ

問3

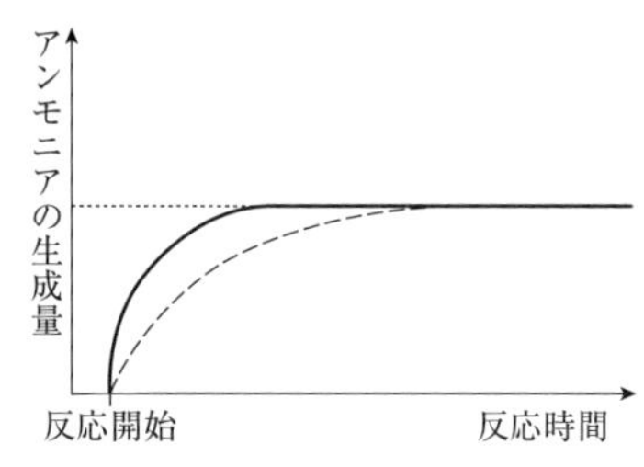

問4　(イ)—(b)　(ロ)—(a)　(ハ)—(c)　(ニ)—(b)

ポイント

問4の(ロ)，(ハ)の違いは，体積が変化するかどうかがポイントである。体積が変化すると，各成分の濃度が変化する。

解　説

問1　窒素と水素を原料にしてアンモニアを合成する方法は，ルシャトリエの原理を化学工業に応用したハーバー・ボッシュ法である。

問2　問題文中の(1)式の熱化学方程式を構造式で示すと次のようになる。

$$\mathrm{N{\equiv}N\ (g)} + 3\mathrm{H{-}H\ (g)} = 2\mathrm{H{-}\underset{\substack{|\\ H}}{N}{-}H\ (g)} + Q\,\mathrm{kJ}$$

ここで，Q＝(生成物の結合エネルギーの総和)－(反応物の結合エネルギーの総和)の関係より

$$Q = 6\times390 - (960 + 3\times430) = 90\,[\mathrm{kJ}]$$

問3　平衡状態に達すると，アンモニアの濃度，つまりアンモニアの生成量が一定になり，図において横軸と平行になっている箇所が平衡状態を示している。触媒は反応速度を大きくし，平衡に達する時間を短くするはたらきがある。また，触媒は平衡には影響しないため，平衡状態でのアンモニア生成量は触媒を用いない場合と同じになる。

問4　ルシャトリエの原理に基づいて判断する。

(イ)　水素の濃度を減らす方向すなわち右（アンモニアを生成する方向）に移動する。

(ロ)　ヘリウムガスを加えると圧力が高くなる。すると，圧力を一定に保つためには体積を大きくする必要がある。この結果，各成分の濃度が減少することになる。この影響を緩和するには，アンモニアが分解し，分子数を増やす必要がある。したが

って，平衡は左に移動する。

(ハ)　体積が一定であるから，ヘリウムガスを加えても，各成分の濃度が変わらない。したがって，平衡は移動しない。

(ニ)　圧力を高くすると，分子数が減る方向，すなわちアンモニアを生成する方向に平衡が移動する。

なお，(イ)～(ニ)すべてについて温度は一定になっているので，その影響は除くことができる。

第 3 章
無機物質

・非金属元素の性質
・典型金属元素の性質
・遷移元素の性質
・無機物質と人間生活

46 鉄とその化合物，結晶格子

(2022 年度 [2] I)

必要があれば次の数値を用いよ。
原子量：H＝1.0，C＝12，N＝14，O＝16，Fe＝56
$\sqrt{2}=1.41$，$\sqrt{3}=1.73$，$\sqrt{5}=2.24$

I　次の文章を読み，問 1 ～問 5 に答えよ。

周期表の 8 族に属する鉄 Fe は，多くの岩石に酸化物や硫化物として含まれている。単体の鉄は光沢のある金属で，Fe^{2+} や Fe^{3+} のイオンになる。Fe^{2+} を含む水溶液に，$K_3[Fe(CN)_6]$ 水溶液を加えると [(ア)] の沈殿が生成する。また Fe^{3+} を含む水溶液に KSCN 水溶液を加えると [(イ)] の水溶液になる。

(i)鉄は湿った空気中で酸化され，酸化鉄(Ⅲ) Fe_2O_3 を含む赤さびが生じる。一方，強く熱したときには，四酸化三鉄 Fe_3O_4(黒さび)が生じる。また Cr や Ni などを添加して腐食を抑制した合金は [(ウ)] 鋼と呼ばれ，台所用品などに利用されている。

単体の鉄は磁鉄鉱(主成分 Fe_3O_4)や赤鉄鉱(主成分 Fe_2O_3)などの酸化物を多く含む鉄鉱石を，コークスから生じた一酸化炭素で還元して得る。反応を段階的に示すと反応式(1)～(3)となる。

$$3\,Fe_2O_3 + CO \longrightarrow 2\,Fe_3O_4 + CO_2 \qquad (1)$$

$$Fe_3O_4 + CO \longrightarrow 3\,FeO + CO_2 \qquad (2)$$

$$FeO + CO \longrightarrow Fe + CO_2 \qquad (3)$$

また反応式(1)～(3)をまとめると次の反応式になる。

$$Fe_2O_3 + \boxed{(a)}\ CO \longrightarrow \boxed{(b)}\ Fe + \boxed{(c)}\ CO_2 \qquad (4)$$

溶鉱炉の底で融解した状態で得られる鉄を銑鉄(せんてつ)と呼び，高温にした銑鉄を転炉に入れて酸素を吹き込み，炭素含有量を 2 ～0.02 % にしたものを鋼という。鋼は硬くて強いので，建築材料や鉄道のレールなどに利用される。(ii)レールの溶接には Al の粉末と Fe_2O_3 の反応である [(エ)] 反応が利用される。

問 1　[(ア)]，[(イ)] にあてはまる適切な色名を，次の(あ)～(く)から選び，記号で答えよ。また [(ウ)]，[(エ)] にあてはまる適切な語句を答えよ。

(あ)　淡緑色	(い)　緑白色	(う)　黒色
(え)　濃青色	(お)　黄褐色	(か)　淡黄色
(き)　血赤色	(く)　灰白色	

問 2　下線部(i)について，Fe_2O_3は酸化物イオンO^{2-}が六方最密構造(図2(a))と同じ配置をとり，その一部の隙間に鉄イオンが存在する。また，Fe_3O_4，FeOでは酸化物イオンは面心立方格子(図2(b))と同じ配置をとっている。六方最密構造および面心立方格子の単位格子に含まれる酸化物イオンの数をそれぞれ答えよ。なお図2(a)の単位格子は図の1/3である。

問 3　Fe_3O_4はスピネル構造と呼ばれる複雑な結晶構造をとる。そのなかで酸化物イオンは面心立方格子と同じ配置を取り，鉄イオンは酸化物イオンが正八面体を形成する隙間(図2(c)(オ)の●の場所)と，正四面体を形成する隙間(図2(c)(カ)の●の場所)を占有する。鉄イオンはそれぞれの隙間の中心に位置するとして，(オ)，(カ)の鉄イオンの中心と最も近い酸化物イオンの中心との間の距離をそれぞれ有効数字2桁で答えよ。図2(c)の酸化物イオンの面心立方格子の1辺の長さを0.42 nmとする。

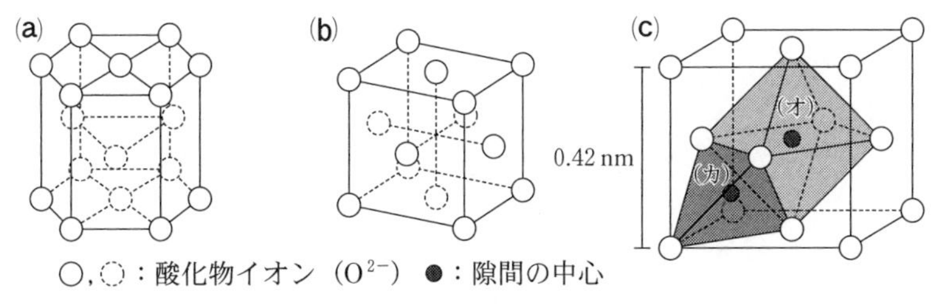

図2　結晶構造の模式図

問 4　反応式(4)について次の(1)，(2)に答えよ。

(1)　係数 (a) ～ (c) を答えよ。

(2)　100 kgのFe_2O_3から何kgのFeが得られ，何kgのCO_2が排出されるか，有効数字2桁で答えよ。

問 5　下線部(ii)について，この反応の熱化学方程式を記せ。ただし，Al_2O_3の生成熱は 1676 kJ/mol，Fe_2O_3 の生成熱は 824 kJ/mol とする。反応熱は整数で答えよ。

解　答

問1　(ア)―(え)　(イ)―(き)　(ウ)ステンレス　(エ)テルミット

問2　六方最密構造の単位格子：2個
面心立方格子の単位格子：4個

問3　(オ) 0.21 nm　(カ) 0.18 nm

問4　(1) (a) 3　(b) 2　(c) 3
(2) Fe：7.0×10kg　CO_2：8.3×10kg

問5　2Al (固)＋Fe_2O_3 (固)＝Al_2O_3 (固)＋2Fe (固)＋852 kJ

ポイント

問2は，六方最密構造の単位格子に注意する。問3は，与えられた図をよく観察すれば，(オ)の鉄イオンは面心立方格子の中心，(カ)の鉄イオンは正四面体 $\left(\text{または，面心立方格子の }\frac{1}{4}\text{ の小立方体}\right)$ の中心であることがわかる。

解　説

問1　(ア)　鉄(Ⅱ)イオン Fe^{2+} を含む水溶液にヘキサシアニド鉄(Ⅲ)酸カリウム $K_3[Fe(CN)_6]$ 水溶液を加えると，濃青色の沈殿（ターンブルブルー）が生じる。

(イ)　鉄(Ⅲ)イオン Fe^{3+} を含む水溶液にチオシアン酸カリウム KSCN 水溶液を加えると，血赤色の水溶液になる。

(ウ)　鉄 Fe にクロム Cr，ニッケル Ni などを混ぜてつくった合金はステンレス鋼とよばれ，さびにくい。

(エ)　Al の粉末と Fe_2O_3 の混合物（テルミットという）に点火すると，多量の熱を発生して，鉄の酸化物が還元され，融解した鉄の単体が得られる。この反応をテルミット反応という。

問2　図2(a)の正六角柱で考えると，各頂点にある12個の酸化物イオンはそれぞれ正六角柱に $\frac{1}{6}$ 個ずつ，上下の面の中心にある2個の酸化物イオンは，それぞれ正六角柱に $\frac{1}{2}$ 個ずつ，正六角柱の内部の酸化物イオンは3個分含まれる。六方最密構造の単位格子は，正六角柱の六方最密構造の $\frac{1}{3}$ であるから，六方最密構造の単位格子に含まれる酸化物イオンの数は

$$\left(\frac{1}{6}\times 12+\frac{1}{2}\times 2+3\right)\times\frac{1}{3}=2\text{ 個}$$

面心立方格子中には，各頂点にある8個の酸化物イオンはそれぞれ単位格子に$\frac{1}{8}$個ずつ，各面の中心にある6個の酸化物イオンはそれぞれ単位格子に$\frac{1}{2}$個ずつ含まれる。したがって，面心立方格子の単位格子に含まれる酸化物イオンの数は

$$\frac{1}{8}\times8+\frac{1}{2}\times6=4\text{ 個}$$

問3 (オ)の鉄イオンは面心立方格子の中心に存在するから，(オ)の鉄イオンの中心と最も近い酸化物イオンの中心との間の距離x〔nm〕は，この面心立方格子の1辺の半分の長さになる。したがって

$$x=\frac{0.42}{2}=0.21\text{〔nm〕}$$

(カ)の●を含む1辺0.21nmの小立方体について，●は○のつくる隙間の中心，すなわち小立方体の中心に位置しているから，●と○の距離y〔nm〕は小立方体の対角線の長さの$\frac{1}{2}$で

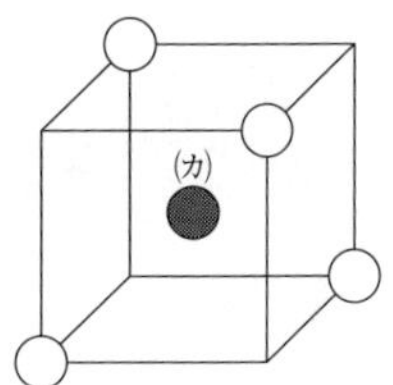

$$y=0.21\times\sqrt{3}\times\frac{1}{2}=0.181\fallingdotseq0.18\text{〔nm〕}$$

問4 (1) 与えられている反応式

$3Fe_2O_3+CO \longrightarrow 2Fe_3O_4+CO_2$ ……(1)

$Fe_3O_4+CO \longrightarrow 3FeO+CO_2$ ……(2)

$FeO+CO \longrightarrow Fe+CO_2$ ……(3)

について，((1)式＋(2)式×2＋(3)式×6)×$\frac{1}{3}$を求めると

$Fe_2O_3+3CO \longrightarrow 2Fe+3CO_2$ ……(4)

別解 与えられている反応式(4)

$Fe_2O_3+(a)CO \longrightarrow (b)Fe+(c)CO_2$

において，まずFe原子の数に着目すると　(b)＝2

次に，O原子の数に着目すると　3＋(a)＝2(c)

C原子の数に着目すると　(a)＝(c)

したがって，(a)＝3，(b)＝2，(c)＝3である。

(2) Fe_2O_3のモル質量は160g/molであるから，Fe_2O_3 100kgの物質量は$\frac{100\times10^3}{160}$〔mol〕である。

反応式(4)の係数の比がFe_2O_3：Fe＝1：2で，Feのモル質量は56g/molであるから，生じるFeの質量は

$$\frac{100\times10^3}{160}\times2\times56=7.0\times10^4\,[\mathrm{g}]=7.0\times10\,[\mathrm{kg}]$$

また，反応式(4)の係数の比が $Fe_2O_3 : CO_2=1:3$ で，CO_2 のモル質量は 44 g/mol であるから，生じる CO_2 の質量は

$$\frac{100\times10^3}{160}\times3\times44=8.25\times10^4\,[\mathrm{g}]=8.25\times10\,[\mathrm{kg}]$$

$$\fallingdotseq 8.3\times10\,[\mathrm{kg}]$$

問5　Al_2O_3 の生成熱が 1676 kJ/mol であるから

$$2\mathrm{Al}\,(固)+\frac{3}{2}\mathrm{O_2}\,(気)=\mathrm{Al_2O_3}\,(固)+1676\,\mathrm{kJ}\quad\cdots\cdots①$$

Fe_2O_3 の生成熱が 824 kJ/mol であるから

$$2\mathrm{Fe}\,(固)+\frac{3}{2}\mathrm{O_2}\,(気)=\mathrm{Fe_2O_3}\,(固)+824\,\mathrm{kJ}\quad\cdots\cdots②$$

求める熱化学方程式を

$$2\mathrm{Al}\,(固)+\mathrm{Fe_2O_3}\,(固)=\mathrm{Al_2O_3}\,(固)+2\mathrm{Fe}\,(固)+Q\,\mathrm{kJ}$$

とおく。①式－②式より

$$2\mathrm{Al}\,(固)+\mathrm{Fe_2O_3}\,(固)=\mathrm{Al_2O_3}\,(固)+2\mathrm{Fe}\,(固)+852\,\mathrm{kJ}$$

47 ハロゲン

(2022年度 [2] II)

II 次の文章を読み，問1～問7に答えよ。

分子量71の塩素の単体は，工業的には塩化ナトリウム水溶液の電気分解で製造される。この製法において塩素は [(キ)] で生じる。[(キ)] と [(ク)] 膜で仕切られた [(ケ)] では，単体**A**が生じて化合物**B**の水溶液が得られる。分子量160の臭素の単体は，工業的には臭化物イオンを含んだ水溶液を原料として製造される。原料から臭素を単体として取り出すために，(iii)他のハロゲンの単体などが酸化剤として用いられる。分子量254のヨウ素の単体は，ヨウ素酸イオン IO_3^- を含む鉱石か，ヨウ化物イオンを含んだ水溶液から製造される。

過塩素酸は，(iv)七酸化二塩素と水の反応により生じる塩素のオキソ酸であり，その分子量は100.5である。純粋な過塩素酸の固体が分子結晶であるのに対して，過塩素酸一水和物と通常呼ばれている物質は，(v)陽イオンと陰イオンからなるイオン結晶であり，過塩素酸オキソニウムと呼ぶほうが実際の構造をよく表している。

問1 地球上で自然界に存在する臭素原子には平均して何個の中性子が含まれるか。周期表の臭素の位置と上の文章から推定し，原子1個あたりの平均値を整数で答えよ。

問2 空欄(キ)～(ケ)に当てはまる語として適切な組み合わせを(け)～(し)から選び，記号で答えよ。

	(キ)	(ク)	(ケ)
(け)	陽　極	陽イオン交換	陰　極
(こ)	陽　極	陰イオン交換	陰　極
(さ)	陰　極	陽イオン交換	陽　極
(し)	陰　極	陰イオン交換	陽　極

問 3　単体 **A** と化合物 **B** の化学式を答えよ。

問 4　臭素の工業的製法で用いられる，下線部(iii)のハロゲンの単体を分子式で答えよ。

問 5　下線部(iv)の化学反応式を答えよ。

問 6　下線部(v)の各イオンのイオン式を答えよ。

問 7　硫酸酸性水溶液中でヨウ素酸イオン IO_3^- からヨウ化物イオン I^- が生成する反応を，電子 e^- を含むイオン反応式で示せ。

解　答

問1　45個

問2　(け)

問3　単体A：H_2　化合物B：NaOH

問4　Cl_2

問5　$Cl_2O_7 + H_2O \longrightarrow 2HClO_4$

問6　陽イオン：H_3O^+　陰イオン：ClO_4^-

問7　$IO_3^- + 6H^+ + 6e^- \longrightarrow I^- + 3H_2O$

ポイント

問4では，フッ素は水と激しく反応するから，不適である。問6の過塩素酸一水和物はあまり見慣れない物質であるが，問題文に「過塩素酸オキソニウム」とあるから解答できる。

解　説

問1　臭素原子Brは周期表の第4周期の17族に位置するから，原子番号は35である。また，臭素分子Br_2の分子量が160であるから，臭素原子Brの原子量は80である。原子量は原子の相対質量の平均値であるから，臭素原子の平均質量数は80になる。

したがって，臭素原子1個に含まれる中性子の数の平均値は

$80-35=45$個

問2・問3　塩化ナトリウムNaCl水溶液を電気分解すると，陽極で塩素Cl_2が発生し，陰極で水素H_2（単体A）が発生し水酸化ナトリウムNaOH（化合物B）が得られる。生成したNaOHとCl_2の間で反応が起こるのを防ぐために陽イオン交換膜で仕切る。

問4　ハロゲンの酸化力は，原子番号が小さいほど強くなる。酸化力が最も強いフッ素は，水とも激しく反応するから，不適である。臭化物イオンを含んだ水溶液に塩素Cl_2を作用させると臭素Br_2が遊離する。

$2Br^- + Cl_2 \longrightarrow 2Cl^- + Br_2$

問5　酸性酸化物が水と反応するとオキソ酸が生じる。七酸化二塩素Cl_2O_7と水H_2Oを反応させると，塩素Clの酸化数が+7の過塩素酸$HClO_4$が生じる。

$Cl_2O_7 + H_2O \longrightarrow 2HClO_4$

問6　同一元素のオキソ酸では，中心原子に結合する酸素原子の数が多いほど酸性が強くなる。過塩素酸一水和物$HClO_4 \cdot H_2O$はオキソニウムイオンH_3O^+と過塩素酸イオンClO_4^-からなるイオン結晶である。

問7　イオン反応式（半反応式）は次の順序で書く。

①反応物の IO_3^- を左辺に，生成物 I^- を右辺に書く。

②左辺の酸素原子Oは3個なので，右辺に $3H_2O$ を加える。

③右辺の水素原子Hは6個なので，左辺に $6H^+$ を加える。

④電荷の総数は，左辺は+5，右辺は−1なので，左辺に $6e^-$ を加える。

$$IO_3^- + 6H^+ + 6e^- \longrightarrow I^- + 3H_2O$$

このとき e^- の数は，IO_3^- のIの酸化数+5と I^- のIの酸化数−1の差と一致する。

48 典型金属元素，鉛蓄電池，pH，溶解度積

（2021 年度 2 II）

必要があれば，次の数値を用いよ。

原子量：H＝1.0，O＝16，Ca＝40

$\log_{10}2=0.30$，$\log_{10}3=0.48$，$\log_{10}4=0.60$，$\log_{10}5=0.70$，$\log_{10}6=0.78$，$\log_{10}7=0.85$，$\log_{10}8=0.90$，$\log_{10}9=0.95$

II　典型金属元素には，人間生活と密接に関係するものが多い。典型金属元素に関する以下の問 1 ～問 5 に答えよ。

問 1　地球上の同位体の存在比は各元素でほぼ一定であるが，厳密には若干のばらつきがある。そのため元素の原子量にも若干のばらつきがある。

^{6}Li の相対質量を 6.02，^{7}Li の相対質量を 7.02 として，リチウムの原子量が 6.94 から 7.00 までの幅をもつとき，^{7}Li の存在比は何％から何％の幅を持つか。有効数字 2 桁で答えよ。ただし ^{6}Li と ^{7}Li 以外のリチウムの同位体の存在比を 0 ％ とする。

問 2　ナトリウム塩とカリウム塩の化学的性質はよく似ているので，用途によっては一方で他方を代替できる。例えば脂肪酸のカリウム塩には油汚れを落とす作用があり，脂肪酸のナトリウム塩と同様に，洗剤として用いられる。また，食肉製品の発色剤として硝酸カリウムの代わりに硝酸ナトリウムを用いてもよい。

しかし，カリウム塩にはナトリウム塩で代替できない重要な用途があり，工業的に製造されるカリウム塩の大半はこの用途のために用いられる。この重要な用途が何かを答えよ。

問 3　リチウムイオン電池や鉛蓄電池のように，充電可能な化学電池を二次電池という。ノートパソコンや自動車のバッテリーは，化学電池を直列につないで，起電力の整数倍の電圧で放電できるようにしたものである。鉛蓄電池に関する以下の(1)，(2)に答えよ。

(1)　鉛蓄電池の全体の反応を化学反応式で表せ。

（2） 鉛蓄電池の起電力はおよそ何Vか。以下から最も近いものを選んで数値で答えよ。

2V　　4V　　6V　　8V　　10V

問4 2族元素に関する次の文章を読み，以下の（1）～（3）に答えよ。

水酸化カルシウム $Ca(OH)_2$ の飽和水溶液は石灰水と呼ばれ，強い塩基性を示す。この水溶液中で $Ca(OH)_2$ はほぼ完全に電離しているので，その溶解度からpHを計算できる。一方，水酸化マグネシウム $Mg(OH)_2$ はほとんど水に溶けないので，飽和水溶液であってもその塩基性は弱い。一般に，難溶性の強電解質の飽和水溶液の濃度は，その化合物の溶解度積から計算できる。

（1） 水100gに $Ca(OH)_2$ は0.15gまで溶ける。$Ca(OH)_2$ 飽和水溶液のモル濃度〔mol/L〕を有効数字2桁で答えよ。ただし水溶液の密度を1.00g/mLとする。

（2） $Ca(OH)_2$ 飽和水溶液のpHを計算して小数第1位まで答えよ。ただし $Ca(OH)_2$ の電離度を1.00とする。

（3） $Mg(OH)_2$ 飽和水溶液のpHを計算して小数第1位まで答えよ。ただし $Mg(OH)_2$ の溶解度積を $K_{sp} = 1.5 \times 10^{-11}(\mathrm{mol/L})^3$ とし，電離度を1.00とする。

問5 以下の記述（か）～（さ）のうち，誤りを含むものを3つ選び，記号で記せ。

（か） アルミニウムの単体はアルミナの電気分解により製造される。アルミナの融点は高いので，工業的にはこれを加熱融解した氷晶石に溶かして溶融塩電解（融解塩電解）する。

（き） ジュラルミンは亜鉛を主成分とする合金であり，密度が小さく強度が大きいため，航空機の機体材料などに用いられる。

（く） 水銀の化合物にはアセチレンの付加反応を触媒するものがある。日本ではかつて，このような水銀化合物が工業的に触媒として用いられていた。

(け)　スズは古くから利用されてきた金属元素のひとつで，青銅，ブリキなどに用いられる。

(こ)　セッケンのコロイドは，コロイド粒子が負電荷を帯びた疎水コロイドである。そのため硬水(Ca^{2+} や Mg^{2+} を多く含む水)の中ではコロイド粒子が沈殿し，洗浄力が低下する。

(さ)　負極活物質にアルカリ金属の単体，正極活物質にマンガンの酸化物を用いた電池をアルカリマンガン乾電池という。

解　答

問1　92％～98％

問2　肥料

問3　(1) $Pb+PbO_2+2H_2SO_4 \underset{充電}{\overset{放電}{\rightleftarrows}} 2PbSO_4+2H_2O$　(2) 2V

問4　(1) 2.0×10^{-2} mol/L　(2) 12.6　(3) 10.5

問5　(き)・(こ)・(さ)

ポイント

問2では，カリウム塩の用途を知っているかどうかが問題である。問4のpHを求める問題では，(2)の場合は電離度を用いて，(3)の場合は溶解度積を用いて，それぞれ水酸化物イオン濃度を求めてから計算する。

解　説

問1　原子量が6.94のときの^{7}Liの存在比をx〔％〕とすると

$$6.02\times\frac{100-x}{100}+7.02\times\frac{x}{100}=6.94 \quad より \quad x=92〔\%〕$$

原子量が7.00のときの^{7}Liの存在比をy〔％〕とすると

$$6.02\times\frac{100-y}{100}+7.02\times\frac{y}{100}=7.00 \quad より \quad y=98〔\%〕$$

問2　肥料の三要素は，窒素N，リンP，カリウムKであり，植物の生育に必要な元素である。カリ肥料として，塩化カリウムKClや硫酸カリウムK_2SO_4などが用いられ，デンプンやタンパク質の合成に必要であり，果実の肥大化を促す。

問3　鉛蓄電池は，負極活物質に鉛Pb，正極活物質に酸化鉛(Ⅳ) PbO_2，電解液に希硫酸H_2SO_4を用いる。鉛蓄電池の起電力は約2.0Vである。

負極：$Pb+SO_4^{2-} \longrightarrow PbSO_4+2e^-$

正極：$PbO_2+4H^++SO_4^{2-}+2e^- \longrightarrow PbSO_4+2H_2O$

全体の反応：$Pb+PbO_2+2H_2SO_4 \rightleftarrows 2PbSO_4+2H_2O$

問4　(1)　$Ca(OH)_2$の式量が74であるから

$$\frac{\dfrac{0.15}{74}}{\dfrac{(100+0.15)\times1.00}{1000}}=0.0202\fallingdotseq2.0\times10^{-2}〔mol/L〕$$

(2)　$Ca(OH)_2 \longrightarrow Ca^{2+}+2OH^-$

$Ca(OH)_2$の電離度が1.00であるから，水酸化物イオン濃度［OH^-］は，(1)のモル濃度より

$[OH^-]=2\times 2.0\times 10^{-2}\times 1.00=4.0\times 10^{-2}$〔mol/L〕

$pOH=-\log_{10}(4.0\times 10^{-2})=2-\log_{10}4.0=1.4$

∴ $pH=14-1.4=12.6$

(3) $Mg(OH)_2 \rightleftarrows Mg^{2+}+2OH^-$

Mg^{2+} のモル濃度を x〔mol/L〕とすると，$Mg(OH)_2$ の溶解度積は

$K_{sp}=[Mg^{2+}][OH^-]^2=x\times(2x)^2=4x^3=1.5\times 10^{-11}$〔$(mol/L)^3$〕

∴ $x=\sqrt[3]{\dfrac{1.5\times 10^{-11}}{4}}$

$[OH^-]=2x=2\times\sqrt[3]{\dfrac{1.5\times 10^{-11}}{4}}=\sqrt[3]{3.0\times 10^{-11}}$〔mol/L〕

$pOH=-\log_{10}(3.0\times 10^{-11})^{\frac{1}{3}}=-\dfrac{1}{3}\log_{10}(3.0\times 10^{-11})$

$=\dfrac{11}{3}-\dfrac{1}{3}\log_{10}3.0=3.50$

∴ $pH=14-3.50=10.5$

問5 (き) 誤文。ジュラルミンはアルミニウムを主成分とする合金である。

(こ) 誤文。セッケンは親水コロイドのミセルとして存在し，硬水中で使用すると水に不溶性の塩をつくるため，洗浄力を失う。

(さ) 誤文。負極活物質に亜鉛，正極活物質に酸化マンガン(Ⅳ)を用いたマンガン乾電池の電解液に水酸化カリウム水溶液を用いたものが，アルカリマンガン乾電池である。

49 マンガン・クロムとその化合物，酸化・還元

（2020年度[2]Ⅱ）

Ⅱ　次の文章を読み，問1～問8に答えよ。

マンガンは周期表第7族に属する元素であり，化合物中では[A]，[B]，＋2の酸化数をとることが多い。過マンガン酸カリウム $KMnO_4$ は酸化数[A]の代表的な化合物で，その水溶液は[(あ)]色をしている。アルカリマンガン乾電池の活物質として用いられる[(い)]色の[(う)]は水に不溶の固体で，酸化数[B]の代表的なマンガン化合物である。[(う)]は，塩酸から塩素 Cl_2 を発生させる場合は酸化剤としてはたらき，過酸化水素水から酸素 O_2 を発生させる場合は[(え)]としてはたらく。

クロムは周期表第6族に属する元素であり，マンガンと同様に化合物中で高い酸化数をとりうる元素である。酸化数[C]をとる化合物として，クロム酸カリウム K_2CrO_4 が知られている。この化合物の水溶液を酸性にすると，水溶液の色は黄色から橙赤色に変化する。これは<u>水素イオンとクロム酸イオンが反応して二クロム酸イオン $Cr_2O_7{}^{2-}$ が生成する</u>(i)ためである。硫酸酸性溶液中では<u>二クロム酸イオンは酸化剤としてはたらき，クロム(Ⅲ)イオン Cr^{3+} が生成する</u>(ii)。

クロムのイオン化傾向は亜鉛と同程度であり，鉄よりも大きい。それにも関わらず，クロムの単体は鉄よりも錆びにくい。これは<u>金属の表面に緻密な酸化被膜が自然に形成される</u>(iii)からである。また，<u>鋼</u>(iv)にクロムとニッケルなどを添加した[(お)]鋼と呼ばれる合金が錆びにくいのは，クロムのこの性質による。

問1　[A]～[C]にあてはまる適切な酸化数を答えよ。

問2　[(あ)]と[(い)]にあてはまる適切な色名を答えよ。

問 3　[(う)] にあてはまる化合物を化学式で答えよ。

問 4　[(え)] にあてはまる最も適切な語句を答えよ。

問 5　マンガン(II)イオン Mn^{2+} においてM殻に入っている電子の数を答えよ。ただしマンガン(II)イオン Mn^{2+} のM殻より外側の電子殻には，電子は入っていない。

問 6　以下の(1)，(2)に答えよ。

(1)　下線部(i)をイオン反応式で表せ。

(2)　下線部(ii)を電子 e^- を含むイオン反応式で表せ。

問 7　アルミニウムのイオン化傾向が大きいにも関わらず，我々の身の回りにあるアルミニウム製品の耐食性が高いのは，下線部(iii)と同様な被膜を人工的につけているからである。このようなアルミニウム製品を何というか答えよ。

問 8　以下の(1)，(2)に答えよ。

(1)　下線部(iv)は，ある少量の非金属元素が鉄 Fe に添加された合金である。この非金属元素の元素記号を答えよ。

(2)　[(お)] にあてはまる最も適切な語句を答えよ。

解　答

問1　A．+7　B．+4　C．+6

問2　(あ)赤紫　(い)黒

問3　MnO_2

問4　触媒

問5　13

問6　(1)$2CrO_4^{2-}+2H^+ \longrightarrow Cr_2O_7^{2-}+H_2O$

(2)$Cr_2O_7^{2-}+14H^++6e^- \longrightarrow 2Cr^{3+}+7H_2O$

問7　アルマイト

問8　(1)C　(2)ステンレス

ポイント

マンガン・クロムとその化合物の基本的な問題であり，確実に得点したい。問5のマンガンの原子番号は，周期表の第4周期の7族に属することから考えられる。

解　説

問1～問4　マンガン Mn は酸化数+7，+4，+2 などの化合物をつくる。Mn 原子の酸化数が+7 の過マンガン酸カリウム $KMnO_4$ は，水に溶けて赤紫色の過マンガン酸イオン MnO_4^- を生じる。Mn 原子の酸化数が+4 の酸化マンガン(Ⅳ) MnO_2 は黒色の粉末で，酸化剤として乾電池に使われるほか，過酸化水素水から酸素を発生させる反応などの触媒に用いられる。

クロム Cr は酸化数+3，+6 の化合物をつくる。クロム酸カリウム K_2CrO_4 中の Cr 原子の酸化数は+6 である。

問5　マンガンは周期表の第4周期の7族に属するから，原子番号は 25 である。したがって，マンガン(Ⅱ)イオン Mn^{2+} は電子を 23 個もち，M殻より外側の電子殻には電子が入っていないから，Mn^{2+} の電子配置はK殻2個，L殻8個，M殻 13 個になる。

問6　(1)　クロム酸イオン CrO_4^{2-}（黄色）を含む水溶液を酸性にすると，二クロム酸イオン $Cr_2O_7^{2-}$（橙赤色）を生じる。

$$2CrO_4^{2-}+2H^+ \longrightarrow Cr_2O_7^{2-}+H_2O$$

(2)　二クロム酸イオン $Cr_2O_7^{2-}$ は，硫酸で酸性にした水溶液中では強い酸化作用を示し，Cr^{3+} を生じる。

$$Cr_2O_7^{2-}+14H^++6e^- \longrightarrow 2Cr^{3+}+7H_2O$$

問7　アルミニウムは空気中では，表面に酸化アルミニウムの緻密な被膜を生じ，内部を保護する。アルミニウムの表面に人工的に厚い酸化被膜をつけた製品をアルマイトという。

問8 (1) 銑鉄に酸素を吹き込み，炭素Cを2～0.02％に減らしたものが鋼である。

(2) 鉄にクロムやニッケルを混ぜてさびにくくした合金を，ステンレス鋼という。

50 希ガス，アンモニア，オストワルト法，イオン結晶

（2019 年度 2 Ⅰ）

必要があれば次の数値を用いよ。
原子量：H＝1.0，C＝12.0，N＝14.0，O＝16.0
$\sqrt{2}=1.41$，$\sqrt{3}=1.73$，$\sqrt{5}=2.24$

Ⅰ　次の文章を読み，問 1 ～問 6 に答えよ。

地球の大気の主成分は O_2 と N_2 であり，両者の体積分率の和は約 99 % である。残りの約 1 % は Ar 等の希ガスおよび CO_2 などである。大気中の酸素のほとんどは O_2 であるが，地表から 20～40 km 上空には酸素の同素体のひとつであるオゾンを多く含む層があり，太陽からの有害な紫外線を吸収する役目を果たしている。

N_2 はハーバー・ボッシュ法によって NH_3 へと変換される。NH_3 は HNO_3 や NH_4Cl などに変換され，さまざまな有益な物質を製造するための原料として用いられている。

問 1　希ガスに関する以下の（あ）～（か）の記述のうち，誤りを含むものをすべて選び，記号で答えよ。

（あ）　イオンになりにくい。
（い）　他の原子とほとんど結合せず，単原子分子として存在する。
（う）　最外殻の電子の数は 8 個である。
（え）　沸点は極めて低く，いずれもほぼ同じ温度である。
（お）　常温・常圧で，無色，無臭の気体である。
（か）　工業的な用途はほとんどない。

問 2　水で湿らせたヨウ化カリウムデンプン紙が青～青紫色に変化することにより，オゾンを検出することができる。次の（1），（2）に答えよ。ただし，生成物のデンプンとの反応は考慮しなくてよい。

（1） この反応を化学反応式で記せ。

（2） この反応において酸化される原子を，元素記号で答えよ。

問 3 NH_3 は O_2 や N_2 と比べて水に対する溶解度が大きく，ある種の化学結合または分子間力の存在が，そのことに関わっている。以下の(き)～(し)の事象のうち，その化学結合または分子間力が特に深く関わっているものを 2 つ選び，記号で答えよ。なお，NH_3 は水中で大部分が NH_3 分子として存在する。

（き） 単体の Na は水と反応して NaOH を生じる。

（く） NH_3 は HCl と反応して NH_4Cl を生じる。

（け） ショ糖は水によく溶ける。

（こ） ナイロン繊維は高い強度を示す。

（さ） エタン C_2H_6 はエチレン C_2H_4 よりも沸点が高い。

（し） H_2 は He よりも沸点が高い。

問 4 HNO_3 は NH_3 を原料として以下の①～③の工程からなるオストワルト法によって製造されている。

① 白金を触媒として NH_3 を酸化し，NO をつくる。

② NO を空気中で酸化して，NO_2 とする。

③ NO_2 を H_2O と反応させて，HNO_3 がつくられる。

次の(1)，(2)に答えよ。

（1） 工程①の化学反応式を記せ。

（2） ①～③の工程によって 50 g の HNO_3 を得るために必要な NH_3 の質量〔g〕を，有効数字 2 桁で答えよ。ただし，各工程で得られた目的生成物以外の生成物の回収・再利用は行わないものとする。

問 5 O_2，N_2，NH_3 および NO_2 のそれぞれを濃硫酸あるいは生石灰を用いて乾燥したい。乾燥剤の組合せとして正しいものを表 1 の(す)～(つ)から一つ選び，記号で答えよ。

表1

	O_2	N_2	NH_3	NO_2
(す)	どちらでもよい	生石灰のみ	濃硫酸のみ	生石灰のみ
(せ)	生石灰のみ	どちらでもよい	生石灰のみ	濃硫酸のみ
(そ)	どちらでもよい	濃硫酸のみ	生石灰のみ	濃硫酸のみ
(た)	濃硫酸のみ	どちらでもよい	濃硫酸のみ	生石灰のみ
(ち)	どちらでもよい	どちらでもよい	生石灰のみ	濃硫酸のみ
(つ)	どちらでもよい	どちらでもよい	濃硫酸のみ	生石灰のみ

問6　固体の NH_4Cl はアンモニウムイオン NH_4^+ と塩化物イオン Cl^- からなるイオン結晶である。NH_4^+ が球体であると仮定すると，常温・常圧では，図1のような構造をとることが知られている。この構造において，単位格子の一辺の長さは0.387 nmであり，NH_4^+ は Cl^- がつくる立方格子の体心に位置する。次の(1)～(3)に答えよ。

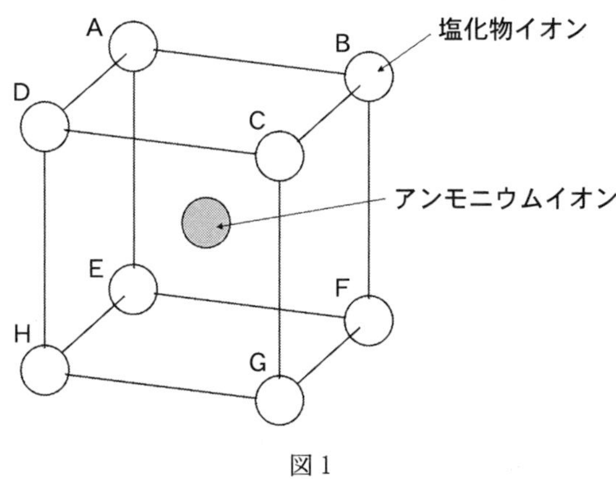

図1

(1)　NH_4Cl 結晶において，Cl^- に対して最近接している NH_4^+ の数を答えよ。

(2)　NH_4Cl と同じ結晶構造をとる CsCl の単位格子の一辺の長さは

0.412 nm で，セシウムイオン Cs^+ のイオン半径は 0.174 nm である。球体と仮定した NH_4^+ の半径〔nm〕を有効数字 3 桁で答えよ。ただし，どちらの結晶においても陽イオンと陰イオンは接触しているものとする。

（3） ここまで球体であると仮定していた NH_4^+ は，実際にはメタンと同様に，水素原子が形成する正四面体の中心に窒素原子が位置する構造をとっている。NH_4Cl 結晶中では，NH_4^+ のある一つの水素原子は，立方格子の体心に位置する窒素原子と図中の A～H の Cl^- のいずれか一つを端点とする線分上に存在しており，他の 3 つの水素原子も同様の配置をとる。図中の A がそのような線分の端点となっている場合，同様の端点となる他の 3 つの Cl^- を図中の記号 B～H で答えよ。

解 答

問1 (う)・(え)・(か)

問2 (1) $2KI+O_3+H_2O \longrightarrow I_2+2KOH+O_2$ (2) I

問3 (け)・(こ)

問4 (1) $4NH_3+5O_2 \longrightarrow 4NO+6H_2O$ (2) 2.0×10 g

問5 (ち)

問6 (1) 8個 (2) 1.52×10^{-1} nm (3)―C・F・H

ポイント

問4では，目的生成物以外の生成物の回収・再利用は行わないものとする，とあることに注意したい。問6は立方体の一辺とイオンの半径の関係から計算する必要がある。

解 説

問1 (あ) 正文。希ガスの電子配置は極めて安定で，イオンになりにくい。

(い) 正文。希ガスの原子はほかの原子と結びつきにくく，単原子分子として存在している。

(う) 誤文。He原子の最外殻電子の数は2個である。

(え) 誤文。原子量が増加すると分子間力が大きくなり，沸点は高くなる。

(お) 正文。単体は，無色・無臭の気体として空気中にわずかに存在する。

(か) 誤文。Heは気球や冷却剤，Neはネオンサインなどに使われている。

問2 オゾンとヨウ化物イオンの各変化は次のとおり。

$O_3+H_2O+2e^- \longrightarrow O_2+2OH^-$ ……(i)

$2I^- \longrightarrow I_2+2e^-$ ……(ii)

(i)+(ii)より　$2I^-+O_3+H_2O \longrightarrow I_2+2OH^-+O_2$

$2K^+$を両辺に加えて整理すると

$2KI+O_3+H_2O \longrightarrow I_2+2KOH+O_2$

この反応において，I原子の酸化数は $-1\rightarrow0$ と増加し，酸化される。

問3 アンモニア分子は強い極性をもち，水分子との間に水素結合が生じて水和され，水に溶けやすい。ショ糖分子は親水基のヒドロキシ基をもち，水和されて水に溶けやすい。ナイロンは，多数のアミド結合 −CO−NH− でつながった合成繊維で，そのアミド結合の部分において分子間に多くの水素結合が形成されており，強度や耐久性に優れる。

問4 硝酸 HNO_3 はアンモニア NH_3 を原料としてつくる。

工程①：$4NH_3+5O_2 \longrightarrow 4NO+6H_2O$

工程②：$2NO+O_2 \longrightarrow 2NO_2$

工程③：$3NO_2 + H_2O \longrightarrow 2HNO_3 + NO$

各工程で得られた目的生成物以外の生成物の回収・再利用は行わないものとすると，アンモニア3molから硝酸2molが生成するから，50gのHNO_3を得るために必要なNH_3の質量は

$$\frac{50}{63.0}\times\frac{3}{2}\times 17.0 = 20.2 \fallingdotseq 2.0\times 10\,〔\mathrm{g}〕$$

問5 酸性の気体（NO_2）には塩基性の乾燥剤を，塩基性の気体（NH_3）には酸性の乾燥剤を用いてはならないが，中性の気体（O_2，N_2）には，どの乾燥剤を用いてもよい。

問6 (1) 立方体の中心にCl^-が存在すると，各頂点にNH_4^+が存在するから，Cl^-に対して最近接しているNH_4^+の数は8個である。

(2) CsClの立方格子の対角線の長さは，セシウムイオンCs^+と塩化物イオンCl^-の半径の和の2倍になる。Cl^-の半径をx〔nm〕とすると

$$\sqrt{3}\times 0.412 = 2\times(0.174 + x)$$

$$\therefore\quad x = 0.1823\,〔\mathrm{nm}〕$$

図1のAGの長さは，アンモニウムイオンNH_4^+と塩化物イオンCl^-の半径の和の2倍になる。NH_4^+の半径をy〔nm〕とすると

$$\sqrt{3}\times 0.387 = 2\times(0.1823 + y)$$

$$\therefore\quad y = 0.1524 \fallingdotseq 1.52\times 10^{-1}\,〔\mathrm{nm}〕$$

(3) 水素原子は立方体の各面の対角にある頂点に存在するから，図1のA，C，F，Hに存在する。

51 鉄の製法，二酸化炭素，めっき

(2017 年度 2 I)

必要があれば次の数値を用いよ。
原子量：H＝1.0，C＝12.0，O＝16.0，S＝32，Fe＝56，Cu＝64
ファラデー定数：9.65×10^4C/mol

I　次の文章を読み，問1～問6に答えよ。

鉄Feは資源量が豊富な金属元素であり，わたしたちに身近な日用製品から巨大な建築物にいたるまで幅広く利用されている。鉄は高炉(溶鉱炉)で酸化鉄(Ⅲ)を還元してつくられ(i)，板や棒などさまざまな形状に加工されて用いられる。一方，鉄は湿った空気中で容易に酸化され，さびる(腐食)。そのため，鉄を利用する際には，鉄が腐食しないようにいろいろな工夫が施されている。その一つに，電気分解を利用して表面にめっきを施す「電気めっき」がある。

今，鉄の表面に銅Cuを電気めっきすることを考えよう。Fe板を陰極，Cu板を陽極に用い，硫酸H_2SO_4と硫酸銅(Ⅱ)$CuSO_4$の混合水溶液(めっき水溶液)※(ii)の電気分解を行うと，Fe板の表面にCuの薄膜が形成される(iii)。これにより，イオン化傾向の大きな鉄の表面がイオン化傾向の小さな銅で覆われ，鉄の腐食を防ぐことができる。

※銅を電気めっきする際には，H_2SO_4で酸性にした$CuSO_4$水溶液を用いることが多い。

問1　下線部(i)の鉄の製錬においては，主としてコークスが燃焼して生じた一酸化炭素によって酸化鉄(Ⅲ)が還元され，鉄がつくられる。この還元反応の化学反応式を記せ。

問2　近年の日本では，1年間におよそ1億トン(1×10^{11} kg)の鉄が生産される。ある年，酸化鉄(Ⅲ)が一酸化炭素によって全て還元され，1.12×10^{11} kgの鉄が日本でつくられたと仮定するとき，鉄の製錬によって1年間に排出される二酸化炭素の質量〔億トン〕を有効数字2桁で答えよ。ただし，二酸化炭素を発生する反応としては，一酸化炭素による酸化鉄(Ⅲ)の還元のみを考慮せよ。

問 3 コークスを用いた酸化鉄(Ⅲ)の還元は多量の二酸化炭素を排出するため，コークスとは異なる還元剤を用いた酸化鉄(Ⅲ)の還元法が研究されている。水素 H_2 を用いて酸化鉄(Ⅲ)を Fe に還元する「水素還元」について，化学反応式を記せ。

問 4 次の化学反応に関する記述(ア)～(エ)のうち，二酸化炭素が生成するものを全て選び，記号で記せ。ただし，記述に直接関係しない事柄(例えば，電気エネルギーが必要な場合，発電に伴って生じる二酸化炭素の生成など)は，全て無視せよ。

(ア) 炭酸水素ナトリウムの熱分解によって，炭酸ナトリウムをつくる。

(イ) 炭素電極を用いた酸化アルミニウムの溶融塩電解(融解塩電解)によって，工業的にアルミニウムをつくる。

(ウ) 銅の電解精錬によって，粗銅から純度の高い銅をつくる。

(エ) オストワルト法によって，硝酸をつくる。

問 5 下線部(ii)について，めっき水溶液をつくるために，質量パーセント濃度 50.0 %，密度 1.40 g/cm^3 の H_2SO_4 水溶液(以下，H_2SO_4 原液とよぶ)を用いた。1.0 mol/L の H_2SO_4 水溶液 1.0 L をつくるために必要な H_2SO_4 原液の体積〔mL〕を有効数字 2 桁で答えよ。

問 6 下線部(iii)の電気分解において，それぞれ幅 4.00 cm の Fe 板と Cu 板をめっき水溶液に 10.0 cm 浸漬し，200 秒電気めっきを行った。その際，めっき速度を制御するために，電流値は図 1 のように変化させた。Fe 板および Cu 板の表面のみが水溶液に露出するようにし，裏面は全て電気絶縁性のコーティングを施した。この電気めっきにより，Cu めっき層は幅 4.00 cm × 長さ 10.0 cm の領域に均一に析出した。次の(1)，(2)に答えよ。

（1）電気めっきにより析出した Cu の質量〔g〕を有効数字2桁で答えよ。なお，通じた電流のすべてが Cu の析出に使われたものと考えよ。

（2）Fe 板に析出した Cu めっき層の厚さ〔mm〕を有効数字2桁で答えよ。なお，析出した Cu の密度は 9.0 g/cm^3 とし，電極の厚さは無視せよ。

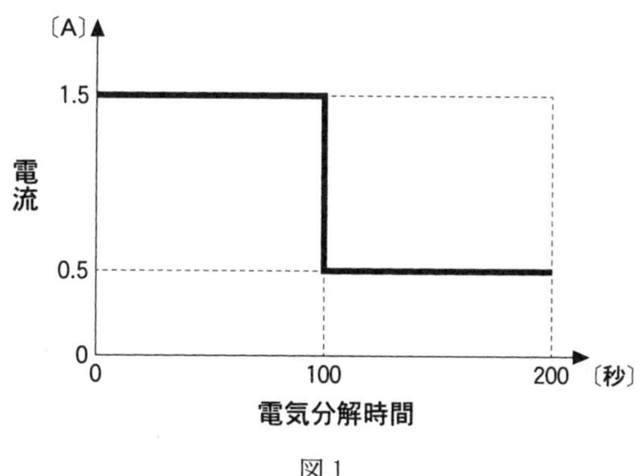

図1

解 答

問1 $Fe_2O_3 + 3CO \longrightarrow 2Fe + 3CO_2$

問2 1.3億トン

問3 $Fe_2O_3 + 3H_2 \longrightarrow 2Fe + 3H_2O$

問4 (ア)・(イ)

問5 1.4×10^2 mL

問6 (1)6.6×10^{-2} g (2)1.8×10^{-3} mm

ポイント

問6(1)では，図1のように電流値が変化したことに注意する。また，(2)では，(Cuめっき層の質量)＝(析出したCuの質量) である。

解 説

問2 鉄Feを2molつくるとき二酸化炭素CO_2は3mol排出される。1年間に排出される二酸化炭素の質量をx億トンとすると

$$\frac{1.12}{56} : \frac{x}{44.0} = 2 : 3$$

∴ $x = 1.32 \fallingdotseq 1.3$億トン

問4 (ア)〜(エ)の化学反応式は次のようになる。

(ア) $2NaHCO_3 \longrightarrow Na_2CO_3 + H_2O + CO_2$

(イ) 陰極：$Al^{3+} + 3e^- \longrightarrow Al$

陽極：$2O^{2-} + C \longrightarrow CO_2 + 4e^-$

(ウ) 陰極：$Cu^{2+} + 2e^- \longrightarrow Cu$

陽極：$Cu \longrightarrow Cu^{2+} + 2e^-$

(エ) $4NH_3 + 5O_2 \longrightarrow 4NO + 6H_2O$

$2NO + O_2 \longrightarrow 2NO_2$

$3NO_2 + H_2O \longrightarrow 2HNO_3 + NO$

問5 H_2SO_4原液の体積をx〔mL〕とすると

$$\frac{x \times 1.40 \times \frac{50.0}{100}}{98} = 1.0 \times 1.0$$

∴ $x = 1.4 \times 10^2$〔mL〕

問6 (1) 図1より，0秒から100秒の間に流れた電流は1.5Aで，100秒から200秒の間に流れた電流は0.5Aであるから，200秒間に流れた電気量は

$1.5 \times 100 + 0.5 \times 100 = 200$〔C〕

Fe板（陰極）では，$Cu^{2+} + 2e^- \longrightarrow Cu$より，電子2molでCuが1mol析出する

から

$$\frac{200}{9.65\times10^{4}}\times\frac{64}{2}=6.63\times10^{-2}\fallingdotseq6.6\times10^{-2}\text{〔g〕}$$

(2)　Cuめっき層の厚さをx〔mm〕とすると

$$4.00\times10.0\times\frac{x}{10}\times9.0=6.63\times10^{-2}$$

∴　$x=1.84\times10^{-3}=1.8\times10^{-3}$〔mm〕

52 アルミニウム，溶融塩電解

（2016年度 [2] I）

必要があれば次の数値を用いよ。
原子量：C＝12.0，O＝16.0，Al＝27.0

I アルミニウムは，地殻中に酸素や [(あ)] の次に多く存在する元素で，銀白色で軟らかく展性・延性に富み，電気・熱の伝導性に優れた軽金属である。アルミニウム単体を得る方法として電気分解が用いられるが，アルミニウムはイオン化傾向の大きい金属であるため，Al^{3+} を含む水溶液を電気分解しても，陰極では溶媒である水の還元により [(い)] が発生するだけでアルミニウムの単体を得ることはできない。そこで単体のアルミニウムを得るには高温での溶融塩電解（融解塩電解）を用いる。初めに，<u>原料となる [(う)] （主成分 $Al_2O_3 \cdot nH_2O$）を水酸化ナトリウム水溶液で処理してアルミニウムを含む化合物を得る</u>(i)。得られた化合物に多量の水を加え，加水分解することで水酸化アルミニウムを得たのち，水酸化アルミニウムを加熱処理することで純粋な酸化アルミニウムを得る。<u>この酸化アルミニウムに氷晶石を混ぜ，炭素電極を用いて約 1000 ℃ で溶融塩電解することで単体のアルミニウムを得る</u>(ii)。

<u>アルミニウム粉末と酸化鉄（Ⅲ）の粉末を混合して点火すると，激しく反応して融解した鉄と酸化アルミニウムを生じる</u>(iii)。この反応は [(え)] 反応と呼ばれ，鉄の単体の遊離や，鉄道のレールの溶接などに利用される。

問 1 [(あ)] ～ [(え)] にあてはまる適切な語句を記せ。

問 2 下線部(i)について，Al_2O_3 が水酸化ナトリウム水溶液に溶けて反応する化学反応式を記せ。

問 3 水酸化アルミニウムの性質について正しく述べているものを以下の（ア）～（オ）から一つ選び記号で記せ。

（ア） 水やアルコールには溶けないが，酸および強塩基に溶ける。少量のアンモニア水には溶けないが，過剰のアンモニア水を入れると，その水溶液は無色の溶液になる。

（イ）　複塩であり，ミョウバンとも呼ばれている。水によく溶ける。

（ウ）　過剰の水酸化ナトリウム水溶液を加えると，溶けて無色の水溶液になる。この水溶液に塩酸を加えていくと，白色沈殿が生じたのち，無色の水溶液になる。

（エ）　水に溶解し，水酸化ナトリウム水溶液を加えると青白色沈殿を生じる。

（オ）　アンモニア水を過剰に加えると無色の水溶液になるが，水酸化ナトリウム水溶液を加えると暗褐色沈殿を生じる。

問 4　下線部(ii)について，炭素陽極では電極材料の炭素と酸化物イオンが反応して CO および CO_2 が生成し，炭素陰極では Al^{3+} が還元されてアルミニウムが生成する。

炭素陽極：$C + O^{2-} \rightarrow CO + 2e^-$

$C + 2O^{2-} \rightarrow CO_2 + 4e^-$

炭素陰極：$Al^{3+} + 3e^- \rightarrow Al$

216 g のアルミニウムが得られたとき，炭素陽極で CO と CO_2 が 2 ： 5 の物質量の比で生成した。消費された炭素陽極の質量〔g〕を有効数字 2 桁で答えよ。

問 5　下線部(iii)の化学反応式を記せ。また，この反応により酸化アルミニウムが 1 mol 生じるときの生成熱 Q〔kJ/mol〕を有効数字 3 桁で求めよ。なお，アルミニウムが酸化アルミニウムに，鉄が酸化鉄(Ⅲ)になるときの燃焼熱はそれぞれ 838 kJ/mol，412 kJ/mol とする。

問 6　酸化アルミニウムの酸素原子は図 1 に示すように六角柱状の六方最密構造を形成し，その一部の隙間にアルミニウム原子が入っている。以下の (1)～(3) について答えよ。

(1)　図 1 の六角柱内における酸素原子の数はいくつか，答えよ。

(2)　組成式を考慮すると図 1 の六角柱内のアルミニウム原子の数はいく

つあると考えられるか，答えよ。

（3）　酸化アルミニウムの密度 d〔g/cm^3〕を，六角柱の底面積 S〔cm^2〕，高さ b〔cm〕，アボガドロ定数 N_A〔/mol〕を用いてあらわせ。

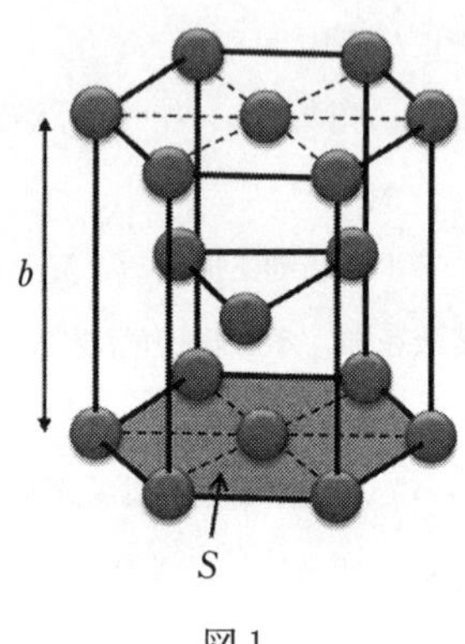

図 1

解　答

問1　(あ)ケイ素　(い)水素　(う)ボーキサイト　(え)テルミット

問2　$Al_2O_3 + 2NaOH + 3H_2O \longrightarrow 2Na[Al(OH)_4]$

問3　(ウ)

問4　84 g

問5　化学反応式：$2Al + Fe_2O_3 \longrightarrow Al_2O_3 + 2Fe$

生成熱：852 kJ/mol

問6　(1) 6　(2) 4　(3) $\dfrac{204}{bSN_A}$〔g/cm³〕

ポイント

アルミニウムの溶融塩電解（融解塩電解）をしっかりと理解しておこう。アルミニウムは，酸とも塩基とも反応する両性金属である。問4では両極を流れた電子の物質量が等しいことに，問6では酸化アルミニウムの酸素原子のみが六方最密構造を形成していることに，それぞれ着目しよう。

解　説

問1　(あ)　アルミニウムは地殻中に酸素，ケイ素に次いで多く存在する元素である。

(い)　水の還元による陰極での反応は　$2H_2O + 2e^- \longrightarrow H_2 + 2OH^-$

(え)　アルミニウムの粉末と酸化鉄(Ⅲ)の粉末を混合して点火すると，激しく反応して融解した鉄を生じる反応をテルミット反応という。

問2　酸化アルミニウムは両性酸化物である。

問3　水酸化アルミニウムは水に溶けにくいが，酸にも強塩基にも溶ける両性水酸化物である。アンモニア水には溶けない。ミョウバンはビス（硫酸）アルミニウムカリウム十二水和物 $AlK(SO_4)_2 \cdot 12H_2O$ のことである。

問4　陰極：$Al^{3+} + 3e^- \longrightarrow Al$

216 g のアルミニウムが得られたとき，陰極に流れた電子の物質量は

$$\frac{216}{27.0} \times 3 = 24.0\text{〔mol〕}$$

陽極：$C + O^{2-} \longrightarrow CO + 2e^-$

$C + 2O^{2-} \longrightarrow CO_2 + 4e^-$

陽極で生成する CO を x mol，CO_2 を y mol とすると，陽極に流れた電子の物質量は

$$2x + 4y = 24.0\text{〔mol〕} \quad \cdots\cdots①$$

陽極で CO と CO_2 が 2：5 の物質量比で生成するから

$$x : y = 2 : 5 \quad \cdots\cdots②$$

①，②より

$x=2,\ y=5$

であるから，COが2mol，CO_2が5mol生成する。したがって，陽極では炭素を7 mol消費する。

$7\times12.0=84.0$〔g〕

問5 アルミニウムおよび鉄の燃焼熱はそれぞれ次のように表される。

$$\mathrm{Al}+\frac{3}{4}\mathrm{O_2}=\frac{1}{2}\mathrm{Al_2O_3}+838\,\mathrm{kJ} \quad \cdots\cdots①$$

$$\mathrm{Fe}+\frac{3}{4}\mathrm{O_2}=\frac{1}{2}\mathrm{Fe_2O_3}+412\,\mathrm{kJ} \quad \cdots\cdots②$$

①×2−②×2より

$$\mathrm{2Al}+\mathrm{Fe_2O_3}=\mathrm{Al_2O_3}+\mathrm{2Fe}+852\,\mathrm{kJ}$$

問6 (1) 六角柱内に含まれる酸素原子の数は，各頂点に$\frac{1}{6}$個，上下の面の中心にそれぞれ$\frac{1}{2}$個，中間部に合計3個であるから

$$\frac{1}{6}\times12+\frac{1}{2}\times2+3=6\text{ 個}$$

(2) 六角柱内の酸素原子の数が6個であり，酸化アルミニウムの組成式がAl_2O_3であるから，六角柱内のアルミニウム原子の数は4個になる。

(3) (2)より，六角柱内に酸化アルミニウムAl_2O_3が2個存在しているのに相当するから

$$\text{密度}=\frac{\text{質量〔g〕}}{\text{体積〔cm}^3\text{〕}}=\frac{\dfrac{102.0}{N_\mathrm{A}}\times2}{S\times b}=\frac{204}{bSN_\mathrm{A}}\text{〔g/cm}^3\text{〕}$$

53 11族元素の性質，結晶格子

(2015年度 2 I)

必要があれば次の数値を用いよ。
原子量：Cu＝64，Au＝197
アボガドロ定数：6.02×10^{23}/mol

I　11族元素の単体に関する次の文章を読み，問1～問6に答えよ。

11族元素である金Au，銀Agおよび銅Cuは，いずれも工業的に広く用いられる重要な金属元素である。これらは同族元素であるものの，化学的性質に違いが見られる。たとえば，これらの金属元素の単体を熱濃硫酸に入れると，Agおよび Cuは溶けるのに対し(i)，Auは溶けない。一方，それらの金属を湿った空気中に保持すると，Cuの表面には緑青が生じるのに対し，AuやAgは目立った変化を示さない。しかし，湿った空気中に硫化水素H_2Sが存在すると，Agも表面に黒色の［(あ)］を生成する。Auは化学的安定性が極めて高いが，酸化力の非常に強い王水(ii)には溶ける。

三種類の金属の化学的性質は上述のように異なるものの，類似した特徴も多い。例えば，いずれの金属も室温で面心立方格子(iii)の結晶構造をもち，それぞれの金属原子がよく混ざり合った合金をつくる(iv)。また，いずれの金属も比較的柔らかく，電気をよく通し，熱をよく伝える。特に［(い)］は金属の中で最も展性・延性に富み，［(う)］は金属の中で電気や熱を最もよく通す。

問1　下線部(i)について，Cuが熱濃硫酸に溶けるときの化学反応式を記せ。

問2　［(あ)］に入る適切な化学式を記せ。

問3　下線部(ii)について，王水は2つの酸の混合物である。その2つの酸の組み合わせを次の(ア)～(ウ)から選び，記号で答えよ。また，王水はそれらの酸を何対何の体積比で混合した溶液か答えよ。なお，体積比の解答順序は，選択した記号にある酸の順序に対応させよ。

(ア) 濃硫酸と濃塩酸

(イ) 濃塩酸と濃硝酸

(ウ) 濃硝酸と濃硫酸

問 4 下線部(iii)について，面心立方格子の単位格子中に含まれるAgの質量が 7.20×10^{-22} g であるとき，Ag原子1個の質量〔g〕を有効数字3桁で答えよ。また，Agの原子量を有効数字3桁で答えよ。

問 5 下線部(iv)の性質を利用し，AuとAgやCuを混ぜ合わせた合金が様々な分野で利用されている。例えば，質量百分率が75％のAuと25％のCuからなる合金は，一般的に「18金」とよばれている。この18金に含まれるAu原子の原子数百分率〔%〕(全原子数に占めるAu原子数の割合〔%〕)を有効数字2桁で答えよ。

問 6 [(い)] および [(う)] に入る適切な元素を，元素記号で記せ。

解　答

問１　$Cu + 2H_2SO_4 \longrightarrow CuSO_4 + 2H_2O + SO_2$

問２　Ag_2S

問３　記号；(イ)　体積比；３：１

問４　質量；1.80×10^{-22} g　原子量；108

問５　49％

問６　(い) Au　(う) Ag

ポイント
問１は，熱濃硫酸の酸化剤としての反応に関する問題である。問３は王水の組成比に注意しよう。問４は，面心立方格子に含まれる原子数から原子１個の質量を求める。問５は，含まれている Au と Cu のそれぞれの物質量から，Au 原子の原子数百分率を求める。

解　説

問１　銅は酸化力の強い熱濃硫酸と反応し，二酸化硫黄 SO_2 が発生する。熱濃硫酸は酸化剤として次のように反応する。　$H_2SO_4 + 2H^+ + 2e^- \longrightarrow SO_2 + 2H_2O$

問２　銀は硫化水素とは容易に反応して，黒色の硫化銀 Ag_2S を生じる。

問３　王水は濃塩酸と濃硝酸の体積比３：１の混合物である。

問４　面心立方格子の単位格子中に含まれる原子数は４個であるから，Ag 原子１個の質量は次のようになる。

$$\frac{7.20 \times 10^{-22}}{4} = 1.80 \times 10^{-22}\text{〔g〕}$$

また，粒子 1 mol（6.02×10^{23}/mol）あたりの質量がモル質量で，原子量に〔g/mol〕をつけた量で表すから，Ag の原子量は次のようになる。

$$1.80 \times 10^{-22} \times 6.02 \times 10^{23} = 108.3 \fallingdotseq 108$$

問５　18 金の質量を a〔g〕とすると，含まれている Au と Cu のそれぞれの質量は $\frac{75}{100} \times a$〔g〕，$\frac{25}{100} \times a$〔g〕になる。したがって，Au と Cu の物質量はそれぞれ $\dfrac{\frac{75a}{100}}{197}$〔mol〕，$\dfrac{\frac{25a}{100}}{64}$〔mol〕になるから，Au 原子の原子数百分率は次のようになる。

$$\frac{\dfrac{75a}{100 \times 197}}{\dfrac{75a}{100 \times 197} + \dfrac{25a}{100 \times 64}} \times 100 = 49.3 \fallingdotseq 49\text{〔％〕}$$

問６　金は展性・延性が金属中最大で，厚さ 10^{-4} mm まで薄く延ばすことができる。銀は電気や熱伝導率が金属中最大である。

54 リンとリン酸の製法，化学結合

(2013年度 2 I)

必要があれば次の数値を用いよ。
原子量：H＝1.0，C＝12.0，N＝14.0，O＝16.0，P＝31.0，Ca＝40.0

I 次の文章を読み，問1～問4に答えよ。

リンは，植物の生育に欠かせない必須元素である。しかし，土壌で不足しがちな元素で，作物を効率的に育てるために特に土壌に補給する必要があり［ (ア) ］，［ (イ) ］と合わせて肥料の三要素と呼ばれている。

リンの単体には黄リンと赤リンがよく知られており，これらは［ (ウ) ］と呼ばれる。原子には，陽子の数は同じでも質量数の異なる原子が存在するものがあり，これらを互いに［ (エ) ］と呼ぶ。自然界には質量数31のリンしか存在せず，［ (エ) ］は存在しない。

単体のリンの工業的な製造法として，(i)リン鉱石にケイ砂(SiO_2)とコークス(C)を混合して1500℃程度に加熱する方法がある。(ii)得られた単体のリンを空気中で燃焼させると十酸化四リン(五酸化二リン)になり，さらに水を加えて加熱するとリン酸(H_3PO_4)が得られる。

リンの水素化物(PH_3)の沸点は，およそ−88℃である。PH_3およびリンと同族の窒素およびヒ素の水素化物(それぞれ，NH_3，AsH_3)を，沸点の低い順に並べると，PH_3，AsH_3，NH_3となる。一般に，構造が似た分子では，分子量が小さいほど分子間に働く［ (オ) ］力が弱くなるので沸点は低くなる。しかし，PH_3，AsH_3，NH_3の沸点は，分子量から予想される序列と異なる。NH_3中のN—H結合を形成している共有電子対はN原子に強く引きつけられており，N原子はいくらか負の電荷を，H原子は正の電荷を帯びている。異なる原子が結合するときに，原子が電子を引きつける強さを数値化したものを［ (カ) ］と呼ぶ。NH_3のようにN—H結合の電荷の偏りが大きい場合，隣接する分子の間で［ (キ) ］を形成する。そのため，分子量から予想されるよりも沸点は著しく高くなる。

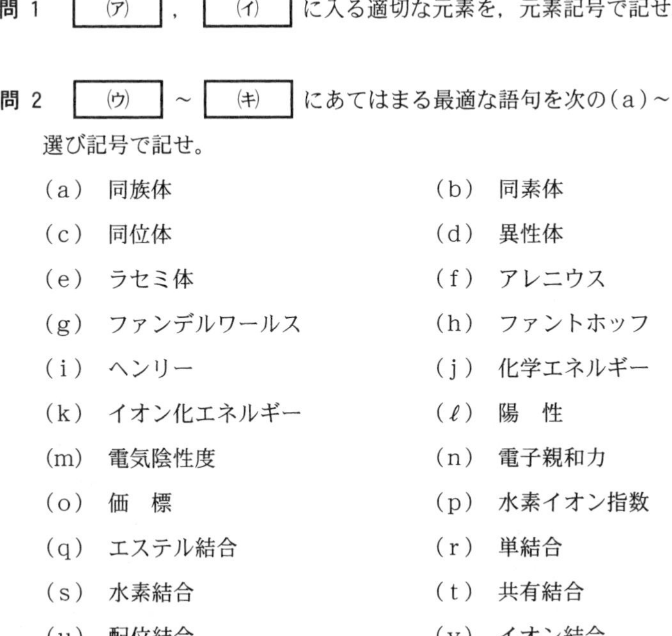

問 1　［(ア)］，［(イ)］に入る適切な元素を，元素記号で記せ。

問 2　［(ウ)］～［(キ)］にあてはまる最適な語句を次の（a）～（v）から選び記号で記せ。

（a）	同族体	（b）	同素体
（c）	同位体	（d）	異性体
（e）	ラセミ体	（f）	アレニウス
（g）	ファンデルワールス	（h）	ファントホッフ
（i）	ヘンリー	（j）	化学エネルギー
（k）	イオン化エネルギー	（ℓ）	陽　性
（m）	電気陰性度	（n）	電子親和力
（o）	価　標	（p）	水素イオン指数
（q）	エステル結合	（r）	単結合
（s）	水素結合	（t）	共有結合
（u）	配位結合	（v）	イオン結合

問 3　下線部(i)について，リン鉱石に含まれるリン化合物は $Ca_{10}(PO_4)_6F_2$ のみであり，この反応は以下に示す式(1)のように，単体のリンと共にケイ酸カルシウム（$CaSiO_3$），フッ化カルシウム（CaF_2），一酸化炭素（CO）が生成する。式(1)の［(ク)］～［(ス)］に係数を入れて化学反応式を完成させよ。また，反応前と反応後の P 原子の酸化数を記せ。

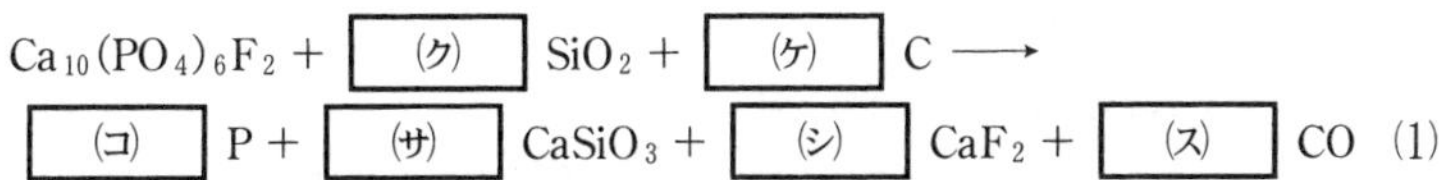

$Ca_{10}(PO_4)_6F_2$ ＋ ［(ク)］ SiO_2 ＋ ［(ケ)］ C ⟶
［(コ)］ P ＋ ［(サ)］ $CaSiO_3$ ＋ ［(シ)］ CaF_2 ＋ ［(ス)］ CO　(1)

問 4　下線部(i)および(ii)の方法でリン鉱石からリン酸を製造するとき，10.0 kg のリン鉱石から製造されるリン酸の質量〔g〕を，有効数字 2 桁で答えよ。ただし，リン鉱石には質量の 15 % の $Ca_{10}(PO_4)_6F_2$ が含まれており，また $Ca_{10}(PO_4)_6F_2$ の式量は 1008 である。

解 答

問1 ㋐N ㋑K（順不同）

問2 ㋒—(b) ㋓—(c) ㋔—(g) ㋕—(m) ㋖—(s)

問3 ㋗9 ㋘15 ㋙6 ㋚9 ㋛1 ㋜15

反応前：+5 反応後：0

問4 8.8×10^2 g

ポイント

問1は，肥料の三要素についての問題である。問3は化学反応式を完成させる問題であるが，$Ca_{10}(PO_4)_6F_2$ の係数が1であることから，ほかの係数を順に決定する。問4は，リンを含む物質の係数に着目し，製造されるリン酸の質量を求める。

解 説

問1 植物肥料の三要素は，窒素，リン，カリウムである。

問2 ㋒ 黄リンと赤リンはともにリンの単体であるが，性質が異なる。このような単体の関係を同素体という。

㋓ 原子番号が同じであっても中性子数が異なる，つまり質量数が異なる原子の関係を同位体という。

㋕ 化学結合における電荷の偏りは，原子間での電子を引きつける強さの違いで生じる。その強さを電気陰性度という。

㋖ H原子と電気陰性度の大きいF，O，N原子の結合は，極性が大きく，それを使って分子間や官能基間で強い静電気的な引力を生じる。このような結合を水素結合という。

問3 左辺と右辺で原子数が等しくなるように，順に係数を決める。

F原子の数を合わせると ㋛＝1

P原子の数を合わせると ㋙＝6

Ca原子の数を合わせると ㋚＝10－㋛＝9

Si原子の数を合わせると ㋗＝㋚＝9

O原子の数を合わせると ㋜＝4×6＋㋗×2－㋚×3＝24＋9×2－9×3＝15

C原子の数を合わせると ㋘＝㋜＝15

左辺のP原子の酸化数を x とすると，PO_4^{3-} より

$$x + (-2) \times 4 = -3 \qquad \therefore \quad x = +5$$

右辺のPは単体であるから，酸化数は0である。

問4 リン鉱石10.0kg中の $Ca_{10}(PO_4)_6F_2$（式量1008）の物質量は

$$10.0 \times 10^3 \times \frac{15}{100} \times \frac{1}{1008} \text{〔mol〕}$$

式(1)により，この化合物 1mol からリン P は 6mol 生じる。また，下線部(ii)の反応は

$$4P + 5O_2 \longrightarrow P_4O_{10}$$

$$P_4O_{10} + 6H_2O \longrightarrow 4H_3PO_4$$

したがって，リン P 6mol からリン酸 H_3PO_4（分子量 98.0）が 6mol 得られる。よって，製造されるリン酸の質量は次のように求められる。

$$10.0 \times 10^3 \times \frac{15}{100} \times \frac{1}{1008} \times 6 \times 98.0 = 875 \fallingdotseq 8.8 \times 10^2〔\mathrm{g}〕$$

55 アルカリ土類金属，溶解度積

（2013年度 2 Ⅱ）

必要があれば次の数値を用いよ。

原子量：H＝1.0，C＝12.0，N＝14.0，O＝16.0，Ca＝40.0

$\sqrt{2}=1.41$，$\sqrt{3}=1.73$，$\sqrt{5}=2.24$，$\sqrt{7}=2.65$，$\sqrt{11}=3.32$，$\sqrt{13}=3.61$

Ⅱ　次の文章を読み，問1～問6に答えよ。

2族元素のうちCa，Sr，Ba，Raを［(あ)］といい，これらは互いに良く似た性質を示す。(i)BeとMgは，［(あ)］と種々の性質が異なる。

［(あ)］の炭酸塩を強熱すると，二酸化炭素を生じて酸化物になる。例えば，炭酸カルシウムを強熱すると酸化カルシウムになる。(ii)酸化カルシウムは，コークス(C)と混合して強熱すると一酸化炭素と炭化カルシウム(カーバイド)になる。炭化カルシウムは，水と反応してアセチレンを生じるので，実験室でアセチレンを得たいときに用いられる。

［(あ)］の酸化物や塩化物は水と容易に反応するため，これらを使うと気体に含まれる微量の水分が除去できる。(iii)中でもカルシウムの化合物は安価なため，気体の乾燥剤として広く利用されている。

［(あ)］の硫酸塩はいずれも水に溶けにくい。特に硫酸バリウムは極めて水に溶けにくく，(iv)溶解平衡の状態にある硫酸バリウム水溶液中のバリウムイオン濃度は1.0×10^{-5} mol/L(25℃)である。1.0Lの水に0.010gの硫酸バリウムを加え飽和溶液を調製した。この溶液に，3.0×10^{-5} molの硫酸アンモニウムを加え，十分に時間が経過した後に，水溶液中のバリウムイオン濃度を25℃で測定したところ［(い)］mol/Lであった。

問1　［(あ)］にあてはまる適切な語句を書け。

問2　下線部(i)について，塩化マグネシウムまたは塩化カルシウムの水溶液をつけた白金線をガスバーナーの外炎に入れた時，それぞれの炎が呈する色を(a)～(e)から選び，記号で記せ。

（a）　赤　色　　（b）　橙赤色　　（c）　赤紫色
（d）　黄緑色　　（e）　炎に色はつかない

問 3　下線部(ii)の一連の反応によって，28 g の酸化カルシウムから得られるアセチレンの質量〔g〕を有効数字 2 桁で答えよ。

問 4　下線部(iii)について，次の（f）～（j）の中で，酸化カルシウムを乾燥剤として用いることが<u>できない</u>気体を選び，それぞれ記号で答えよ。ただし，答は一つとは限らない。

（f）　アンモニア　　（g）　二酸化炭素　　（h）　塩化水素
（i）　酸　素　　（j）　メタン

問 5　下線部(iv)について，硫酸バリウムの溶解度積を単位とともに有効数字 2 桁で答えよ。

問 6　［　(い)　］に入る値を有効数字 1 桁で答えよ。

解 答

問1 アルカリ土類金属

問2 塩化マグネシウム水溶液：(e) 塩化カルシウム水溶液：(b)

問3 13g

問4 (g)，(h)

問5 $1.0\times10^{-10}\,\mathrm{mol^2/L^2}$

問6 3×10^{-6}

ポイント

問3は，化合物の係数から求める。問5は，溶解度積 $K_{sp}=[Ba^{2+}][SO_4{}^{2-}]$ を用いる。問6では，新しい溶解平衡の状態に存在する硫酸イオン濃度 $[SO_4{}^{2-}]$ は，硫酸アンモニウムの量がそう多くないので $[SO_4{}^{2-}]\fallingdotseq$(硫酸アンモニウム濃度) と近似しないほうがよい。

解 説

問1 2族元素はBe，Mgとアルカリ土類金属（Ca，Sr，Ba，Ra）の2つのグループに分類される。

問2 マグネシウムは炎色反応を示さないが，カルシウムは橙赤色の炎色反応を示す。

問3 一連の反応は次のとおりである。

$$CaO+3C \longrightarrow CaC_2+CO$$

$$CaC_2+2H_2O \longrightarrow C_2H_2+Ca(OH)_2$$

酸化カルシウム CaO（式量56.0）1molからアセチレン C_2H_2（分子量26.0）1molが生じるから，得られるアセチレンの質量は

$$\frac{28}{56.0}\times26.0=13.0\fallingdotseq13\,[\mathrm{g}]$$

問4 酸化カルシウムは塩基性酸化物であるから，酸性の気体と反応する。よって，酸性の気体である二酸化炭素や塩化水素の乾燥には用いることができない。

問5 硫酸バリウム $BaSO_4$ は次の溶解平衡が成り立っている。

$$BaSO_4\,(固) \rightleftarrows Ba^{2+}+SO_4{}^{2-}$$

したがって

$$[SO_4{}^{2-}]=[Ba^{2+}]=1.0\times10^{-5}\,[\mathrm{mol/L}]$$

溶解度積を K_{sp} とすると

$$K_{sp}=[Ba^{2+}][SO_4{}^{2-}]=1.0\times10^{-5}\times1.0\times10^{-5}$$

$$=1.0\times10^{-10}\,[\mathrm{mol^2/L^2}]$$

問6 硫酸アンモニウム $(NH_4)_2SO_4$ は完全に電離して溶けるので，硫酸アンモニウム由来の硫酸イオン濃度は，溶液の体積がほぼ1.0Lであるから，3.0×10^{-5}

mol/L である。硫酸アンモニウムを加えたために

$BaSO_4$(固) ⇄ $Ba^{2+} + SO_4{}^{2-}$

の平衡が左に移動し，溶けていた $BaSO_4$ の一部が沈殿する。その溶解平衡の状態で［Ba^{2+}］$= x$〔mol/L〕であるとすると，［$SO_4{}^{2-}$］は硫酸バリウム由来と硫酸アンモニウム由来の合計になる。つまり，［$SO_4{}^{2-}$］$= (x + 3.0 \times 10^{-5})$〔mol/L〕である。よって

$$K_{sp} = x \times (x + 3.0 \times 10^{-5}) = 1.0 \times 10^{-10} \text{〔mol}^2/\text{L}^2\text{〕}$$

$$x^2 + 3.0 \times 10^{-5} x - 1.0 \times 10^{-10} = 0$$

$$\therefore \quad x = \frac{-3.0 \times 10^{-5} + \sqrt{(9.0 + 4.0) \times 10^{-10}}}{2} = \frac{(-3.0 + \sqrt{13}) \times 10^{-5}}{2}$$

$$= \frac{0.61}{2} \times 10^{-5} \fallingdotseq 3 \times 10^{-6} \text{〔mol/L〕}$$

〔注〕　硫酸アンモニウムの量がかなり多い場合，硫酸バリウムのほとんどが沈殿しており，［Ba^{2+}］$= x$〔mol/L〕，［$SO_4{}^{2-}$］≒（硫酸アンモニウム濃度）とおいて x を求めてもよいが，この問題では硫酸アンモニウムの量がそう多くないので，［$SO_4{}^{2-}$］$\fallingdotseq 3.0 \times 10^{-5}$〔mol/L〕と近似しないほうがよい。

56 硫酸の製法と性質，電離度・電離定数

(2012年度 [2] I)

必要があれば次の数値を用いよ。
原子量：H＝1.0，C＝12.0，O＝16.0，Na＝23.0，S＝32.1，Fe＝55.8

I 次の文章を読み，問1～問4に答えよ。

硫酸を合成するには，(1)<u>硫黄化合物あるいは硫黄を空気中で酸化して，二酸化硫黄をつくる</u>。つぎに，酸化バナジウムを触媒として，(2)<u>二酸化硫黄を空気中で酸化して</u>，その生成物から硫酸を得る。

問 1 下線部(1)の反応において，原料として黄鉄鉱 FeS_2 を用いたとき，生成物として酸化鉄(Ⅲ) Fe_2O_3 と二酸化硫黄が生じた。下線部(2)の反応においては気体の生成物が得られた。(1)および(2)の反応式を記せ。また，それぞれの反応で得られた生成物中の硫黄原子の酸化数を記せ。

問 2 下線部(1)の反応で，10 g の硫黄をすべて二酸化硫黄とし，これがすべて下線部(2)の反応で得られる気体の生成に消費された場合，下線部(2)の反応でどれだけの気体が生成するか。気体の質量〔g〕を有効数字2桁で答えよ。ただし，下線部(1)および(2)の反応で副生成物は生じないものとする。

問 3 つぎの(ア)～(ウ)に示す気体が発生する反応は，硫酸のどのような性質，作用を使った反応か。下の(a)～(i)から最も適切なものそれぞれ1つ選び記号で答えよ。

(ア) エタノールに濃硫酸を加えると，エチレンが発生する。
(イ) 銅に濃硫酸を加えて加熱すると，二酸化硫黄が発生する。
(ウ) 亜硫酸ナトリウムに希硫酸を加えると，二酸化硫黄が発生する。

(a) 強酸性	(b) 弱酸性	(c) 還元作用
(d) 酸化作用	(e) 脱水作用	(f) 吸湿性
(g) 潮解性	(h) 揮発性	(i) 不揮発性

問 4 25 ℃における 0.10 mol/L の希硫酸の水素イオン濃度は 0.11 mol/L で

ある。第一段階の電離がすべて進行すると仮定し，25 ℃ における第二段階の電離度 α および電離定数 K〔mol/L〕を有効数字 2 桁で求めよ。

解 答

問1 (1)反応式：$4FeS_2+11O_2 \longrightarrow 2Fe_2O_3+8SO_2$

酸化数：+4

(2)反応式：$2SO_2+O_2 \longrightarrow 2SO_3$

酸化数：+6

問2 2.5×10 g

問3 (ア)―(e) (イ)―(d) (ウ)―(a)

問4 α：0.10 K：1.2×10^{-2} mol/L

ポイント

問1～問3は基本的な問題である。問4は，第一段階の電離の式および第二段階の電離の式から $[H^+]=0.10+0.10\alpha=0.11$〔mol/L〕になり，第二段階の電離の式から $[HSO_4{}^-]=0.10(1-\alpha)$〔mol/L〕になる。

解 説

問1 (1) 黄鉄鉱 FeS_2 を燃焼させて，酸化鉄(Ⅲ) Fe_2O_3 と二酸化硫黄 SO_2 をつくる。FeS_2 の係数を1とすると

$$FeS_2+\frac{11}{4}O_2 \longrightarrow \frac{1}{2}Fe_2O_3+2\underset{+4}{\underline{S}}O_2$$

$$\therefore \quad 4FeS_2+11O_2 \longrightarrow 2Fe_2O_3+8SO_2$$

(2) 接触法における二酸化硫黄 SO_2 の酸化である。酸化バナジウム(V) V_2O_5 を触媒として空気中の酸素で酸化し，三酸化硫黄 SO_3 をつくる。

$$2SO_2+O_2 \longrightarrow 2\underset{+6}{\underline{S}}O_3$$

問2 $S+O_2 \longrightarrow SO_2$

硫黄S（原子量32.1）1mol から二酸化硫黄 SO_2 1mol が得られるから，S 10g から得られる SO_2 は $\frac{10}{32.1}$ mol であり，これがすべて SO_3（分子量80.1）に変化する。問1より，二酸化硫黄 SO_2 1mol から三酸化硫黄 SO_3 1mol が得られるから，その質量は

$$\frac{10}{32.1}\times80.1=24.9 \fallingdotseq 2.5\times10〔g〕$$

問3 (ア) 濃硫酸は有機化合物からHとOを2：1の割合で奪う脱水作用がある。

$$CH_3CH_2OH \longrightarrow CH_2{=}CH_2+H_2O$$

(イ) 熱濃硫酸は強い酸化作用をもち，銅などを溶かして SO_2 を発生する。

$$\underset{0}{\underline{Cu}} + 2H_2\underset{+6}{\underline{S}}O_4 \longrightarrow \underset{+2}{\underline{Cu}}SO_4 + \underset{+4}{\underline{S}}O_2 + 2H_2O$$

(ウ)　弱酸の塩に強酸を加えると弱酸が遊離する。

$$Na_2SO_3 + H_2SO_4 \longrightarrow Na_2SO_4 + H_2O + SO_2\uparrow$$

問4　硫酸の第一段階の電離は完全に進行する。

$$\begin{array}{lll} H_2SO_4 \longrightarrow & H^+ & + HSO_4^- \\ & 0.10 & \;\;0.10\ \text{[mol/L]} \end{array}$$

第二段階の電離の式は，電離度を α とすると

$$\begin{array}{llll} HSO_4^- & \rightleftarrows SO_4^{2-} + & H^+ & \\ 0.10(1-\alpha) & \quad 0.10\alpha & 0.10\alpha & \text{[mol/L]} \end{array}$$

これより

$$[H^+] = 0.10 + 0.10\alpha = 0.11\ \text{[mol/L]} \qquad \therefore\quad \alpha = 0.10$$

$$K = \frac{[SO_4^{2-}][H^+]}{[HSO_4^-]} = \frac{0.10\times0.10\times0.11}{0.10\times(1-0.10)} = 1.22\times10^{-2}$$

$$\fallingdotseq 1.2\times10^{-2}\ \text{[mol/L]}$$

57 元素の性質，酸化剤の反応式

(2011 年度 2 I)

I 以下の元素(a)〜(f)の説明文を読み，問1〜問6に答えよ。

元素(a)：英語名の語源はギリシャ語の「色」であり，その化合物は様々な色を呈する。酸化数＋3のイオンを含む水溶液は [(ア)] 色である。一方，酸化数＋6の状態の元素を含むオキソ酸の塩の水溶液は塩基性のときには黄色だが，酸性にすると赤燈色になる。(1)この赤燈色の溶液は強い酸化作用を示す。

元素(b)：英語名は pot (つぼ) と ash (灰) の合成語であり，この元素を多く含む草木灰をつぼに蓄えて，肥料に用いたことに由来する。炎色反応は赤紫色で，炭酸塩や水酸化物の固体粉末は [(イ)] 色である。この水酸化物には潮解性があり，その水溶液は電池の電解質として利用される。

元素(c)：単体は，熱や電気をよく通す比較的柔らかい金属で，貨幣や装飾品などに使用される。常温でも(2)硫化水素と反応して黒く変色する。この金属は塩酸には溶けないが，硝酸には溶ける。この金属の硝酸塩は，還元性を示す有機化合物やハロゲン化物イオンの検出にも使用される。

元素(d)：単体は金属であり，常温の水とはほとんど反応しないが(3)熱水とは反応する。また空気中では表面が徐々に酸化され光沢を失う。この金属は空気中で強い光を出して燃えるので，花火の材料として使用され，昔は写真を撮影するときに使用された。またこの金属の酸化物は融点が高く，耐火レンガ・るつぼなどの原料に使用される。

元素(e)：単体は主に北アメリカで産出する天然ガスから分離される。18 族の元素の一つで，沸点が極めて低く，極低温の冷媒として使用されている。また不燃性で [元素(g)] の単体に次いで軽いため，気球や飛行船などにも用いられる。

元素(f)：単体は柔らかく加工しやすいため，古代から人類が利用してきた。蓄電池の電極，管や板等にも用いられている。また［元素(h)］との合金は，はんだとして利用されていたが，毒性のために最近では元素(f)の利用が避けられている。なお，この元素は［元素(h)］と同様に＋２と＋４の酸化数の化合物を作る。

問１　下線部(1)に関連する次の反応の［(A)］と［(B)］のそれぞれに１つずつ化学式を入れて，反応式を完成させよ。

$$\boxed{\quad (A) \quad} + 14\,H^+ + 6\,e^- \rightarrow 2\,\boxed{\quad (B) \quad} + 7\,H_2O$$

問２　元素(b)～(h)をそれぞれ元素記号で記せ。

問３　上記文中の（ア）と（イ）にあてはまる語句を下の（あ）～（か）からそれぞれ１つ選んで，記号で記せ。

（あ）　赤　　（い）　黄　　（う）　白

（え）　黒　　（お）　青　　（か）　緑

問４　下線部(2)の化学反応で生じる黒色の生成物の化学式を記せ。

問５　下線部(3)の化学反応式を記せ。

問６　元素(f)の単体および化合物に関する次の記述（あ）～（え）の内から誤りを含むものをすべて選んで，記号で記せ。

（あ）　元素(f)の単体は，X線の遮へい材として用いられている。

（い）　元素(f)の硫酸塩は，水には溶けにくい白色の化合物である。

（う）　元素(f)の酸化物は，蓄電池の正極に用いられている。

（え）　元素(f)の硝酸塩は，水に溶けにくい。

解 答

問1 Ⓐ$Cr_2O_7^{2-}$ ⒷCr^{3+}

問2 (b)K (c) Ag (d) Mg (e) He (f) Pb (g)H (h) Sn

問3 (ア)―(か) (イ)―(う)

問4 Ag_2S

問5 $Mg+2H_2O \longrightarrow Mg(OH)_2+H_2$

問6 (え)

ポイント
各元素についての説明文には，教科書に記載されていない内容もあるが，そのほかの記述から容易に推定できる。

解 説

問1 元素(a)は，酸化数＋6のオキソ酸塩の水溶液の色の変化から，クロム Cr である。

$$2CrO_4^{2-} + 2H^+ \rightleftarrows Cr_2O_7^{2-} + H_2O$$

クロム酸イオン（黄）　　二クロム酸イオン（赤橙）

硫酸酸性条件下では強い酸化作用を示し，酸化数は＋6から＋3に減少する。

よって，酸化剤としてのイオン反応式は次のように表される。

$$Cr_2O_7^{2-} + 14H^+ + 6e^- \longrightarrow 2Cr^{3+} + 7H_2O$$

問2 元素(b) 炎色反応からカリウム K である。KOH は NaOH と同様に潮解性があり，燃料電池などの電解質に用いられている。

元素(c) 説明文から銀 Ag である。銀は電気と熱の良伝導性があり，銀イオンは，有機物の還元性の有無（銀鏡反応）やハロゲン化物イオンの検出（ハロゲン化銀の沈殿反応）に用いられる。

元素(d) 常温の水とはほとんど反応しないが熱水と反応するとあるから，マグネシウム Mg である。この金属のリボンは激しく閃光を発して燃える。酸化マグネシウムの融点は 2852℃と非常に高い。

元素(e) 希ガス元素で水素に次いで軽く，気球や飛行船などに用いられるとあるから，ヘリウム He である。

元素(f) 蓄電池の電極とあるから，鉛 Pb である。水道管などに用いられてきた。

元素(g) He よりも軽い気体は H_2 であるから，水素 H である。

元素(h) はんだの成分は Pb と Sn であるから，スズ Sn である。Sn と Pb は 14 族元素であり，酸化数＋2や＋4の化合物を作る。

問3 (ア) Cr^{3+} を含む水溶液は，暗緑色である。

(イ)　K_2CO_3 や KOH の固体粉末は白色である。

問4　銀は硫化水素と反応して，黒色の硫化銀 Ag_2S を生じる。

$2Ag + H_2S \longrightarrow Ag_2S + H_2$

問5　Mg は沸騰水と徐々に反応して水素を発生する。

$Mg + 2H_2O \longrightarrow Mg(OH)_2 + H_2$

問6　(あ)　正文。鉛は放射線を通しにくい。

(い)　正文。$PbSO_4$ は白色の化合物で，水に不溶である。

(う)　正文。蓄電池の正極は PbO_2 である。

(え)　誤文。$Pb(NO_3)_2$ は水に溶ける。一般に，硝酸塩は水に可溶である。

58 錯イオン，金属イオンの沈殿

(2010年度 2 I)

I 次の文章を読み，問1～問5に答えよ。

H_2O に水素イオンが結合すると [(a)] イオンができ，NH_3 に水素イオンが結合すると [(b)] イオンができる。このように，分子を構成している原子の非共有電子対が他の原子やイオンとの結合に使われる場合，この結合を特に [(c)] という。また H_2O，NH_3 および CN^- のような非共有電子対をもった分子やイオンが，銅や銀などの金属イオンに [(c)] すると，錯イオンとよばれるイオンを生じる。ここで，金属イオンと結合している分子やイオンを [(d)] という。[(d)] として H_2O だけが [(c)] した金属イオンは特に水和イオンとよばれることがある。

例えば，(1)1個の Cu^{2+} に4個の H_2O が [(c)] した水和イオンを含んだ水溶液は [(e)] 色を呈する。この溶液に少量の NaOH 水溶液を加えて塩基性にすると(2)青白色の沈殿が生じる。さらに過剰の NaOH 水溶液を加えてもその沈殿は溶解しない。一方，Zn^{2+} の場合，その水溶液は無色である。この溶液に少量の NaOH 水溶液を加えると [(f)] 色の沈殿を生じるが，さらに過剰の NaOH 水溶液を加えると，沈殿は溶解し(3)錯イオンを生じる。また，H_2S との反応により，Cu^{2+} の水和イオンは [(g)] 色の沈殿を，Zn^{2+} の場合は [(f)] 色の沈殿を，それぞれ生成する。これらの性質を利用して，溶液中の Cu^{2+} と Zn^{2+} を区別して検出することができる。

問1 文中の空欄 [(a)] ～ [(d)] にあてはまる適切な語句を記せ。

問2 文中の [(e)] ～ [(g)] にあてはまる適切な語句を下の(あ)～(か)から選び，記号で答えよ。

(あ) 赤　　(い) 青　　(う) 白
(え) 黒　　(お) 緑　　(か) 黄

問 3　次の(ア)～(ウ)の分子やイオンに含まれる非共有電子対の数を記せ。

(ア)　H_2O　　　(イ)　NH_4^+　　　(ウ)　CN^-

問 4　下線部(1)の水和イオンの名称を記せ。

問 5　下線部(2)の沈殿と，下線部(3)の錯イオンを化学式で記せ。

解 答

問1 (a)オキソニウム (b)アンモニウム (c)配位結合 (d)配位子
問2 (e)―(い) (f)―(う) (g)―(え)
問3 (ア)2 (イ)0 (ウ)2
問4 テトラアクア銅(Ⅱ)イオン
問5 (2)$Cu(OH)_2$ (3)$[Zn(OH)_4]^{2-}$

ポイント
無機化合物や錯イオンの基本的な問題であるが，沈殿の色や錯イオンの名称，色も押さえておく必要がある。また，錯イオンの価数は配位子の価数を考慮する必要がある。問3の(ウ)がやや難しいが，炭素と窒素との間が三重結合であることがわかれば解けるだろう。

解 説

問1 オキソニウムイオンやアンモニウムイオンの形成は配位結合の最も簡単な例として挙げられる。

$$\mathrm{H}:\overset{\cdot\cdot}{\underset{\cdot\cdot}{\mathrm{O}}}:+\mathrm{H}^+ \longrightarrow \left[\mathrm{H}:\overset{\cdot\cdot}{\underset{\cdot\cdot}{\mathrm{O}}}:\mathrm{H}\right]^+ \ (\text{下に H})$$

$$\mathrm{H}:\overset{\mathrm{H}}{\overset{\cdot\cdot}{\underset{\cdot\cdot}{\mathrm{N}}}}:+\mathrm{H}^+ \longrightarrow \left[\mathrm{H}:\overset{\mathrm{H}}{\overset{\cdot\cdot}{\underset{\cdot\cdot}{\mathrm{N}}}}:\mathrm{H}\right]^+ \ (\text{下に H})$$

問2 $[Cu(H_2O)_4]^{2+}$ は青色，$Zn(OH)_2$ は白色，CuS は黒色，ZnS は白色を呈する。

問3 (ア)，(イ)，(ウ)の電子式は以下のとおりである。

(ア) $\mathrm{H}:\overset{\cdot\cdot}{\underset{\cdot\cdot}{\mathrm{O}}}:\mathrm{H}$ (イ) $\left[\mathrm{H}:\overset{\mathrm{H}}{\overset{\cdot\cdot}{\underset{\underset{\mathrm{H}}{\cdot\cdot}}{\mathrm{N}}}}:\mathrm{H}\right]^+$ (ウ) $\left[:\mathrm{C}\vdots\vdots\overset{\cdot\cdot}{\mathrm{N}}\right]^-$

問4 $[Cu(H_2O)_4]^{2+}$ はテトラアクア銅(Ⅱ)イオンという。

問5 これらの反応は次のように示される。

(2) $Cu^{2+}+2OH^- \longrightarrow Cu(OH)_2$

(3) $Zn^{2+}+2OH^- \longrightarrow Zn(OH)_2$

$Zn(OH)_2+2OH^- \longrightarrow [Zn(OH)_4]^{2-}$

第 4 章
有機化合物

・有機化合物の特徴と構造
・炭化水素
・アルコールと関連化合物
・芳香族化合物
・有機化合物と人間生活

59 芳香族化合物

（2022年度 3 I）

必要があれば次の数値を用いよ。
原子量：H＝1.0，C＝12，N＝14，O＝16

I　次の文章を読み，問1～問6に答えよ。なお，構造式は記入例にならって記せ。特に説明のない限り，反応は完全に進行するものとする。

（記入例）

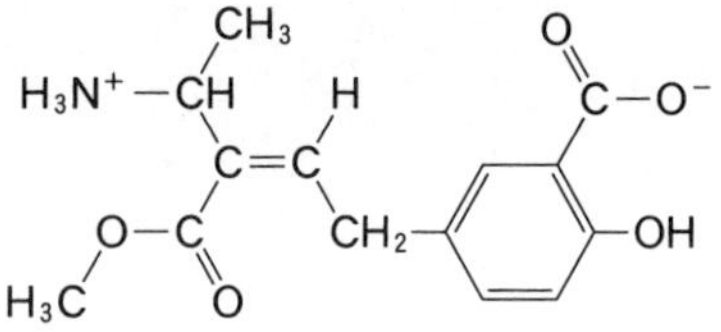

なお，室温での密度は，ベンゼン 0.88 g/cm^3，ニトロベンゼン 1.20 g/cm^3 とする。

（実験1）　ベンゼンを試験管に入れ，濃硝酸と濃硫酸を適量加えて加熱し，中和と抽出の操作を経て，ニトロベンゼン 1.0 mL(i)を得た。

（実験2）　ニトロベンゼン 1.0 mL を入れた試験管に粒状スズ 3.0 g と濃塩酸 5.0 mL を加え，よくかき混ぜながらニトロベンゼンの油滴がなくなるまで約 60℃ に加熱した。反応終了後の溶液(ii)をビーカーに移し，適切な量と濃度の ［(ア)］ 水溶液を加えたのち，ジエチルエーテル 10 mL を加えて，よく混合した。静置すると二層に分かれたので，ピペットを用いて上層のみを2枚の時計皿（蒸発皿）に移して溶媒を蒸発させた。

（実験3）　実験2により得た1枚の時計皿に，無水酢酸を加えてしばらく放置したのち，水を加えて冷やしたところ，白色固体 **A** が生成した。

（実験4）　実験2により得たもう1枚の時計皿に，さらし粉水溶液を加えて変化を観察した。

（実験5）**A**を［（イ）］中で加熱したところ，下線部(ii)に含まれる有機化合物と同じものが生成した。

問1　空欄［（ア）］，［（イ）］に当てはまる最も適切な物質名をそれぞれ記せ。

問2　下線部(i)について，実験1でニトロベンゼン1.0 mLを得るために必要なベンゼンの体積〔mL〕を有効数字2桁で答えよ。いずれも室温での体積とする。

問3　下線部(ii)について，この溶液に含まれる芳香族化合物の構造式を記せ。

問4　**A**の構造式を記せ。

問5　実験4の観察事項として最も適する記述を，次の(あ)～(お)から一つ選び，記号で答えよ。

(あ)　白色の沈殿が生じた。
(い)　気泡が発生した。
(う)　黒色で水に溶けにくい物質に変化した。
(え)　赤紫色を呈した。
(お)　橙黄色の化合物が生成した。

問6　次の文章を読み，空欄［（ウ）］～［（キ）］に当てはまる最も適切な語句，数字，または化合物名をそれぞれ答えよ。

実験1のベンゼンをフェノールに変更して同様の実験を行ったところ，おもに生成したのは，ニトロ基が［（ウ）］-位および［（エ）］-位の計［（オ）］ヶ所に導入された強酸性の化合物**B**であった。この結果をふまえ，フェノールを希硝酸と短時間反応させたところ，ニトロ基を一つだけもつ化合物**C**およびその異性体**D**の二つがおもに得られた。

この**D**を，実験2と同様に粒状スズと濃塩酸と反応させたのち，［（カ）］水溶液で中和し，生成した物質をジエチルエーテルで抽出した。さらに実験3と同様に無水酢酸と反応させたところ，**A**の［（ウ）］-位に［（キ）］が結合した構造をもつ解熱鎮痛薬と同一の化合物となった。この結果より，**C** は ⑴ -ニトロフェノールだとわかった。

解　答

問1　(ア)水酸化ナトリウム　(イ)塩酸

問2　0.86mL

問3　$C_6H_5-NH_3Cl$

問4　$C_6H_5-NH-C(=O)-CH_3$

問5　(え)

問6　(ウ)p　(エ)o　(オ)3　(カ)炭酸水素ナトリウム（アンモニアなども可）
(キ)ヒドロキシ基

ポイント
問1～問5は，教科書の基本内容を理解していれば，解答できる。問6の解熱鎮痛剤がアセトアミノフェン（p-ヒドロキシアセトアニリド）であることから(ウ)と(エ)を導きだす。

解　説

問1・問3・問4　実験2では，ニトロベンゼンをスズと濃塩酸で還元し，生成したアニリン塩酸塩に水酸化ナトリウム水溶液を加え，弱塩基のアニリンを遊離させた。

$$C_6H_5-NO_2 \xrightarrow{Sn,\ HCl} C_6H_5-NH_3Cl \xrightarrow{NaOH} C_6H_5-NH_2$$

ニトロベンゼン　　アニリン塩酸塩　　アニリン

実験3では，アニリンに無水酢酸を作用させ，アセトアニリド（白色固体A）を生成させた。

$$C_6H_5-NH_2 + (CH_3CO)_2O \longrightarrow C_6H_5-NHCOCH_3 + CH_3COOH$$

アニリン　　無水酢酸　　アセトアニリド　　酢酸

実験5で，アセトアニリドを塩酸中で加水分解すると，アニリン塩酸塩と酢酸が生成する。

$$C_6H_5-NHCOCH_3 + HCl + H_2O \longrightarrow C_6H_5-NH_3Cl + CH_3COOH$$

アセトアニリド　　アニリン塩酸塩　　酢酸

問2　ベンゼン1molからニトロベンゼン1molが生成する。

$$C_6H_6 + HNO_3 \longrightarrow C_6H_5-NO_2 + H_2O$$

ニトロベンゼン1.0mLは，1.0×1.20〔g〕である。ニトロベンゼンのモル質量は123g/molであるから，物質量は $\frac{1.20}{123}$ molである。

ゆえに，ベンゼン $\dfrac{1.20}{123}$ mol が必要である。

ベンゼンのモル質量は 78 g/mol であるから，ベンゼンの質量は $\dfrac{1.20}{123}\times 78$〔g〕である。ベンゼンの密度が 0.88 g/cm^3 であるから，必要なベンゼンの体積は

$$\frac{1.20}{123}\times 78\times\frac{1}{0.88}=0.864\fallingdotseq 0.86\text{〔mL〕}$$

問5　アニリンは，さらし粉水溶液によって酸化され，赤紫色を呈する。

問6　フェノールに濃硝酸と濃硫酸を加えて加熱すると，ヒドロキシ基 −OH はオルト・パラ配向性であるから，ベンゼン環の o-位や p-位がすべてニトロ化されて，強酸性の化合物B，2,4,6-トリニトロフェノール（ピクリン酸）が生成する。

$$\text{C}_6\text{H}_5\text{OH} + 3\text{HNO}_3 \xrightarrow{\text{H}_2\text{SO}_4} \text{C}_6\text{H}_2(\text{OH})(\text{NO}_2)_3 + 3\text{H}_2\text{O}$$

アセトアニリドの p-位にヒドロキシ基が結合した p-ヒドロキシアセトアニリド（アセトアミノフェン）HO−C$_6$H$_4$−NHCOCH$_3$ は，解熱鎮痛剤として用いられる。

したがって，化合物Dは p-ニトロフェノールで，化合物Cは o-ニトロフェノールである。

60 芳香族化合物の反応と分離

（2021年度③Ⅰ）

Ⅰ　次の文章を読み，問1～問5に答えよ。なお，構造式は記入例にならって記せ。

（記入例）

$^{-}O-C(=O)$ 、$H_3N^{+}-$ 、$-CH_2-$ 、H 、$C=C$ 、H_3C 、$CH-OH$ 、$C(=O)-O-CH_3$

フェノール(i)類に含まれる化合物**A**はパラ位に置換基をもち，その分子式は$C_8H_{10}O$で表される。**A**のナトリウム塩を高温・高圧下で二酸化炭素と反応させたのち，塩酸を作用させて化合物**B**へと変換した。**B**をエタノールおよび濃硫酸と反応させてエステル(ii)**C**とした。次に**B**と**C**の混合物を無水酢酸と作用させたところ，化合物**D**，**E**および酢酸が生成した。一方，過マンガン酸カリウムを用いて，**A**を酸化したところ，**A**よりも炭素原子の数が一つ少ない化合物**F**が得られた。

問1　**A**と同じ分子式$C_8H_{10}O$をもち，次の実験結果1，2の両方にあてはまる芳香族化合物の異性体は全部でいくつあるか，数字で答えよ。なお，立体異性体が存在する場合は区別して数えよ。

（実験結果1）　金属ナトリウムと反応して，水素が発生した。

（実験結果2）　塩化鉄(Ⅲ)水溶液を加えても，呈色しなかった。

問2　下線部(i)について，フェノールはプロペン（プロピレンともいう）を用いたクメン法で工業的に合成されている。プロペンに関する次の記述(あ)～(き)のうち，正しいものをすべて選び，記号で答えよ。

(あ)　エタノールと濃硫酸を混合して加熱することで進行した脱水反応により発生する。

(い) シス形とトランス形の立体異性体が存在する。

(う) 1分子に対して，ニッケルなどを触媒として水素1分子を付加させると，2分子のプロパンが生成する。

(え) 赤褐色の臭素水に通すと付加反応が進行し，1,2-ジブロモプロパンが生成するとともに，溶液が脱色する。

(お) 塩素との反応により生じる1,2-ジクロロプロパンを熱分解すると，塩化ビニルとなる。

(か) 付加重合すると，分子内に二重結合をもつ熱可塑性樹脂ポリプロピレンとなる。

(き) その構造異性体として，最も小さい環式の飽和炭化水素であるシクロプロパンがある。

問 3 下線部(ii)エステルに関連する次の記述(く)～(す)のうち，誤りを含むものをすべて選び，記号で答えよ。

(く) スクロースのヒドロキシ基をすべてアセチル化すると，水に溶けにくくなる一方で，有機溶媒に溶けやすくなる。

(け) ポリ酢酸ビニルを水酸化ナトリウム水溶液中で加熱すると，酢酸ナトリウムとポリビニルアルコールが生じる。

(こ) 爆薬として用いられるニトログリセリンは，硝酸3分子とグリセリン1分子からなる硝酸エステルである。

(さ) 不飽和脂肪酸を多く含む油脂は，飽和脂肪酸のみからなるものと比べて分子間力が弱く，融点が高く室温で固体となりやすい。

(し) 1-ドデカノールと硫酸を脱水縮合して生成した硫酸水素ドデシルを水酸化ナトリウムで中和して得られる塩は，中性の界面活性剤として使用されている。

(す) 酸性条件下で油脂0.5 molを完全に加水分解したのち，水酸化カリウムで中和したところ脂肪酸のカリウム塩1 molが得られた。

問 4 **C**，**D**および**E**を含むジエチルエーテル溶液から，それぞれの化合物に分離させる操作を行った。この操作に関する以下の記述において，

［(ア)］～［(オ)］にあてはまる最も適切な語句または数字を，次の(そ)～(み)の中からそれぞれ一つ選び，記号で答えよ。

ジエチルエーテル溶液を［(ア)］に移し，［(イ)］を加えてよく振り混ぜた。しばらく静置したのち，水層のみを取り出した。残った有機層が入った［(ア)］に［(ウ)］を加えてよく振り混ぜた。しばらく静置したのち，水層のみを取り出した。取り出した各水層には十分量の［(エ)］を加え，水層に含まれていた化合物をそれぞれ遊離させた。最後に残った有機層に含まれていた化合物 1 mol に対し，酸性条件下，理論上［(オ)］mol の水分子が反応すると **B** になる。

(そ)	駒込ピペット	(た)	メスフラスコ
(ち)	分液ろうと	(つ)	ビーカー
(て)	飽和食塩水	(と)	アンモニア性硝酸銀水溶液
(な)	塩化鉄(Ⅲ)水溶液	(に)	希塩酸
(ぬ)	飽和炭酸水素ナトリウム水溶液	(ね)	二酸化炭素
(の)	80 % エタノール水溶液	(は)	飽和さらし粉水溶液
(ひ)	水酸化ナトリウム水溶液	(ふ)	酢酸鉛(Ⅱ)水溶液
(へ)	0.5	(ほ)	1
(ま)	2	(み)	4

問 5　**F** の構造式を記せ。

解　答

問1　6個

問2　(え)・(き)

問3　(さ)・(す)

問4　(ア)―(ち)　(イ)―(ぬ)　(ウ)―(ひ)　(エ)―(に)　(オ)―(ま)

問5　HO―⟨ベンゼン環⟩―C―OH（C=O）

ポイント

問1では，芳香族化合物 $C_8H_{10}O$ が実験結果1よりヒドロキシ基をもつこと，実験結果2よりフェノール類ではないことがわかる。問4の芳香族化合物の分離の問題では，反応経路図を書いてリード文をしっかりと理解し，化合物C，DおよびEを正しく把握する必要がある。

解　説

問1　実験結果1より，ヒドロキシ基をもつ。実験結果2より，フェノール類ではない。したがって，次の6つの異性体がある。

⟨ベンゼン環⟩―CH_2-CH_2-OH　　⟨ベンゼン環⟩―$\overset{*}{C}H-CH_3$（OH）（鏡像異性体が存在する）

⟨ベンゼン環⟩（CH_2-OH，CH_3：オルト）　⟨ベンゼン環⟩（CH_2-OH，CH_3：メタ）　⟨ベンゼン環⟩（CH_2-OH，CH_3：パラ）

問2　(あ)　誤文。エタノールを分子内脱水するとエチレンが生じる。

(い)　誤文。シス-トランス異性体は炭素原子の数が4以上のアルケンに存在する。

(う)　誤文。プロペン $CH_2=CHCH_3$ 1分子に水素1分子を付加させると，1分子のプロパン $CH_3CH_2CH_3$ が生成する。

(え)　正文。プロペン $CH_2=CHCH_3$ に Br_2（赤褐色）が付加すると，1,2-ジブロモプロパン $CH_2Br-CHBr-CH_3$（無色）が生成する。

(お)　誤文。1,2-ジクロロエタン CH_2Cl-CH_2Cl を熱分解すると，塩化ビニル $CH_2=CHCl$ が生じる。

(か)　誤文。ポリプロピレン $\left[CH_2-CH(CH_3)\right]_n$ は分子内に二重結合をもっていない。

(き)　正文。シクロプロパン C_3H_6 は最も小さい環式の飽和炭化水素である。

問3　(さ)　誤文。油脂の融点は不飽和結合が多いほど低くなる。

㈩ 誤文。油脂 0.5 mol を加水分解すると脂肪酸が 1.5 mol 生じる。

問 4・問 5　問題文の反応は次のようになる。

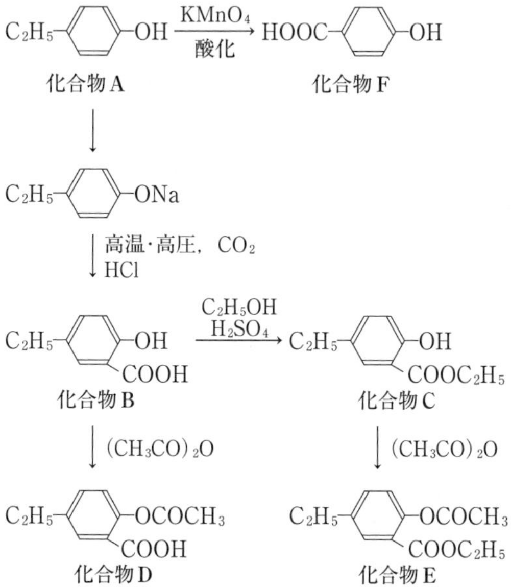

C_2H_5-C₆H₄-OH $\xrightarrow[\text{酸化}]{KMnO_4}$ HOOC-C₆H₄-OH

化合物 A　　化合物 F

↓

C_2H_5-C₆H₄-ONa

↓ 高温・高圧，CO_2 / HCl

C_2H_5-C₆H₃(-OH)(-COOH) $\xrightarrow[H_2SO_4]{C_2H_5OH}$ C_2H_5-C₆H₃(-OH)(-$COOC_2H_5$)

化合物 B　　化合物 C

↓ $(CH_3CO)_2O$　　↓ $(CH_3CO)_2O$

C_2H_5-C₆H₃(-$OCOCH_3$)(-COOH)　　C_2H_5-C₆H₃(-$OCOCH_3$)(-$COOC_2H_5$)

化合物 D　　化合物 E

有機化合物の分離には分液ろうとを用いる。

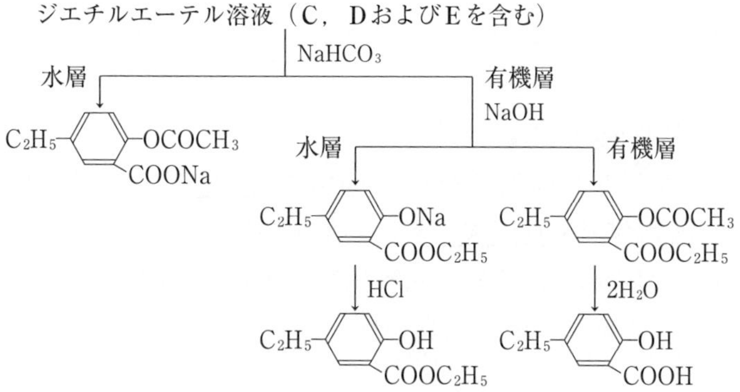

ジエチルエーテル溶液（C，D および E を含む）

$NaHCO_3$

水層：C_2H_5-C₆H₃(-$OCOCH_3$)(-COONa)

有機層 → NaOH

水層：C_2H_5-C₆H₃(-ONa)(-$COOC_2H_5$) ↓ HCl → C_2H_5-C₆H₃(-OH)(-$COOC_2H_5$)

有機層：C_2H_5-C₆H₃(-$OCOCH_3$)(-$COOC_2H_5$) ↓ $2H_2O$ → C_2H_5-C₆H₃(-OH)(-COOH)

61 元素分析，アニリン

（2020年度 3 I）

必要があれば次の数値を用いよ。
原子量：H＝1.0，C＝12.0，N＝14.0，O＝16.0，Br＝79.9

I　次の文章を読み，問1～問7に答えよ。なお，構造式は記入例にならって記せ。反応は全て100％の収率で進行することとする。

（記入例）

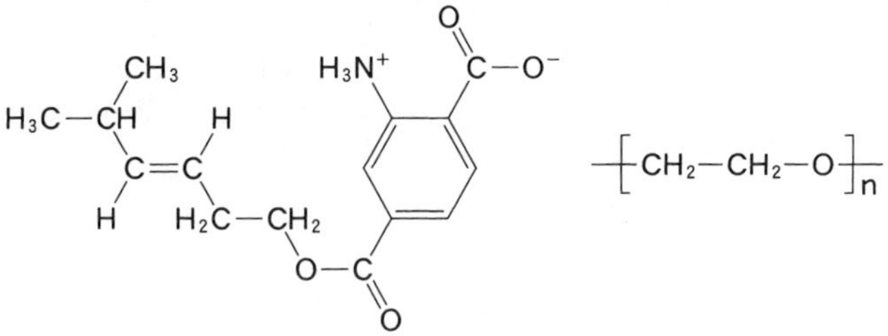

$$\left[\!-CH_2-CH_2-O-\right]_n$$

（実験1）　炭素，水素および酸素からなる直鎖状の化合物**A**（1.0 mmol）を完全燃焼させたところ，二酸化炭素176 mgおよび水36 mgが生じた。

（実験2）　化合物**A**（1.0 mmol）を加熱したところ，化合物**B**と水がそれぞれ1.0 mmol生じた。

（実験3）　実験2で得た化合物**B**（1.0 mmol）に<u>アニリン</u>(i)（1.0 mmol）を反応させたところ，<u>アミド結合</u>(ii)を有する化合物**C**が1.0 mmol生じた。

（実験4）　化合物**C**の水溶液に，臭素の色が消失しなくなるまで臭素を加えたところ，化合物**D**が得られた。

問1　実験1の結果から，化合物**A**の分子式における酸素原子の数をxとした場合の化合物**A**の分子式を示せ。

問2　実験1～4の結果から導かれる化合物**A**の名称を示せ。ただし，化合物**A**は可能性のある構造のうち，酸素の数が最小のものを選択せよ。

問 3　化合物**C**の構造式を示せ。

問 4　化合物**D**の不斉炭素原子の数を答えよ。

問 5　下線部(i)のアニリンに関する文章を読み，空欄 [(ア)] ～ [(ウ)] に入る適切な語句を記せ。

アニリンの希塩酸溶液を氷冷しながら [(ア)] 水溶液を加えると塩化ベンゼンジアゾニウムが得られる。この反応で得られたジアゾニウム塩にナトリウムフェノキシドの水溶液を加えると赤橙色の *p*-フェニルアゾフェノール（*p*-ヒドロキシアゾベンゼン）が生成する。この反応を [(イ)] といい，[(イ)] 反応で得られる芳香族アゾ化合物は染料などの色素として使用される。芳香族アゾ化合物の一種である [(ウ)] の水溶液は酸の滴定指示薬としてよく使用される。

問 6　下線部(ii)について，アミド結合に関する以下の記述から誤っているものをすべて選び記号で記せ。

(あ)　酸と共に水溶液中で加熱すると加水分解される。

(い)　塩基と共に水溶液中で加熱すると加水分解される。

(う)　ナイロン6はアミド結合を有する環状の化合物の開環重合により合成される。

(え)　ニンヒドリン水溶液を加えて温めると赤紫～青紫色を呈する。

(お)　他のアミド結合と水素結合を形成できる。

(か)　試験管内で過剰のアンモニアと硝酸銀と共に温めると壁面に銀薄膜が形成される。

(き)　アミノ酸どうしのアミド結合を特にペプチド結合という。

問 7　以下の分子1.00 mmolを含む水溶液を用いて，実験4の操作を行った場合，何mgの臭素が消費されるか計算し，整数値で答えよ。ただし，小数点以下は四捨五入せよ。

HO—C_6H_4—Br

解 答

問1 $C_4H_4O_x$

問2 マレイン酸

問3

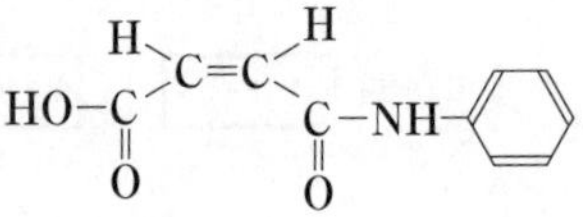

$$\mathrm{HO{-}\underset{\underset{O}{\|}}{C}{-}C(H){=}C(H){-}\underset{\underset{O}{\|}}{C}{-}NH{-}C_6H_5}$$

問4 2

問5 ㈠亜硝酸ナトリウム ㈡カップリング（ジアゾカップリング）
㈢メチルオレンジ

問6 ㈡・㈤

問7 320mg

ポイント

化合物Aがマレイン酸であるとわかるかどうかがポイントである。また，酸無水物とアミンが反応すると，アミドとカルボン酸が得られる。アミドは酸または塩基を触媒として加水分解すると，もとのカルボン酸とアミンに戻すことができる。

解 説

問1 化合物A 1.0mmolに含まれている炭素，水素原子の物質量は

炭素原子の物質量：$176\times\dfrac{12.0}{44.0}\times\dfrac{1}{12.0}=4.0$〔mmol〕

水素原子の物質量：$36\times\dfrac{2.0}{18.0}\times\dfrac{1}{1.0}=4.0$〔mmol〕

したがって，化合物Aの分子式における酸素原子の数をxとすると，化合物Aの分子式は$C_4H_4O_x$になる。

問2 実験2より，化合物Aは分子内脱水反応をおこすから，アルコールかカルボン酸で，化合物Bはアルケンか酸無水物とわかる。
実験3より化合物Bは，アニリンと反応してアミド結合を有する化合物Cが得られるから，Bは酸無水物，Cは C_6H_5-NHCORCOOHで，実験4よりR部分にC=Cがある。Aの炭素数より，AはHOOC−CH=CH−COOH（Oの数は4），分子内脱水をするから，シス形のマレイン酸である。

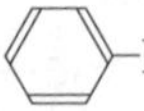

問3 実験3の反応は次のようになる。

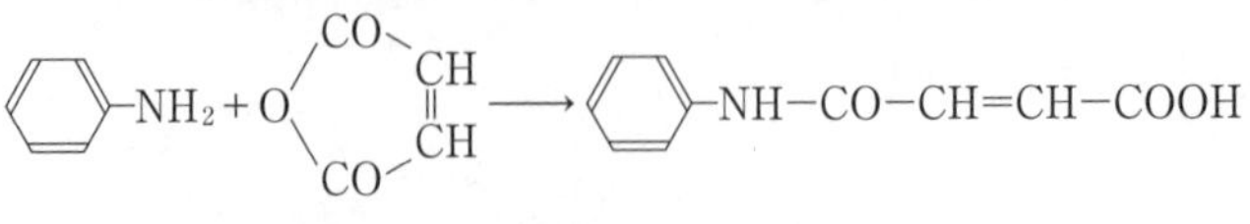

$$C_6H_5{-}NH_2+\mathrm{O}\!\left\langle\begin{matrix}\mathrm{CO{-}CH}\\ \|\\ \mathrm{CO{-}CH}\end{matrix}\right.\longrightarrow C_6H_5{-}\mathrm{NH{-}CO{-}CH{=}CH{-}COOH}$$

問4　不斉炭素原子を C^* で表すと，化合物Dは

$$\text{Br}-\text{C}_6\text{H}_2(\text{Br})_2-\text{NH}-\text{CO}-\overset{\text{H}}{\underset{\text{Br}}{\text{C}^*}}-\overset{\text{H}}{\underset{\text{Br}}{\text{C}^*}}-\text{COOH}$$

問5　アニリンの希塩酸溶液を氷冷しながら亜硝酸ナトリウム水溶液を加えると，塩化ベンゼンジアゾニウムが得られる。ジアゾニウム塩からアゾ化合物をつくる反応をジアゾカップリングという。

$$C_6H_5-NH_2 + NaNO_2 + 2HCl \xrightarrow{0\sim5℃} C_6H_5-N^+{\equiv}NCl^- + NaCl + 2H_2O$$

アニリン　亜硝酸ナトリウム　塩化ベンゼンジアゾニウム

$$C_6H_5-N^+{\equiv}NCl^- + C_6H_5-ONa \xrightarrow{\text{カップリング}} C_6H_5-N{=}N-C_6H_4-OH + NaCl$$

塩化ベンゼンジアゾニウム　ナトリウムフェノキシド　*p*-ヒドロキシアゾベンゼン

中和滴定の指示薬に用いるメチルオレンジもアゾ化合物の一種である。

$$(CH_3)_2N-C_6H_4-N{=}N-C_6H_4-SO_3^-Na^+$$

メチルオレンジ

問6　(あ)・(い)　正文。アミド結合は酸または塩基とともに水溶液中で加熱すると加水分解される。

(う)　正文。ε-カプロラクタムに少量の水を加えて加熱すると，開環重合がおこり，ナイロン6が生成する。

$$n\,H_2C\begin{matrix}\diagup CH_2-CH_2-NH \\ \diagdown CH_2-CH_2-C{=}O\end{matrix} \xrightarrow{\text{開環重合}} \left[\underset{\underset{H}{|}}{N}-(CH_2)_5-\underset{\underset{O}{\|}}{C}\right]_n$$

ε-カプロラクタム　ナイロン6

(え)　誤文。ニンヒドリン反応は，アミノ酸やタンパク質中のアミノ基 $-NH_2$ の検出に利用される。

(お)・(き)　正文。アミノ酸どうしから生じたアミド結合を，特にペプチド結合といい，タンパク質ではペプチド結合の部分で，$C{=}O\cdots H-N$ のような水素結合が形成されている。

(か)　誤文。ホルミル基（アルデヒド基）をもつアルデヒドが銀鏡反応を示す。

問7　フェノール類は $-OH$ に対して *o*-，*p*- の位置で置換反応をしやすいから，実験4の操作を行えば，次のような反応をする。

$$HO-C_6H_4-Br + 2Br_2 \longrightarrow HO-C_6H_2(Br)_2-Br + 2HBr$$

したがって，1.00 mmol に対して，臭素は 2.00 mmol が消費されるから

$$
\begin{aligned}
2\times10^{-3}\times79.9\times2 &= 319.6\times10^{-3} \\
&\fallingdotseq 320\times10^{-3}\,[\mathrm{g}] \\
&= 320\,[\mathrm{mg}]
\end{aligned}
$$

62 元素分析，エステル

(2019年度 ③ I)

必要があれば次の数値を用いよ。
原子量：H＝1.0，C＝12.0，N＝14.0，O＝16.0

I　次の文章を読み，問1～問6に答えよ。なお，構造式は記入例にならって記せ。

（記入例）

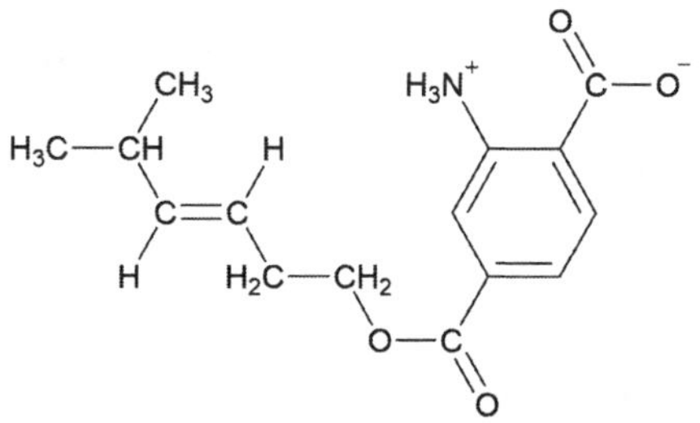

化合物**A**は<u>エステル</u>(i)であり，その分子式は$C_7H_{14}O_2$で表される。**A**に希塩酸を加えて加熱したところ，弱い酸性を示す化合物**B**と，中性の化合物**C**が生成した。(ii)<u>精製した37.0 mgの**B**を完全に燃焼させたところ，66.0 mgの二酸化炭素と27.0 mgの水が生じた</u>。**C**は同じ分子式をもつ化合物の中で最も沸点が高く，**C**を適切な酸化剤によって酸化したところ，**B**と同じ官能基をもつ化合物**D**が生成した。ヨードホルム反応を示すアルコール**E**と，得られた**D**とのエステル化により，**A**の<u>異性体</u>(iii)であるエステル**F**が得られた。

問1　下線部(i)について，以下の(あ)～(く)の中から<u>エステルではないものを二つ</u>選び，記号で記せ。

(あ)　酢酸エチル　　　　(い)　セッケン
(う)　サリチル酸メチル　　(え)　ポリエチレンテレフタラート
(お)　アセチルサリチル酸　(か)　アセトアニリド
(き)　油　脂　　　　　　(く)　ニトログリセリン

問2　下線部(ii)について(1)，(2)に答えよ。

（1）　下図は炭素，水素および酸素からなる有機化合物の元素分析に使用する装置であり，吸収管①および②には塩化カルシウムもしくはソーダ石灰のいずれかが充填されている。元素分析に関する以下の(け)～(す)の記述のうち，誤りを含むものを一つ選び，記号で記せ。

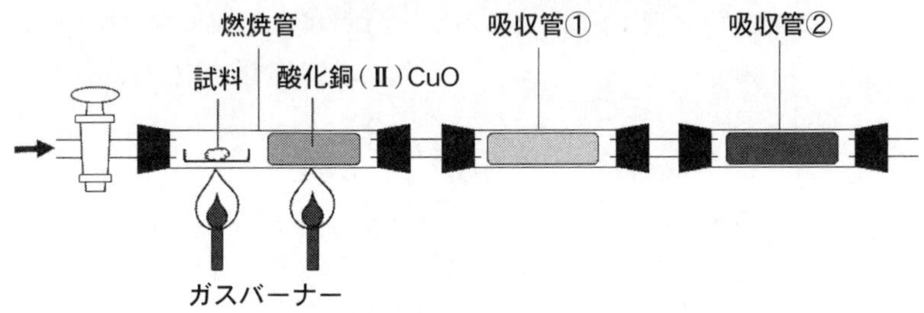

(け)　燃焼管の左側(矢印)より乾燥した酸素または空気を通じながら試料を燃焼させる。

(こ)　燃焼管中の酸化銅(Ⅱ)CuOは，試料を完全燃焼させるための酸化剤である。

(さ)　試料の燃焼によって燃焼管で発生したH_2Oは，塩化カルシウムが充填された吸収管で吸収させる。

(し)　吸収管①にはソーダ石灰を充填する。

(す)　元素分析によって組成式を決定することができる。

（2）　図中のガスバーナー(ブンゼンバーナー：右図)の使用方法に関する以下の(せ)～(て)の記述のうち，正しいものを二つ選び，記号で記せ。

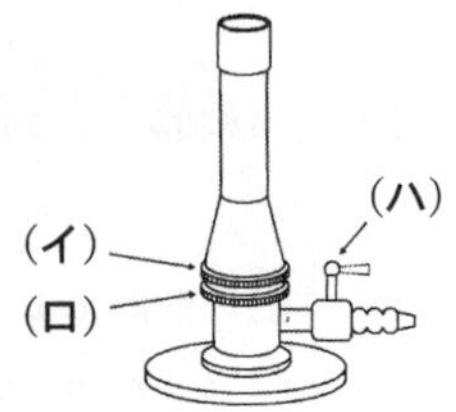

(せ)　(ロ)はガス調節ネジである。

(そ)　(ロ)が開いていることを確認後，(ハ)を開けて点火する。

(た)　点火しやすいようにあらかじめ(イ)を少し開けてから点火する。

(ち)　正しい操作方法によって点火した直後の炎は，青白い炎となる。

（つ）　点火後は（**ロ**）を押さえて（**イ**）をまわし，空気の量を調節する。

（て）　炎がオレンジ色の場合は，空気の量が多すぎる状態である。

問 3　下線部(iii)について，異性体に関する以下の（と）～（の）の記述のうち，正しいものを二つ選び，記号で記せ。

（と）　マレイン酸とフタル酸は互いにシス-トランス（幾何）異性体である。

（な）　グルコースとフルクトースは互いに構造異性体である。

（に）　鏡像異性体どうしは物理的・化学的性質は異なるが，味やにおいなどの生理的な作用は同じである。

（ぬ）　α-グルコースとβ-グルコースは互いに鏡像異性体である。

（ね）　プロペンには構造異性体は存在しない。

（の）　C_6H_{14}の分子式をもつ化合物には5つの構造異性体が存在する。

問 4　**B**の示性式を示せ。

問 5　**E**の物質名を答えよ。

問 6　**F**の構造式を記せ。

解 答

問1 (い)・(か)

問2 (1)—(し)

(2)—(せ)・(つ)

問3 (な)・(の)

問4 CH_3CH_2COOH

問5 2-プロパノール

問6 $CH_3-CH_2-CH_2-\underset{\underset{O}{\|}}{C}-O-\underset{\underset{CH_3}{|}}{CH}-CH_3$

ポイント

沸点が高いほうから順に，第一級アルコール＞第二級アルコール＞第三級アルコールである。また，同じ第一級アルコールでは，炭素鎖の枝分かれのないもののほうが，枝分かれのあるものよりも沸点は高くなる。

解 説

問1 カルボン酸 R−COOH とアルコール R−OH が縮合すると，エステルが生成する。カルボン酸以外の硫酸や硝酸などの酸も，アルコールと脱水縮合してエステルを生成する。また，フェノール類は無水酢酸と反応してエステルを生成する。

セッケンは脂肪酸のナトリウム塩 R−COONa である。アセトアニリド ⌬−NH−$COCH_3$ はアニリンをアセチル化したアミドである。

問2 (1) (し) 誤文。ソーダ石灰は H_2O と CO_2 の両方を吸収するので，吸収管①には H_2O だけを吸収する塩化カルシウムを充填する。

(2) (せ) 正文。(イ)が空気調節ネジで，(ロ)がガス調節ネジである。

(そ) 誤文。2つの調節ネジが閉じていることを確認してから，ガスの元栓(ハ)を開ける。

(た) 誤文。火をガスバーナーの口に近づけてから，ガス調節ネジ(ロ)を回して点火する。

(ち) 誤文。点火した直後の炎はオレンジ色である。

(つ) 正文。空気調節ネジ(イ)を回して，青白い炎にする。

(て) 誤文。炎がオレンジ色の場合は，空気の量が少ない状態である。

問3 (と) 誤文。マレイン酸とフマル酸がシス-トランス異性体である。

(な) 正文。グルコースもフルクトースも単糖で，構造異性体である。

(に) 誤文。鏡像異性体どうしは物理的・化学的性質はほぼ同じだが，光学的な性質や生理的な作用が異なる。

(ぬ)　誤文。α-グルコースとβ-グルコースは 1 位の炭素原子に結合するヒドロキシ基が逆向きになっており，互いに鏡像異性体ではない立体異性体である。

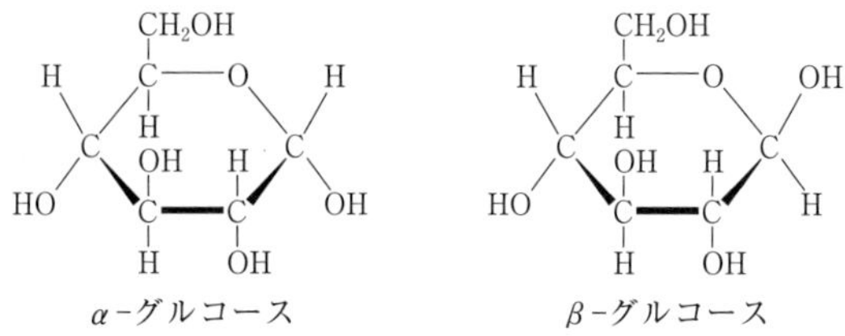

(ね)　誤文。プロペンにはシクロプロパンの構造異性体が存在する。

(の)　正文。C_6H_{14} の分子式をもつ化合物には，ヘキサン，2-メチルペンタン，3-メチルペンタン，2,3-ジメチルブタン，2,2-ジメチルブタンの 5 つの構造異性体が存在する。

問 4　化合物 B に含まれる炭素，水素，酸素の質量をそれぞれ m_C，m_H，m_O とすると

$$m_C = 66.0 \times \frac{12.0}{44.0} = 18.0 \text{〔mg〕}$$

$$m_H = 27.0 \times \frac{2.0}{18.0} = 3.0 \text{〔mg〕}$$

$$m_O = 37.0 - (18.0 + 3.0) = 16.0 \text{〔mg〕}$$

各元素の物質量の比は

$$C : H : O = \frac{18.0}{12.0} : \frac{3.0}{1.0} : \frac{16.0}{16.0} = 3 : 6 : 2$$

したがって，化合物 B の組成式は $C_3H_6O_2$ である。化合物 A の分子式が $C_7H_{14}O_2$ であるから，化合物 B の分子式は $C_3H_6O_2$ である。また，弱い酸性を示すから，化合物 B は，プロピオン酸 CH_3CH_2COOH になる。

問 5　化合物 C の分子式は $C_4H_{10}O$ である。沸点が高いほうから順に，第一級アルコール＞第二級アルコール＞第三級アルコールとなる。また，炭素鎖の枝分かれが多いほど分子間力が小さくなるから，沸点は低くなる。同じ分子式をもつ化合物の中で最も沸点が高いから，化合物 C は 1-ブタノールである。これを酸化すると化合物 D の酪酸 $CH_3CH_2CH_2COOH$ が得られる。

エステル F の分子式が $C_7H_{14}O_2$ であるから，化合物 E の分子式は C_3H_8O になる。また，ヨードホルム反応を示すから化合物 E は 2-プロパノールである。

問 6　化合物 F は酪酸と 2-プロパノールのエステルだから，化合物 F の構造式は $CH_3-CH_2-CH_2-COO-CH(CH_3)-CH_3$ である。

63 芳香族化合物の分離

（2018年度 ③ I）

I　次の文章を読み，問1～問5に答えよ。なお，構造式は記入例にならって記せ。

（記入例）

香料とは，好ましい香りを加えるために用いられる有機化合物である。その香気成分は，自然界の動植物から抽出した天然香料と化学的に合成された合成香料であり，実際に製品として使用する際には，数種の香気成分を目的に応じて適度な割合で混合（調香）して用いられることが多い。ある製品Xに含まれている香料の成分を分析したところ，4種類の有機化合物が含まれていた。それぞれの化合物はすべてベンゼン環を含んでおり，分子式は以下のとおりであった。

化合物A	化合物B	化合物C	化合物D
$C_8H_8O_3$	$C_8H_8O_3$	$C_8H_{10}O$	$C_{10}H_{12}O_2$

さらに，詳細な構造を調査するために行った実験・分析の結果は以下のとおりであった。

（実験1）

Xのジエチルエーテル溶液に対して図1の操作を行い，A，B，C，Dをそれぞれ分離した。

（実験2）

分離したA，B，C，Dそれぞれ0.1 mmolに対して，過剰量の金属ナトリウムを反応させたところ，AおよびBからはそれぞれ0.05 mmolの水素が発生したが，CおよびDからは水素の発生は見られなかった。

（実験3）

Bにアンモニア性硝酸銀水溶液を加えて穏やかに加熱したところ，$_{(i)}$容器の壁面に銀が生じた。

（実験4）

Dに水酸化ナトリウム水溶液を加えて加熱した後，希塩酸を加えて酸性にしたところ，酢酸と化合物Eが得られた。

（実験5）

Eに水酸化ナトリウム水溶液とヨウ素を加えて加熱したところ，黄色の沈殿が生じた。

（分析1）

Aのベンゼン環は，ポリエチレンテレフタラート(PET)中に含まれるベンゼン環と同じ位置で置換されていた。

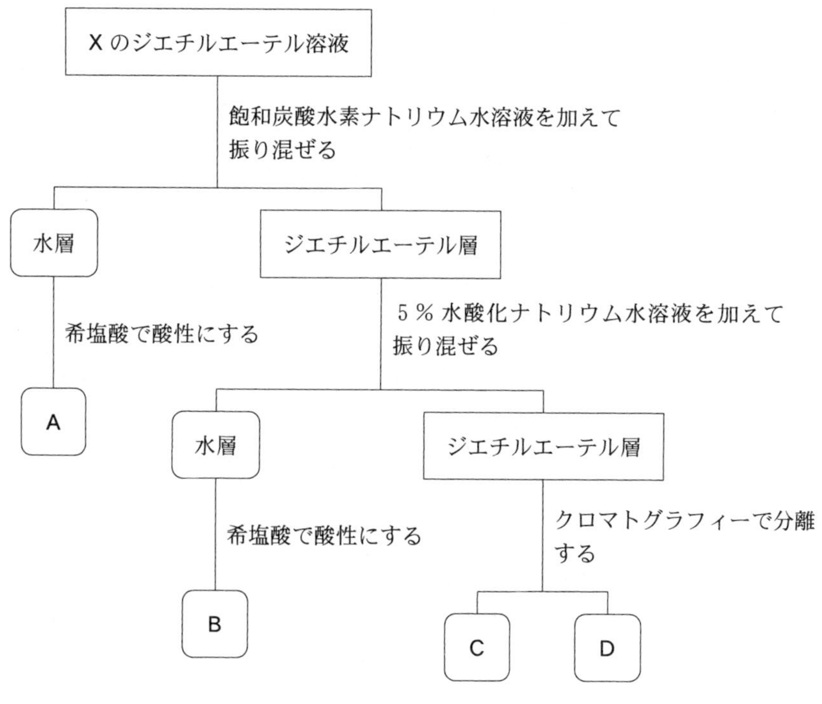

図1

問 1　物質の分離と精製に関する次の記述(あ)〜(お)のうち，誤っているものを一つ選び，記号で記せ。

(あ)　石油(原油)を蒸留によって沸点の異なる成分(ガソリン，灯油，軽油など)として分離する操作を分留という。

(い)　ナフタレンが混ざったグルコースを精製したいときは，混合物に水を加えてろ過すると，ろ紙上にナフタレンが残り，グルコース水溶液はろ紙を通過する。

(う)　塩酸とアニリンは塩を形成するので，アニリンとニトロベンゼンのジエチルエーテル溶液を希塩酸で抽出するとアニリンが塩として水層に抽出される。

(え)　ナフタレンに塩化ナトリウムが混ざっている場合，穏やかに加熱するとナフタレンのみが昇華する。

(お)　ある温度における溶質の溶媒に対する溶解度の違いを利用して固体物質を精製する操作を透析という。

問 2　下線部(i)について，その水溶液が銀鏡反応を示さない化合物を次の(か)〜(こ)の中から一つ選び，記号で記せ。

(か)　グルコース　　　(き)　フルクトース

(く)　ガラクトース　　(け)　マルトース

(こ)　スクロース

問 3　AおよびBの構造式として最も適切なものを次の(さ)〜(と)からそれぞれ一つ選び，記号で記せ。

(さ)

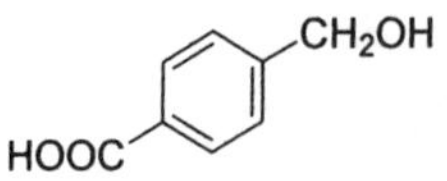

HOOC　CH_2OH

(し)

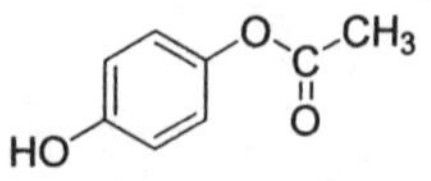

HO　O　C　CH_3　O

(す)

H_3CO　COOH

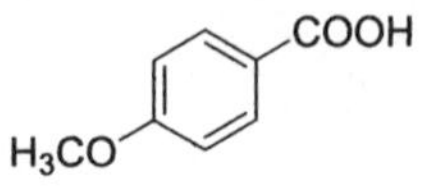

（せ）

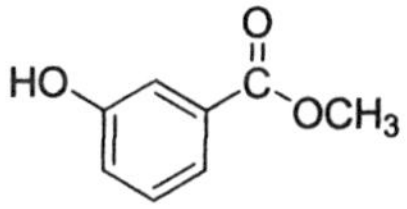

HO, O, C, OCH_3

（そ）

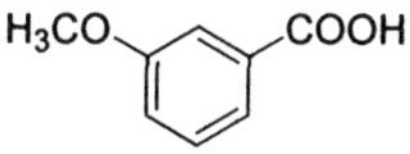

H_3CO, COOH

（た）

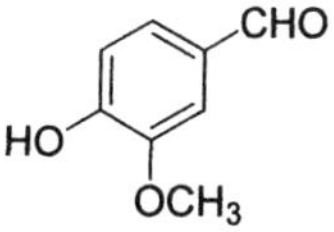

CHO, HO, OCH_3

（ち）

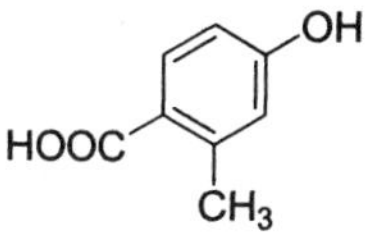

OH, HOOC, CH_3

（つ）

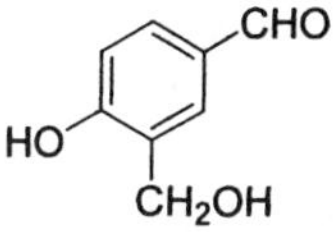

CHO, HO, CH_2OH

（て）

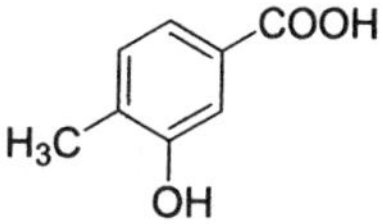

COOH, H_3C, OH

（と）

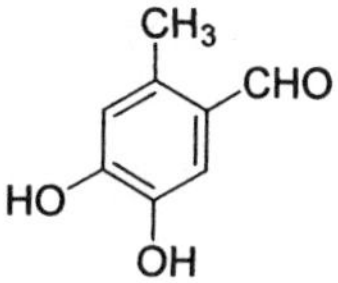

CH_3, CHO, HO, OH

問 4　C として考えられる化合物は全部で何種類あるか，数字で答えよ。

問 5　E の構造式を記せ。

解 答

問1 (お)

問2 (こ)

問3 A―(す) B―(た)

問4 5種類

問5 $C_6H_5-CH(OH)-CH_3$

ポイント

実験1より，化合物Aはカルボン酸，化合物Bはフェノール類であると理解できるが，問題文をよく読み，示された選択肢から推論すると時間を短縮できる。

解 説

問1 (お) 誤文。温度による物質の溶解度の違いを利用して，固体の物質中の不純物を除く操作を再結晶という。

問2 グルコース，フルクトース，ガラクトースの単糖，およびマルトースの水溶液は還元性を示す。

スクロースはグルコースとフルクトースがそれぞれの還元性を示す部分どうしで縮合しているため，スクロースの水溶液は，還元性を示さない。

問3 ポリエチレンテレフタラート中に含まれるベンゼン環と同じ位置で置換されている物質は(さ)・(し)・(す)である。また，化合物Aは炭酸水素ナトリウムと反応するからカルボキシ基が存在し，0.1mmolに金属ナトリウムを反応させて0.05mmolの水素が発生するので，H_2を発生させる官能基を1つだけもつ物質である。したがって，化合物Aは(す)である。

化合物Bは銀鏡反応するからアルデヒド基が存在する。また，水酸化ナトリウム水溶液と反応するから，化合物Bはフェノール類である。それに該当するのは(た)・(つ)・(と)の3つの物質である。また，化合物Bは0.1mmolに金属ナトリウムを反応させて0.05mmolの水素が発生するので，H_2を発生させる官能基を1つだけもつ物質である。したがって，化合物Bは(た)である。

問4 化合物Cは金属ナトリウムと反応しないから，ヒドロキシ基が存在しない。よって次の5種類が考えられる。

CH_3, OCH_3（オルト）　CH_3, OCH_3（メタ）　CH_3, OCH_3（パラ）　OCH_2-CH_3

$\text{C}_6\text{H}_5\text{–CH}_2\text{–O–CH}_3$

問5　化合物D $C_{10}H_{12}O_2$ を加水分解すると CH_3COOH と化合物Eが得られるから，化合物Eは分子式 $C_8H_{10}O$ のアルコールである。ヨードホルム反応をするから，$CH_3CH(OH)-$ の構造をもつとわかる。また，ベンゼン環をもつから，化合物Eの構造式は $\text{C}_6\text{H}_5\text{–CH(OH)–CH}_3$ になる。

64 エステル化，ヨードホルム反応，元素分析

（2017年度 3 I）

必要があれば次の数値を用いよ。

原子量：H＝1.0，C＝12.0，O＝16.0，Br＝80

I　次の文章を読み，問1～問5に答えよ。なお，構造式は記入例にならって記せ。

（記入例）

$H_3C-O-CH_2-C_6H_4-CH_2-CH=C(CH_3)-CH(OH)-C(=O)-O^-\ NH_4^+$

いずれもC，H，Oからなる炭素数5の環状構造をもたない化合物AとBの混合物Xがある。このXに対して以下の実験を行った。ただし，反応はすべて完全に進行するものとする。

（実験1）

X 101.6 mg と過剰量の無水酢酸を反応させると，AとBはそれぞれ化合物CとDになり，CとDの混合物Yが143.6 mg得られた。同時に酢酸が60.0 mg得られた。CとDはいずれもAとBより分子量が42大きかった。Y 143.6 mgに過剰量の臭素を作用させたところ，32.0 mgの臭素が消費された。このとき，1分子のCに対して1分子の臭素が付加したことがわかった。

（実験2）

Xに対し，アンモニア性硝酸銀水溶液を加えて加熱したところ，容器の壁面に銀が生じた(i)。反応後の溶液にジエチルエーテルを加えて抽出したところ，有機層からBのみが得られ，Aのみが反応したことがわかった。また，ジエチルエーテル抽出後の塩基性水溶液に塩酸を加え十分に酸性にした後，再びジエチルエーテルで抽出すると化合物Eのみが得られた。Bに対して元素分析を行うと，成分元素の質量百分率は炭素58.8％，水素9.8％，酸素31.4％であった。Bは不斉炭素原子をもつ化合物であった。

（実験3）

Bに対して脱水反応を行うと，B1分子あたり水1分子がとれた化合物が生成した。また，BとDにそれぞれ水酸化ナトリウム水溶液とヨウ素を加えて加熱すると，いずれも黄色の沈殿を生じた(ii)。

（実験4）

Eに対して触媒を用いて水素を付加させると，物質量比1：1で反応し，化合物Fが得られた。Fは不斉炭素原子をもたない化合物であった。

問1　X中のAとBの物質量比を整数で答えよ。

問2　AおよびBの分子式を記せ。

問3　Bの脱水反応では，Bから生成する可能性のある有機化合物は一種類しか存在せず，生成物にはシス-トランス異性体が存在しない。Bの構造式として適切なものを次の（ア）～（ク）から一つ選び記号で記せ。

（ア）　$HO-CH_2-CH(CH_3)-C(=O)-CH_3$

（イ）　$H_3C-CH(OH)-CH(CH_3)-O-CH_3$

（ウ）　$HO-CH_2-CH(O-CH_3)-C(=O)-CH_3$

（エ）　$H_3C-C(CH_3)(OH)-C(=O)-CH_3$

（オ）　$H_3C-CH(OH)-CH_2-C(=O)-CH_3$

（カ）　$H_3C-CH(OH)-CH_2-O-C(=O)-CH_3$

（キ）　$H_3C-CH(OH)-C(=O)-CH_2-CH_3$

（ク）　$H_2C=C(CH(OH)-CH_3)-C(=O)-H$

問 4　Fの構造式を記せ。

問 5　次の(ケ)～(セ)の化合物に対して，おのおの下線部(i)と(ii)の反応を行った。どちらの反応についても，(i)および(ii)と同様の結果を示す化合物が二つあった。あてはまるものを記号で記せ。

(ケ)　HO―C₆H₄―O―C(=O)―H

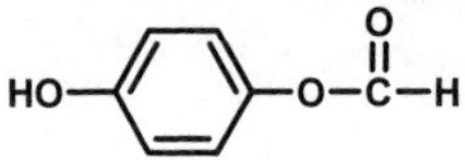

(コ)　$H_3C-C(=O)-H$

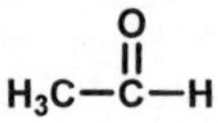

(サ)　$H_3C-CH(OH)-CH_2-C(=O)-H$

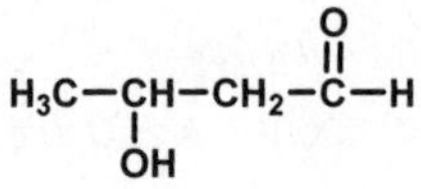

(シ)　（CH_2OH をもつ六員環構造：C, O, H, OH）

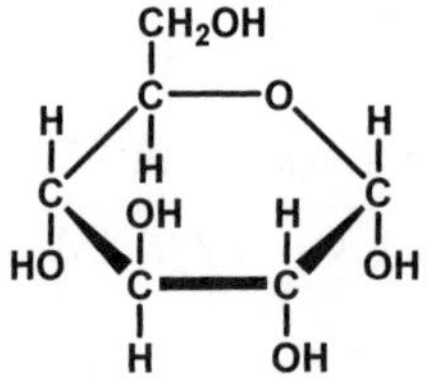

(ス)　HO―C(=O)―C₆H₄―C(=O)―CH_3

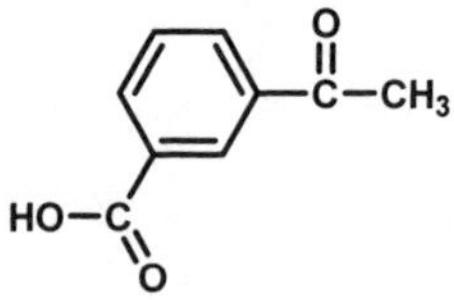

(セ)　O_2N―C₆H₄―N(H)―C(=O)―CH_3

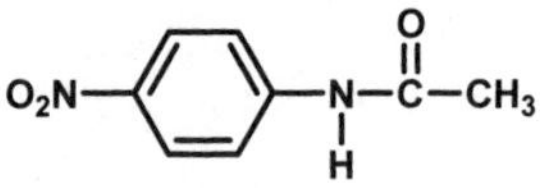

解　答

問1　A：B=1：4

問2　A．$C_5H_8O_2$　　B．$C_5H_{10}O_2$

問3　(ア)

問4　$HO-CH_2-CH_2-CH_2-CH_2-\underset{\underset{\displaystyle O}{\|}}{C}-OH$

問5　(コ)・(サ)

ポイント

問2で化合物Bの分子式 $C_5H_{10}O_2$ を解答した後，問3では，Bが無水酢酸と反応することからヒドロキシ基が，ヨードホルム反応を行うことからアセチル基が存在する点に着目して，構造式を選択したい。

解　説

問1　1分子の化合物Cに対して1分子の臭素 Br_2 が付加するから，混合物Y 143.6 mg に含まれるCの物質量を x〔mol〕とすると

$$x=\frac{32.0\times10^{-3}}{160}=2.00\times10^{-4}\text{〔mol〕}$$

化合物CとDはいずれも化合物AとBより分子量が42大きく，Yが143.6mg得られたとき酢酸が60.0mg得られるから，Y 143.6mgに含まれるCとDの合計の物質量は

$$\frac{60.0\times10^{-3}}{60.0}=1.00\times10^{-3}\text{〔mol〕}$$

したがって，Dの物質量は

$$1.00\times10^{-3}-2.00\times10^{-4}=8.00\times10^{-4}\text{〔mol〕}$$

AとCおよびBとDの物質量は等しいから

$$\text{A：B}=\text{C：D}=2.00\times10^{-4}：8.00\times10^{-4}=1：4$$

問2　Bの組成式を $C_xH_yO_z$ とすると

$$x：y：z=\frac{58.8}{12.0}：\frac{9.8}{1.0}：\frac{31.4}{16.0}=5：10：2$$

Bは炭素数が5だからBの分子式は $C_5H_{10}O_2$（分子量102）である。

Aのモル質量を M〔g/mol〕とすると

$$M\times2.00\times10^{-4}+102\times8.00\times10^{-4}=101.6\times10^{-3}$$

$\therefore\quad M=100$〔g/mol〕

Aは炭素数が5で，ヒドロキシ基およびアルデヒド基および不飽和結合が存在するから，Aの分子式は $C_5H_8O_2$ である。

問3 Bの分子式は$C_5H_{10}O_2$なので(イ), (ウ), (カ), (ク)は不適。

Bには不斉炭素原子があるので(エ)は不適。

ヨードホルム反応は$CH_3CH(OH)-$構造, CH_3CO-構造をもつ物質が行うが, $-OH$がアセチル化されたDも陽性なので$CH_3CH(OH)-$構造のみをもつ(キ)は不適。

Bの脱水生成物は1種類なので(オ)は不適。(ア)の脱水生成物は$CH_2{=}C(CH_3)COCH_3$で, 幾何異性体はない。

よって(ア)が該当する。

問4 銀鏡反応では, 次のように反応する。

$$RCHO + 2[Ag(NH_3)_2]^+ + 3OH^- \longrightarrow RCOO^- + 2Ag + 4NH_3 + 2H_2O$$

化合物Fはヒドロキシ基をもち, カルボキシ基をもつが, 不斉炭素原子をもたないから, Fの構造式は$HO-CH_2-CH_2-CH_2-CH_2-COOH$である。

問5 下線部(i)および(ii)の反応を示すには, アルデヒド基およびアセチル基CH_3CO-の構造や$CH_3CH(OH)-$の構造をもつから, (コ)と(サ)である。

65 不飽和炭化水素の反応，異性体

（2016年度 ③ Ⅰ）

Ⅰ 次の文章を読み，問1～問6に答えよ。なお，構造式は記入例にならって記せ。

（記入例）

```
       CH3               OH   Br
       |                 |    |
H3C — CH — CH2 — CH — CH — CH2 — CH2 — NH2
```

プロペンのように，二重結合に対して非対称な分子構造をもつアルケンに塩化水素が付加すると，水素原子が置換基のより少ない炭素原子に結合し，塩素原子が置換基のより多い炭素原子に結合した生成物が主として得られる。つまり，プロペンに塩化水素が付加すると，2-クロロプロパンが主生成物として得られる。アルカンと塩素を混合して適切な条件で光を当てると，アルカン中の一つの水素原子が塩素原子に置換する反応（モノ塩素化反応）が起こる。アルカンのモノ塩素化反応ではアルカン中の炭素原子同士のつながりかたは変わらず，全ての構造異性体が生成する可能性がある。たとえば，プロパンのモノ塩素化反応では1-クロロプロパンと2-クロロプロパンが共に生成する。

Aは炭素数5の直鎖状のアルケンである。1 molのAに触媒を用いて1 molの水素を付加させると，アルカンBが得られた。Aに臭素を付加させると，不斉炭素原子を一つもつ化合物Cが得られた。また，Aに塩化水素を付加させると，不斉炭素原子を一つもつ化合物Dが主に生成した。<u>Bと塩素を混ぜて光を当てると，モノ塩素化反応が進み，生成物は可能な全ての構造異性体の混合物であった</u>(i)。

問1 AおよびBの名称として適切なものを次の（ア）～（シ）からそれぞれ一つ選び記号で記せ。

（ア） ヘキサン	（イ） ペンタン
（ウ） 2-メチルペンタン	（エ） 2-メチルブタン
（オ） 2,2-ジメチルブタン	（カ） 2,2-ジメチルプロパン
（キ） 1-ペンテン	（ク） 2-ペンテン
（ケ） 1-ヘキセン	（コ） 2-メチル-1-ペンテン
（サ） 2-メチル-1-ブテン	（シ） 2-メチル-2-ブテン

問 2 下線部(i)のBのモノ塩素化反応の生成物の分子式を記せ。

問 3 下線部(i)のBのモノ塩素化反応により何種類の構造異性体が生じるか，数字で記せ。ただし，鏡像異性体については区別しないものとする。

問 4 下線部(i)のBのモノ塩素化反応により生じる構造異性体の中で，不斉炭素原子をもたない異性体の名称として適切なものを次の(ス)～(ト)から全て選び記号で記せ。

(ス) 1-クロロ-2-メチルブタン

(セ) 1-クロロペンタン

(ソ) 1-クロロ-2,2-ジメチルプロパン

(タ) 1-クロロヘキサン

(チ) 2-クロロ-2-メチルブタン

(ツ) 2-クロロペンタン

(テ) 3-クロロペンタン

(ト) 2-クロロ-2-メチルペンタン

問 5 Aと同じ分子式のアルケンの異性体はAを含めて何種類あるか，数字で記せ。ただし，アルケンのシス-トランス異性体は互いに区別するものとする。

問 6 CおよびDの構造式を記せ。

解　答

問1　A―㈹　B―㈠

問2　$C_5H_{11}Cl$

問3　3種類

問4　㈦・㈸

問5　6種類

問6　C．$\underset{\displaystyle Br}{\underset{|}{CH_2}}-\underset{\displaystyle Br}{\underset{|}{CH}}-CH_2-CH_2-CH_3$　　D．$CH_3-\underset{\displaystyle Cl}{\underset{|}{CH}}-CH_2-CH_2-CH_3$

ポイント

化合物Aが不斉炭素原子の数から1-ペンテンであることがわかると，マルコフニコフ則から化合物Dがわかる。

解　説

問1・問2　Aは炭素数5の直鎖状のアルケンであるから，1-ペンテンと2-ペンテンが考えられる。Aに臭素を付加させた化合物Cが不斉炭素原子を1つしかもたないので，Cは1,2-ジブロモペンタンで，Aは1-ペンテンである。

また，BはペンタンC_5H_{12}で，モノ塩素化反応の生成物の分子式は$C_5H_{11}Cl$である。

問3　考えられる異性体は1-クロロペンタン，2-クロロペンタン，3-クロロペンタンの3種類である。

問4　問3の異性体のうち，不斉炭素原子をもつ化合物は2-クロロペンタンで，不斉炭素原子を$^*C$で表すと$CH_3-{}^*CH(Cl)-CH_2-CH_2-CH_3$になる。

問5　Aの分子式はC_5H_{10}であるから，考えられるアルケンの異性体は6種類である。

$CH_2{=}C(CH_3)-CH_2-CH_3$　　$CH_2{=}CH-CH(CH_3)-CH_3$

$CH_3CH{=}C(CH_3)-CH_3$　　$\begin{matrix}CH_3 & & CH_2-CH_3\\ & C{=}C & \\ H & & H\end{matrix}$

$\begin{matrix}CH_3 & & H\\ & C{=}C & \\ H & & CH_2-CH_3\end{matrix}$　　$CH_2{=}CH-CH_2-CH_2-CH_3$

問6　アルケンにハロゲン化水素が付加するとき，マルコフニコフ則より，水素原子が多く結合している炭素原子に水素原子が結びつく。

66 有機化合物の反応と性質

(2015年度 3 I)

I 次の文章を読み，問1～問5に答えよ。なお，構造式は記入例にならって記せ。

（記入例）

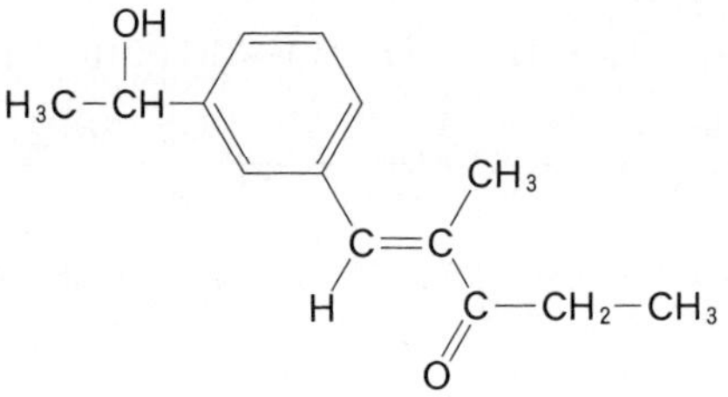

OH
H_3C-CH-
CH_3
$C=C$
H
$C-CH_2-CH_3$
O

化合物A，B，Cは原油の分留によって得られるナフサ（粗製ガソリン）の熱分解によって得られ，化学工業原料として広く用いられている。化合物Aを塩化パラジウム(II)と塩化銅(II)を触媒として，酸素と反応させることで化合物Dを得た。Dは，エタノールに二クロム酸カリウムの硫酸酸性水溶液を加え，加熱することによっても合成される。化合物Aを適切な触媒存在下，塩素と反応させると化合物Eとなり，これを熱分解することで化合物Fを得た。また，Fはアセチレンに塩化水銀触媒存在下，塩化水素を反応させることによっても合成される。化合物Bとベンゼンを酸触媒存在下反応させると分子式 C_9H_{12} である化合物Gとなり，これを酸素と反応させた後，得られた過酸化物を硫酸で分解することで化合物HとIを得た。Iの分子式は，C_6H_6O である。化合物Cに濃硫酸と濃硝酸の混合物を作用させると，Cのベンゼン環の水素原子一つがニトロ基で置換された化合物Jを得た。Jには，二種類の異性体が存在する可能性がある。

問1 化合物Aについてあてはまらないものを次の（ア）～（オ）の中から二つ選び記号で記せ。

（ア） エタノールを濃硫酸存在下，160～170℃に加熱することで得られる。

（イ）　幾何異性体が存在する。

（ウ）　白金やニッケル触媒存在下，水素を反応させると付加反応が起こる。

（エ）　炭化カルシウムに水を作用させることで合成される。

（オ）　臭素水に通すと臭素水の褐色が消えて無色になる。

問 2　化合物Fの適切な化合物名を記せ。

問 3　化合物Gの構造式を記せ。

問 4　化合物Hについてあてはまらないものを次の(カ)～(コ)の中から二つ選び記号で記せ。

（カ）　酢酸カルシウムの乾留によって合成される。

（キ）　2-ブタノールの酸化によって合成される。

（ク）　芳香のある液体であり，水とよく混じりあう。

（ケ）　カルボニル化合物とよばれる。

（コ）　フェーリング液に加えて加熱すると，赤色沈殿が生じる。

問 5　化合物Cの適切な化合物名を次の(サ)～(ソ)の中から選び記号で記せ。

（サ）　*o*-キシレン

（シ）　*m*-キシレン

（ス）　*p*-キシレン

（セ）　エチルベンゼン

（ソ）　トルエン

解 答

問1 (イ)・(エ)

問2 塩化ビニル

問3 $CH_3-CH-CH_3$

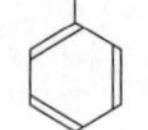

問4 (キ)・(コ)

問5 (サ)

ポイント

問題文をよく読み，化合物A～Ⅰを早く理解することが大切である。問1・問2は，化合物Aがエチレンであることがわかれば基本的な問題である。問3・問4は，クメン法を押さえておこう。問5は，選択肢の中から条件を満たすものを探す問題である。

解 説

問1 エタノール CH_3CH_2OH に硫酸酸性の二クロム酸カリウム水溶液を加えて加熱すると，化合物Dアセトアルデヒド CH_3CHO が得られる。

$$CH_3CH_2OH \xrightarrow[K_2Cr_2O_7]{\text{酸化}} \underset{\text{化合物D}}{CH_3CHO}$$

また，化合物Aエチレン $CH_2=CH_2$ を塩化パラジウム(Ⅱ)と塩化銅(Ⅱ)を触媒として酸素と反応させてもアセトアルデヒドが得られる。

$$\underset{\text{化合物A}}{2CH_2=CH_2} + O_2 \xrightarrow{PdCl_2,\ CuCl_2} \underset{\text{化合物D}}{2CH_3CHO}$$

(ア) あてはまる。エチレンはエタノールを濃硫酸存在下で，160～170℃に加熱すると得られる。

$$CH_3CH_2OH \longrightarrow CH_2=CH_2 + H_2O$$

(イ) あてはまらない。エチレンには幾何異性体は存在しない。

(ウ) あてはまる。エチレンは触媒の存在下で水素と反応し，エタンになる。

$$CH_2=CH_2 + H_2 \longrightarrow CH_3-CH_3$$

(エ) あてはまらない。炭化カルシウムに水を作用させるとアセチレンが得られる。

$$CaC_2 + 2H_2O \longrightarrow Ca(OH)_2 + C_2H_2$$

(オ) あてはまる。エチレンは臭素と反応し，無色の1,2-ジブロモエタンが生じる。

$$CH_2=CH_2 + Br_2 \longrightarrow CH_2Br-CH_2Br$$

問2 エチレンを触媒の存在下で塩素と反応させると化合物E 1,2-ジクロロエタンとなり，これを熱分解すると化合物F塩化ビニル $CH_2=CHCl$ が得られる。

$$\underset{\text{化合物E}}{CH_2Cl-CH_2Cl} \xrightarrow{\text{熱分解}} \underset{\text{化合物F}}{CH_2=CHCl} + HCl$$

また，塩化ビニルはアセチレンに触媒存在下で塩化水素を反応させても得られる。

$$CH \equiv CH + HCl \longrightarrow \underset{\text{化合物F}}{CH_2=CHCl}$$

問 3　化合物Bプロペン $CH_2=CHCH_3$ とベンゼンを触媒存在下で反応させると化合物Gクメン（イソプロピルベンゼン）C_9H_{12} ができる。

$$C_6H_6 + \underset{\text{化合物B}}{CH_2=CHCH_3} \longrightarrow \underset{\text{化合物G}}{C_6H_5CH(CH_3)_2}$$

問 4　クメンを酸素で酸化したあと，硫酸で分解すると化合物Hアセトン CH_3COCH_3 と化合物Ｉフェノール C_6H_5OH が生じる。

$$C_6H_5CH(CH_3)_2 \xrightarrow{O_2} C_6H_5C(CH_3)_2OOH \xrightarrow{\text{分解}} \underset{\text{化合物I}}{C_6H_5OH} + \underset{\text{化合物H}}{CH_3COCH_3}$$

(カ)　あてはまる。アセトンは酢酸カルシウムの熱分解（乾留）によって得られる。

$$(CH_3COO)_2Ca \longrightarrow CaCO_3 + CH_3COCH_3$$

(キ)　あてはまらない。アセトンは2-プロパノールを酸化すると得られる。

(ク)　あてはまる。アセトンは無色の芳香のある液体で，水とよく混じり合う。

(ケ)　あてはまる。アセトンはカルボニル基 $-CO-$ をもつ。

(コ)　あてはまらない。アセトンは還元性がないので，フェーリング液を還元しない。

問 5　(サ)〜(ソ)の化合物のベンゼン環の水素原子 1 つがニトロ基で置換された化合物の異性体の数は，(サ) 2 種類，(シ) 3 種類，(ス) 1 種類，(セ) 3 種類，(ソ) 3 種類になる。

$$\underset{\text{化合物C}}{C_6H_4(CH_3)_2} \xrightarrow{\text{ニトロ化}} \underset{\text{化合物J}}{C_6H_3(NO_2)(CH_3)_2 \text{（3-ニトロ体）},\ C_6H_3(NO_2)(CH_3)_2 \text{（4-ニトロ体）}}$$

67　芳香族化合物の構造決定

（2014年度 3 Ⅰ）

Ⅰ　次の文章を読み，問1～問5に答えよ。なお，構造式は記入例にならって記せ。

（記入例）

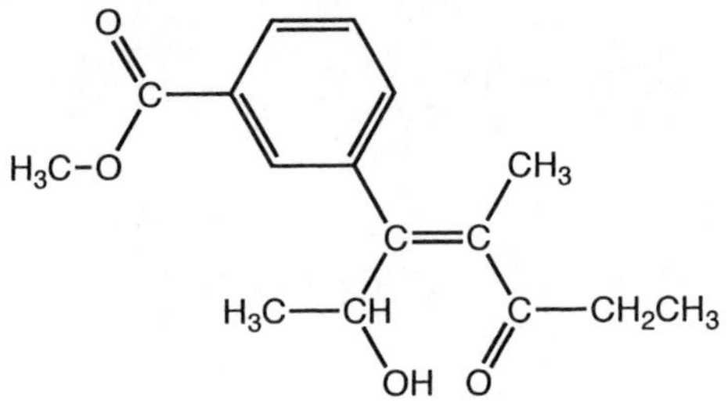

芳香族化合物A，B，Cは分子式$C_8H_8O_2$で表される。化合物AとBそれぞれをアンモニア性硝酸銀水溶液に加えて加熱すると，容器の壁面が鏡のようになった。適切な条件下，A，Bそれぞれを酸化することでAからは化合物Dを，Bからは化合物Eを得た。Dを1，2-エタンジオールと重合することで食品容器などに広く用いられているポリマーFを得た。Eを加熱することで水分子が一つとれて，化合物Gを得た。Cに水酸化ナトリウム水溶液を加え加熱することで化合物Hのナトリウム塩と化合物Ｉのナトリウム塩を得た。これらナトリウム塩の混合水溶液に二酸化炭素を吹き込むとHのみが遊離した。適切な条件下，Hを酸化することで化合物Ｊを得た。また，Ｊはフェノールのナトリウム塩を高温，高圧のもとで二酸化炭素と反応させた後，希硫酸を作用させることによっても合成される。

問1　化合物A，B，Cとして適切な化合物を次の(あ)～(し)の中から選び，それぞれ記号で記せ。

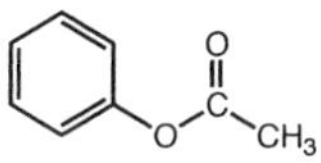

（あ） 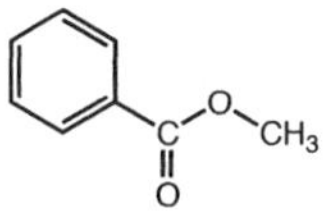　（い） 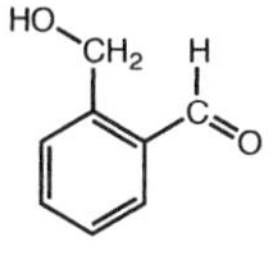　（う） 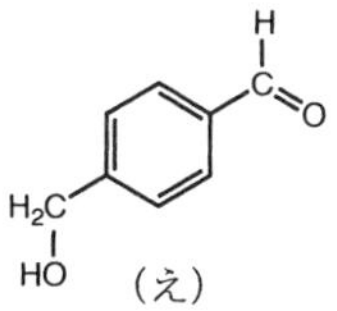　（え）

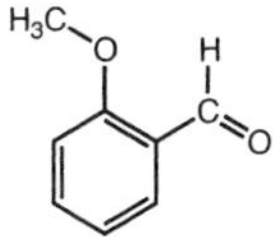

（お） 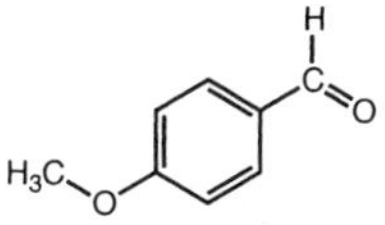　（か） 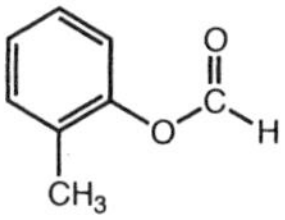　（き） 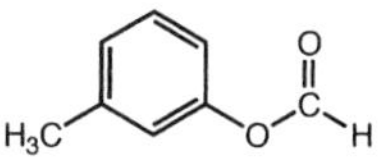　（く）

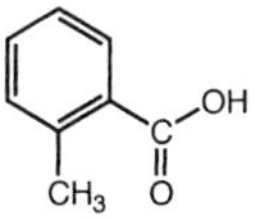

（け） 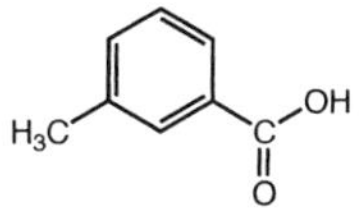　（こ） 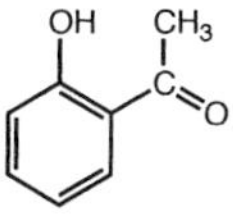　（さ） 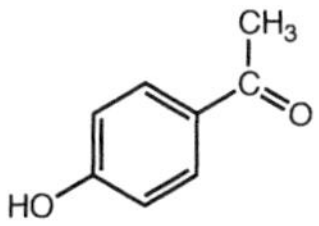　（し）

問 2　化合物Gの構造式を記せ。

問 3　化合物Hの適切な化合物名を記せ。

問 4　ポリマーFについてあてはまらないものを次の（ア）～（オ）の中から二つ選び記号で記せ。

（ア）　合成繊維として利用されている。

（イ）　熱可塑性をもたない。

（ウ）　重合度nのポリマーFが1分子できるときに生成する水分子の数は，nである。

（エ）　エステル結合により連なった重合体である。

（オ）　ナイロン66と同様に縮合重合した高分子である。

問 5　化合物Jについてあてはまらないものを次の（カ）～（コ）の中から二つ選び記号で記せ。

（カ）　カルボキシル基とヒドロキシ基をもっている。

（キ）　濃硫酸存在下，メタノールと反応させると解熱鎮痛作用をもつ医薬品である白色結晶が得られる。

(ク)　炭酸水素ナトリウム水溶液に溶解する。

(ケ)　フェノールより弱い酸である。

(コ)　化合物Jの分子式は，$C_7H_6O_3$ である。

解　答

問1　A―(え)　B―(う)　C―(き)

問2　(無水フタル酸の構造式：ベンゼン環に C(=O)–O–C(=O) の環が縮合)

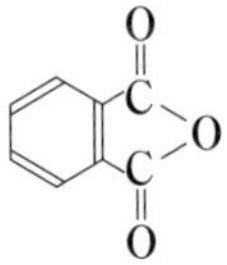

問3　*o*-クレゾール

問4　(イ), (ウ)

問5　(キ), (ケ)

ポイント

問1～問3は，カルボキシ基が化合物Dではパラ位，化合物Eではオルト位にある。また，化合物Cはけん化するのでエステルであり，二酸化炭素を加えると遊離するのがフェノール類であることがわかれば標準的な問題である。

解　説

問1～問3　テレフタル酸を1,2-エタンジオールと重合することでポリエチレンテレフタラートが得られる。

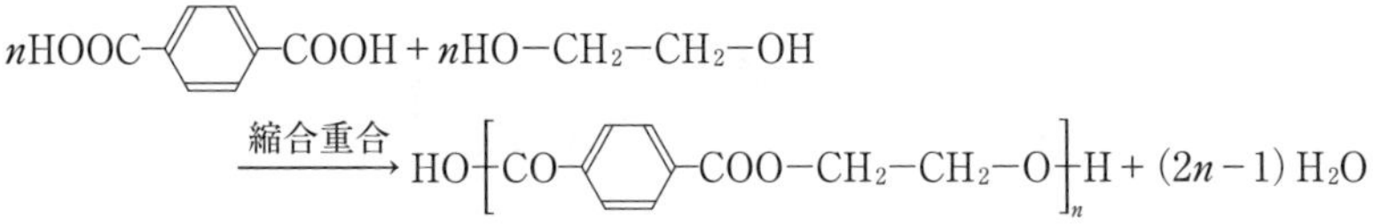

$$n\mathrm{HOOC{-}C_6H_4{-}COOH} + n\mathrm{HO{-}CH_2{-}CH_2{-}OH}$$

$$\xrightarrow{\text{縮合重合}} \mathrm{HO}\!\left[\mathrm{CO{-}C_6H_4{-}COO{-}CH_2{-}CH_2{-}O}\right]_n\!\mathrm{H} + (2n-1)\,\mathrm{H_2O}$$

すなわち化合物Dはテレフタル酸，ポリマーFはポリエチレンテレフタラートである。

また，化合物Eは無水物を生じるから，フタル酸であり，化合物Gは無水フタル酸である。

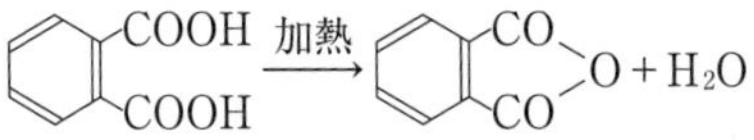

$$\mathrm{C_6H_4(COOH)_2} \xrightarrow{\text{加熱}} \mathrm{C_6H_4(CO)_2O} + \mathrm{H_2O}$$

化合物AとBは銀鏡反応するからアルデヒド基を有する。

また，ベンゼン環に側鎖の結合した化合物の酸化では，ベンゼン環に直接結合した炭素が酸化されてカルボキシ基になる。したがってA，Bをそれぞれ酸化するとD，Eになるから，選択肢のうち

Aは(え) (パラ位に CHO と $\mathrm{CH_2OH}$ をもつベンゼン) で，Bは(う) (オルト位に CHO と $\mathrm{CH_2OH}$ をもつベンゼン) が該当する。

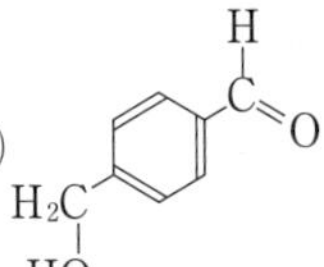

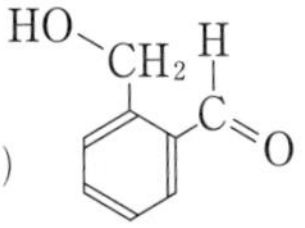

化合物Cはけん化するのでエステルで，化合物Hのナトリウム塩と化合物Iのナトリウム塩の混合水溶液に二酸化炭素を吹き込むとHのみが遊離するから，Hはフェノール類で，Iはカルボン酸である。また，化合物Jは，ナトリウムフェノキシドを高温・高圧のもとで二酸化炭素と反応させた後で希硫酸を作用させると合成されるから，サリチル酸である。

$$C_6H_5ONa \xrightarrow[\text{高温・高圧}]{CO_2} C_6H_4(OH)COONa \xrightarrow{H_2SO_4} C_6H_4(OH)COOH$$

化合物Jがサリチル酸であるから，Hは *o*-クレゾールになり，化合物Iはギ酸 HCOOH になる。したがって，

Cは(き) $C_6H_4(CH_3)-O-C(=O)-H$ である。

問4　ポリエチレンテレフタラートは合成繊維として利用され，熱可塑性である。重合度 n のポリエチレンテレフタラートができるときに生成する水分子の数は $2n-1$ である。

問5　化合物Jはサリチル酸で，ヒドロキシ基とカルボキシ基の2つの基をもっているので，フェノールより強い酸である。また，メタノールと濃硫酸を作用させると外用塗布剤のサリチル酸メチルになる。

$$C_6H_4(OH)COOH + HOCH_3 \longrightarrow C_6H_4(OH)CO-OCH_3 + H_2O$$

68 芳香族エステルの構造決定

（2013年度③Ⅱ）

Ⅱ　次の文章を読み，問1～問5に答えよ。

化合物AはC，H，Oからなる炭素数14の芳香族化合物である。Aを水酸化ナトリウム水溶液に加えて加熱した後，希塩酸で中和すると，化合物B，C，Dが得られた。(1)B，C，Dは水酸化ナトリウム水溶液に加えるとナトリウム塩を作って溶けたが，その水溶液に二酸化炭素を通じるとCが遊離した。(2)Dの硝酸銀水溶液に塩基性でアンモニア水を加えて加熱すると，容器の壁面が鏡のようになった。Bにメタノールと酸を反応させると，$C_8H_8O_3$の分子式を持つ化合物Eになった。一方，Bに無水酢酸を反応させると，$C_9H_8O_4$の分子式を持つ化合物Fになった。ベンゼンに触媒存在下でプロペンを反応させた後，酸化，分解反応によりCが合成できる。

問1　下線部(1)からわかることを(a)～(d)の中から一つ選び記号で記せ。

(a)　B，C，Dはカルボン酸である。

(b)　CはB，Dより強い酸である。

(c)　Cは二酸化炭素の水溶液より強い酸である。

(d)　B，DはCより強い酸である。

問2　Dの性質のうち，下線部(2)の反応を起こす原因となるものを(e)～(i)の中から一つ選び記号で記せ。

(e)　揮発性

(f)　還元性

(g)　酸　性

(h)　塩基性

(i)　潮解性

問3　下線部(2)の反応によりDから生成する化合物を(j)～(m)の中から一

つ選び記号で記せ。

(j) H_2

(k) CO_2

(ℓ) CH_4

(m) CO

問 4 Aの分子式を記せ。

問 5 Fにはあてはまるが，Eにはあてはまらないものを(n)～(q)から一つ選び記号で記せ。

(n) *o*-, *m*-, *p*-異性体が存在する。

(o) 水酸化ナトリウム水溶液を加えるとナトリウム塩をつくって溶解する。

(p) 二酸化炭素の水溶液より強い酸性を示す。

(q) フェーリング液に加えて加熱すると赤色沈殿が生じる。

解　答

問1　(d)
問2　(f)
問3　(k)
問4　$C_{14}H_{10}O_4$
問5　(p)

ポイント

問1は，酸としての強さが，カルボン酸 R−COOH ＞炭酸 H_2CO_3＞フェノール類 であることを活用する。問3は，化合物A，B，C，Dの炭素数に着目するとDはギ酸であるとわかる。ギ酸はアルデヒド基をもつので還元性を示す。問4は，AがB，C，Dから水2分子を脱水した化合物であることに着目する。

解　説

問1　下線部(1)の記述から，酸性の強さはB，D＞炭酸＞C である。Cは炭酸より弱い酸で，フェノール類と考えられる。

問2　下線部(2)の反応は銀鏡反応で，アルデヒド基などの還元性官能基を検出する。

問3・問4　Bの分子式は，Eを加水分解して生じるカルボン酸である。

$$\underset{(E)}{C_8H_8O_3} + H_2O \underset{\text{エステル化}}{\overset{\text{加水分解}}{\rightleftarrows}} CH_3OH + \underset{(B)}{C_7H_6O_3}$$

Cはベンゼンとプロペンからクメン法経由で生じるフェノール類ということから，フェノール C_6H_5OH である。

Aの炭素数は14で，BとCの炭素数の合計が13であるから，Dの炭素数は1である。Dはカルボン酸で，かつ還元性を示すからギ酸である。ギ酸はアルデヒド基をもつので，還元性を示す。

$$HCOOH \longrightarrow CO_2 + 2H^+ + 2e^-$$

B，C，Dから水2分子が脱水してAが生じると考えればよい。

$$A = B + C + D - 2H_2O = C_7H_6O_3 + C_6H_6O + CH_2O_2 - 2H_2O$$
$$= C_{14}H_{10}O_4$$

問5　$C_7H_6O_3$ のBはメチルエステルEをつくるので，−COOH を有し，また酢酸エステルFをつくるので，−OH をもつ。

よって，Bはヒドロキシ酸で $C_6H_4(OH)COOH$ である。したがって，Eは $C_6H_4(OH)COOCH_3$，Fは $C_6H_4(OCOCH_3)COOH$ である。

(n)　EもFもベンゼン二置換体であるので，両方にあてはまる。

(o)　水酸化ナトリウム水溶液を加えると，Eは $C_6H_4(ONa)COOCH_3$，Fは

$C_6H_4(OCOCH_3)COONa$ となり，両方にあてはまる。

(p) カルボン酸のＦは二酸化炭素の水溶液より強い酸性を示すが，フェノール類のＥは二酸化炭素の水溶液より弱い酸性を示す。

(q) ＥもＦもアルデヒド基をもたないので，両方あてはまらない。

69 芳香族化合物の分離と性質

（2012年度 3 I）

必要があれば次の数値を用いよ。
原子量：H＝1.0，C＝12.0，N＝14.0，O＝16.0，Na＝23.0，S＝32.1，Br＝79.9

I　次の文章を読み，問1～問6に答えよ。なお，構造式は記入例にならって記せ。

（記入例）

ベンゼンの一つの水素を別の基で置換した化合物A～Dは炭素，水素，窒素，酸素以外の元素を含まず，分子量は122以下である。A～Dの混合物をジエチルエーテルに溶解させた溶液に希塩酸を加えて抽出し，エーテル層Iと水層Iに分離した。水層Iに水酸化ナトリウム水溶液を加え，ジエチルエーテルで抽出して化合物Aを得た。エーテル層Iを炭酸水素ナトリウム水溶液で抽出し，エーテル層IIと水層IIに分離した。水層IIに希塩酸を加えて十分に酸性にしたところ固形物Bが沈殿した。エーテル層IIを水酸化ナトリウム水溶液で抽出してエーテル層IIIと水層IIIに分離した。エーテル層IIIからは中性の化合物Cが得られた。水層IIIに，多量の二酸化炭素を吹き込んだ後エーテルで抽出して，酸性の化合物Dを得た。

問1　化合物Aは分子量が100より小さく，無水酢酸と反応する。この反応で生成する芳香族化合物の分子量を整数で答えよ。

問2　化合物Bは，芳香族化合物Eを二クロム酸カリウムの希硫酸溶液に入れて温めることにより得られる。Eとして適切な化合物を次の（あ）～（か）からすべて選び記号で答えよ。

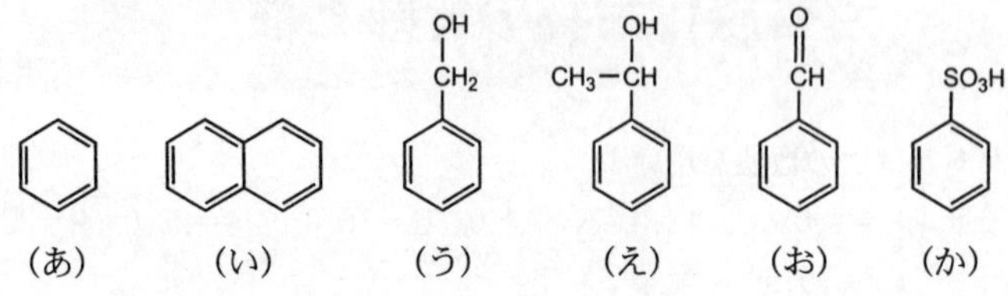

問 3 化合物Cの組成式はC_9H_{10}である。Cとして考えられる化合物は何種類あるか答えよ。

問 4 化合物Dの水溶液に大過剰の臭素水を加えると分子量260以上の化合物Fが白色沈殿として生じた。Fの構造式を記せ。

問 5 化合物Dは芳香族化合物Gのアルカリ融解により合成できる。Gとして最も適切なものを次の(き)～(さ)から一つ選び記号で答えよ。

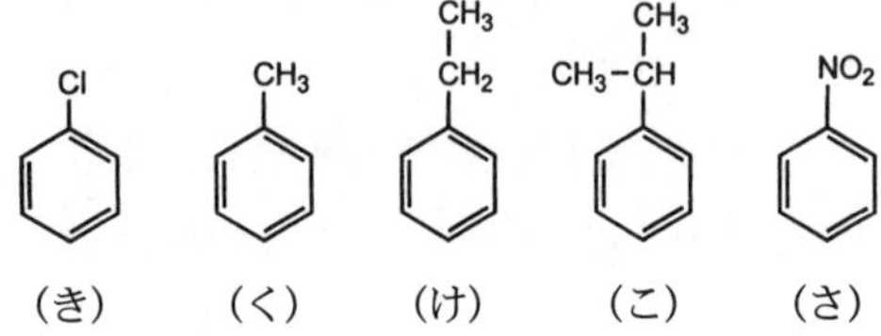

問 6 化合物D 10.0 g と金属ナトリウム 0.115 g を反応させた。このときに，発生する気体の標準状態での体積〔mL〕を有効数字2桁で求めよ。

解　答

問1　135

問2　(う)・(お)

問3　5種類

問4　（2,4,6-トリブロモフェノールの構造式：ベンゼン環にOH，その両隣にBr，OHのパラ位にBr）

問5　(き)

問6　5.6×10mL

ポイント

化合物Aはアミン，Bはカルボン酸，Dがフェノール類と推論できる。問2では，二クロム酸カリウムの酸化力の強さに配慮して，(え)を選んでしまわないよう注意したい。

解　説

問1　Aはベンゼンの一置換体で分子量が100より小さく，塩酸と反応して水に溶けるのでアミノ基をもつ。フェニル基 C_6H_5- の式量は77.0であるから，置換基の式量は23より小さい。$-NH_2$ の式量は16.0，$-CH_2-NH_2$ 基の式量は30.0であるから，Aはアニリンである。アニリンを無水酢酸でアセチル化するとアセトアニリド（$C_6H_5-NHCOCH_3$，分子量135.0）が生成する。

$$C_6H_5-NH_2 + O(CO-CH_3)_2 \longrightarrow C_6H_5-NHCOCH_3 + CH_3COOH$$

問2　Bは，炭酸水素ナトリウムと反応して水に溶けるのでカルボン酸である。分子量が122以下であるから，安息香酸（C_6H_5-COOH，分子量122.0）と決まる。(あ)～(か)のうち，$K_2Cr_2O_7$ で酸化されて安息香酸を生じるものは，(う)のベンジルアルコールと(お)のベンズアルデヒドである。

問3　Cの組成式が C_9H_{10} であるから，Cは中性の化合物 $C_6H_5-C_3H_5$ である。$-C_3H_5$ の部分は $>C=C<$ や環状構造をもつので次の5種類の構造式が考えられる（シス-トランス異性体）。

$C_6H_5-C(CH_3)=CH_2$　　$C_6H_5-CH_2-CH=CH_2$

C_6H_5–C(H)=C(H)–CH_3 (trans)　C_6H_5–C(H)=C(H)–CH_3 (cis)　C_6H_5–CH<(CH_2–CH_2)

問4 分離操作の中でDは NaOHaq と反応するが $NaHCO_3aq$ とは反応しない。また，臭素水と反応して白色沈殿を生じることから，フェノール（C_6H_5–OH，分子量 94.0）である。したがって，Fは分子量 260 以上の化合物であるから 2,4,6-トリブロモフェノール $C_6H_2Br_3$–OH（分子量 330.7）である。

問5 フェノールの合成法では，クメン法，ベンゼンスルホン酸ナトリウムのアルカリ融解，クロロベンゼンの加水分解がある。

$$C_6H_5Cl + 2NaOH \xrightarrow{\text{高温・高圧}} C_6H_5ONa + NaCl + H_2O$$

$$C_6H_5ONa + CO_2 + H_2O \longrightarrow C_6H_5OH + NaHCO_3$$

問6 $2C_6H_5\text{–}OH + 2Na \longrightarrow 2C_6H_5\text{–}ONa + H_2$

フェノールが $\dfrac{10.0}{94.0}=0.106$〔mol〕，Na が $\dfrac{0.115}{23.0}=5.00\times10^{-3}$〔mol〕であるから，フェノールが過剰にあるので，発生する水素は

$$\frac{1}{2}\times5.00\times10^{-3}\times22400=56\text{〔mL〕}$$

である。

70 分子式 C_4H_8O の化合物，異性体

（2011年度 [3] I）

必要があれば，次の数値を用いよ。
原子量：H＝1.0，C＝12.0，O＝16.0，Br＝79.9

I　次の文章を読み，問1～問3に答えよ。なお，構造式は記入例にならって記せ。

（記入例）

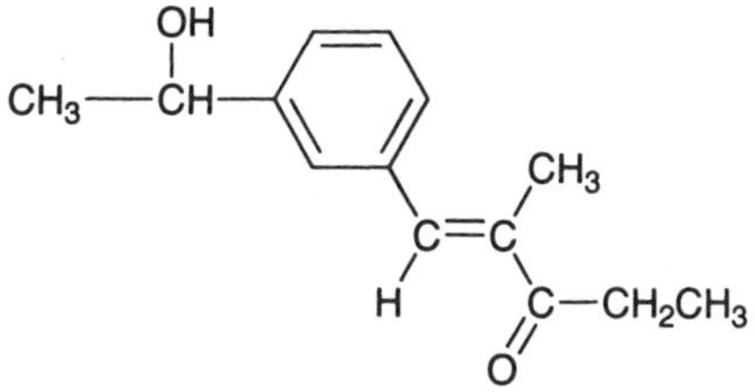

OH
CH_3—CH—
CH_3
C＝C
H
C—CH_2CH_3
O

次の説明1～5に記す化学的性質を有する化合物 A，B および C はいずれも分子式が C_4H_8O で表される。化合物 A は環状の構造を有する化合物（環式化合物）であり，化合物 B と C は鎖式化合物であることがわかっている。

（説明1）　化合物 A と B のそれぞれにナトリウムの単体を加えたところいずれも水素が発生したが，化合物 C にナトリウムを加えても水素の発生は認められなかった。

（説明2）　化合物 A は不斉炭素原子を持たない。また，酸化剤と反応し環状の構造を有するケトンを与えた。

（説明3）　化合物 B は二重結合を有するが，二重結合を形成する炭素原子に酸素原子は結合していない。また，不斉炭素原子を持たない。化合物 B に臭素を反応させると付加反応が進行し，不斉炭素原子を2つ有し分子式が $C_4H_8Br_2O$ で表される化合物 D を与えた。

（説明4）　化合物 C は銀鏡反応に陽性を示した。

（説明5）　化合物 B を白金触媒を用いて水素と反応させて得られた化合物を，希硫酸水溶液中で二クロム酸カリウムと反応させたところ化合物 C が得られた。

問 1　一般にナトリウム単体と反応して水素を発生する環式化合物のうち，分子式が C_4H_8O で表される化合物は何種類あるか答えよ。ただし，立体異性体は互いに区別しないものとする。

問 2　化合物A，BおよびCの構造式を記せ。立体異性体が存在する場合は**いずれか1つの異性体のみ**を記せ。

問 3　化合物AとBをある割合で混合し(1)，これを過剰量の無水酢酸と反応させたところ，化合物EとFの混合物342gが得られた。また同時に180gの酢酸が生成した。このEとFの混合物342gを過剰量の臭素と反応させたところ，二重結合に対する付加反応のみが進行した。反応しなかった臭素を取り除いて残った混合物の質量は742gであった。下線部(1)の混合物中に含まれている化合物AとBの質量を，それぞれ有効数字3桁で記せ。なお，無水酢酸や臭素との反応は完全に進行したものとする。

解　答

問1　4種類

問2　化合物A：

$$\begin{array}{l}CH_2-CH_2\\ |\quad\quad\ \ |\\ CH_2-CH-OH\end{array}$$

化合物B：$\underset{H}{\overset{CH_3}{}}\!\!>C=C<\!\!\underset{CH_2-OH}{\overset{H}{}}$　または　$\underset{H}{\overset{CH_3}{}}\!\!>C=C<\!\!\underset{H}{\overset{CH_2-OH}{}}$

化合物C：$CH_3-CH_2-CH_2-\overset{\overset{\displaystyle O}{\|}}{C}-H$

問3　化合物A：35.8 g

化合物B：1.80×10^2 g

ポイント

分子式 C_4H_8O の不飽和度は $\dfrac{2\times4+2-8}{2}=1$ であるから，不飽和結合（C=C か C=O）を1つもつ，もしくは環状構造を1つもつ。そのことを押さえたうえで，与えられた条件で異性体を考える。問3では，化合物AとBの混合物の物質量の合計が 3.00 mol であることに着目する。

解　説

問1　ナトリウム単体と反応して水素を発生する化合物はアルコールである。C_4H_7OH の環状のアルコールの構造異性体は，次の4種である（C* は不斉炭素原子）。

① $\begin{array}{l}CH_2-CH_2\\ |\quad\quad\ \ |\\ CH_2-CH-OH\end{array}$　　② $\begin{array}{l}CH_2\\ |\\ CH_2\end{array}\!\!>CH-CH_2-OH$

③ $CH_3-{}^*CH-C^*H-OH$（2つの炭素が CH_2 で結ばれた三員環）　　④ $\begin{array}{l}CH_2\\ |\\ CH_2\end{array}\!\!>C<\!\!\begin{array}{l}CH_3\\ OH\end{array}$

問2　（説明1）　化合物AとBはアルコール，化合物Cは OH 基をもたない。

（説明2）　化合物Aは，酸化剤と反応させるとケトンが生じるから第二級アルコールであり，不斉炭素原子をもたず環状構造を有することより，問1の①である。

（説明3）　C_4H_7OH のうち，C=C 結合をもち，安定に存在する構造異性体は次の4種である。

⑤ $CH_2=CH-CH_2-CH_2-OH$　　⑥ $CH_2=CH-\overset{\overset{\displaystyle CH_3}{|}}{C}{}^*H-OH$

⑦ $CH_2=\overset{\overset{\displaystyle CH_3}{|}}{C}-CH_2-OH$　　⑧ $CH_3-CH=CH-CH_2-OH$

⑥は不斉炭素原子をもつので，化合物Bではない。⑤・⑦・⑧に Br_2 を付加すると，次の生成物が生じる。

⑤′ $Br-CH_2-C^*H(Br)-CH_2-CH_2-OH$

⑦′ $Br-CH_2-C^*(CH_3)(Br)-CH_2-OH$

⑧′ $CH_3-C^*H(Br)-C^*H(Br)-CH_2-OH$

不斉炭素原子を2つ有する化合物Dは⑧′である。よって，化合物Bは⑧である。⑧には，シス-トランス異性体がある。

（説明4） 化合物Cはアルデヒド基を有するので，C_3H_7-CHO である。

（説明5） 化合物Bに水素を付加させた後，二クロム酸カリウムで酸化すると化合物Cになる。

$$\underset{\text{化合物B}}{CH_3-CH=CH-CH_2-OH} \xrightarrow{+H_2} CH_3-CH_2-CH_2-CH_2-OH$$

$$\xrightarrow{\text{酸化}} \underset{\text{化合物C}}{CH_3-CH_2-CH_2-CHO}$$

問3 化合物AとBを C_4H_7OH と表し，無水酢酸でアセチル化を行うと，化合物EとF（ともに $C_4H_7OCOCH_3$，分子量114.0）が得られる。

$$C_4H_7OH + (CH_3CO)_2O \longrightarrow \underbrace{\underset{\frac{342}{114.0}\text{mol}}{C_4H_7OCOCH_3} + \underset{\frac{180}{60.0}\text{mol}}{CH_3COOH}}_{\text{ともに}3.00\,\text{mol}}$$

したがって，化合物AとBの混合物の物質量の合計は3.00 mol である。

混合物中の化合物AとBの物質量をそれぞれ x〔mol〕と $(3.00-x)$〔mol〕とする。

臭素を付加できるのは，C=C 結合をもつ化合物Fである。

$$\underset{(3.00-x)\,\text{〔mol〕}}{C_4H_7OCOCH_3} + \underset{(3.00-x)\,\text{〔mol〕}}{Br_2} \longrightarrow \underset{(3.00-x)\,\text{〔mol〕}}{C_4H_7Br_2OCOCH_3}$$

したがって，質量の増加量は付加した Br_2 の質量に相当するから，付加した Br_2 の物質量について

$$\frac{742-342}{79.9\times2}=3.00-x \qquad \therefore \quad x=0.4968\,\text{〔mol〕}$$

以上より，化合物Aは　$72.0\times0.4968=35.76\fallingdotseq35.8$〔g〕

化合物Bは　$72.0\times(3.00-0.4968)=180.2\fallingdotseq1.80\times10^2$〔g〕

71 アルコールの構造決定

（2009年度 3 I）

I　次の文章を読み，問1～問5に答えよ。なお，構造式については記入例にならって示せ。

（記入例）

$$\begin{array}{c} \quad\quad\quad\quad\quad\quad CH_3 \\ \quad\quad\quad\quad\quad\quad | \\ CH_3-CH-CH-CH=CH_2 \\ \quad\;\; | \quad\quad\quad\quad\quad\quad\quad\quad \\ \quad\;\; OH \quad\quad\quad\quad\quad\quad\quad \end{array}$$

分子式 $C_5H_{12}O$ である化合物の構造異性体のうち，分子内にヒドロキシ基をもつものは8種類ある。化合物A，B，C，Dはそのいずれかである。

これらを二クロム酸カリウムの希硫酸溶液と加温しておだやかに反応させると，Aは変化しなかったが，B，C，Dからはそれぞれ酸化生成物が得られた。これらの酸化生成物のうち，Cからの生成物のみがヨードホルム反応を示し，Dからの生成物のみが銀鏡反応を示した。また，このDの酸化生成物は不斉炭素原子をもつことがわかった。

一方，BおよびCを濃硫酸とともに加熱したところ，Bからは2種類のアルケンE，Fが，Cからは3種類のアルケンE，F，Gが生成した。

問1　A，B，C，Dのうち，第二級アルコールに属するものの記号をすべて記せ。

問2　Aの構造式を記せ。

問3　二クロム酸カリウム1molで酸化できるBの物質量(mol)を記せ。ただし，反応は完全に進行するものとする。

問4　Gの構造式を記せ。

問5　A，B，C，Dを除く分子式 $C_5H_{12}O$ のアルコールのうち，不斉炭素原子をもつものの構造式を1つ記せ。

解　答

問1　B・C

問2
$$\begin{array}{c} \quad\quad\quad\quad\quad\quad CH_3 \\ \quad\quad\quad\quad\quad\quad | \\ CH_3-CH_2-C-CH_3 \\ \quad\quad\quad\quad\quad\quad | \\ \quad\quad\quad\quad\quad\quad OH \end{array}$$

問3　3 mol

問4　$CH_3-CH_2-CH_2-CH=CH_2$

問5
$$\begin{array}{l} \quad\quad\;\; CH_3 \\ \quad\quad\;\; | \\ CH_3-CH-CH-CH_3 \\ \quad\quad\quad\quad\;\; | \\ \quad\quad\quad\quad\;\; OH \end{array}$$

ポイント

分子式 $C_5H_{12}O$ で表すことができるアルコールから，条件に合う物質を決定する。化合物Bから脱水してできるアルケンは，シス-トランス異性体を考える。問3は，Bの酸化反応のイオン反応式に戸惑ったであろう。それがわかれば電子の授受で考えることができる。

解　説

分子式 $C_5H_{12}O$ で表されるアルコールは8種類ある。

第一級アルコール：4種類

$CH_3-CH_2-CH_2-CH_2-CH_2-OH$

$$\begin{array}{l} \quad\quad\;\; CH_3 \\ \quad\quad\;\; | \\ CH_3-CH-CH_2-CH_2-OH \end{array}$$

$$\begin{array}{l} \quad\quad\quad\quad\quad\;\; CH_3 \\ \quad\quad\quad\quad\quad\;\; | \\ CH_3-CH_2-{}^*CH-CH_2-OH \end{array}$$

$$\begin{array}{l} \quad\quad\;\; CH_3 \\ \quad\quad\;\; | \\ CH_3-C-CH_2-OH \\ \quad\quad\;\; | \\ \quad\quad\;\; CH_3 \end{array}$$

第二級アルコール：3種類

$$\begin{array}{l} CH_3-{}^*CH-CH_2-CH_2-CH_3 \\ \quad\quad\quad\;\; | \\ \quad\quad\quad\;\; OH \end{array}$$

$$\begin{array}{l} CH_3-CH_2-CH-CH_2-CH_3 \\ \quad\quad\quad\quad\quad\;\; | \\ \quad\quad\quad\quad\quad\;\; OH \end{array}$$

$$\begin{array}{l} \quad\quad\quad\quad\quad\;\; CH_3 \\ \quad\quad\quad\quad\quad\;\; | \\ CH_3-{}^*CH-CH-CH_3 \\ \quad\quad\quad\;\; | \\ \quad\quad\quad\;\; OH \end{array}$$

第三級アルコール：1種類

$$\begin{array}{l} \quad\quad\;\; CH_3 \\ \quad\quad\;\; | \\ CH_3-C-CH_2-CH_3 \\ \quad\quad\;\; | \\ \quad\quad\;\; OH \end{array}$$

A～Dを硫酸酸性の二クロム酸カリウムで酸化すると，Aは変化しなかったことか

ら第三級アルコールであり，第三級アルコールは1種類しかないので，Aの構造式は，

$$\begin{array}{c} \quad\quad\quad\quad\quad CH_3 \\ \quad\quad\quad\quad\quad | \\ CH_3-CH_2-C-CH_3 \\ \quad\quad\quad\quad\quad | \\ \quad\quad\quad\quad\quad OH \end{array}$$

である。Cはヨードホルム反応を示す酸化物を生じたので，アルコールの構造に $CH_3-CH(OH)-$ の部分をもつ第二級アルコールと推定できる。Dは酸化生成物が銀鏡反応を示したので第一級アルコールであり，酸化生成物が不斉炭素原子をもつので，Dの構造は，

$$\begin{array}{c} \quad\quad\quad\quad\quad CH_3 \\ \quad\quad\quad\quad\quad | \\ CH_3CH_2-{}^*CH-CH_2OH \end{array}$$

と決まる。Bは酸化生成物が銀鏡反応を示さないので第二級アルコールであり，また酸化生成物がヨードホルム反応を示さないので，Bの構造は，

$$\begin{array}{c} CH_3-CH_2-CH-CH_2-CH_3 \\ | \\ OH \end{array}$$

と決まる。

アルケンの生成からアルコールの構造を決定する。Bから生成するアルケンは，$CH_3-CH{=}CH-CH_2-CH_3$ で，シス体とトランス体があるので2種類。これがE，Fである。Cから生じたアルケンは3種類で，Bと同じものがあることから，Cの構造式は

$$\begin{array}{c} CH_3-{}^*CH-CH_2-CH_2-CH_3 \\ \quad\quad\quad | \\ \quad\quad\quad OH \end{array}$$

と決まる。Cから生成するアルケンは，次の3種類となる。

$$CH_2{=}CH-CH_2-CH_2-CH_3 \quad (G) \qquad CH_3-CH{=}CH-CH_2-CH_3 \quad (E,\ F)$$

問3　それぞれの半反応式を示すと

$$Cr_2O_7^{2-}+14H^++6e^- \longrightarrow 2Cr^{3+}+7H_2O$$

$$\begin{array}{ccc} C_2H_5-CH-C_2H_5 & \longrightarrow & C_2H_5-C-C_2H_5+2H^++2e^- \\ | & & \| \\ OH & & O \end{array}$$

この2式から e^- を消去すると

$$Cr_2O_7^{2-}+8H^++3C_2H_5-CH(OH)-C_2H_5$$
$$\longrightarrow 2Cr^{3+}+7H_2O+3C_2H_5-CO-C_2H_5$$

したがって，$K_2Cr_2O_7$ 1mol でBを3mol 酸化できる。

問5　不斉炭素原子をもつアルコールは，次の3つ。

$$\begin{array}{c} CH_3 \\ | \\ CH_3-CH_2-C^*-CH_2-OH \\ | \\ H \end{array} \ (ア) \qquad \begin{array}{c} H \\ | \\ CH_3-C^*-CH_2-CH_2-CH_3 \\ | \\ OH \end{array} \ (イ)$$

$$\begin{array}{c} H \\ | \\ CH_3-C^*-CH(CH_3)_2 \\ | \\ OH \end{array} \ (ウ)$$

(ア)はD，(イ)はCであるから，(ウ)が該当する。

72 芳香族化合物の分離，元素分析

（2008 年度 3 I）

必要があれば次の数値を用いよ。
原子量：H＝1.0，C＝12.0，O＝16.0

I　次の芳香族化合物に関する文章を読み，問1～問4に答えよ。なお，構造式については記入例にならって示せ。

（記入例）

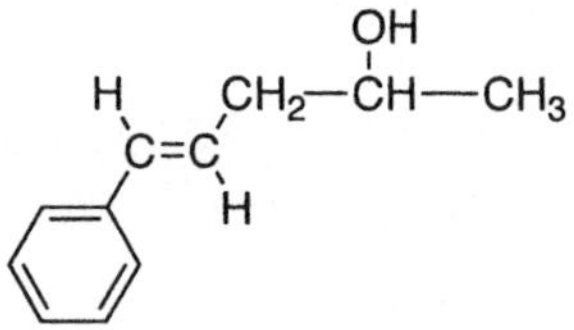

OH
H　CH_2—CH—CH_3
C＝C
H

エーテル溶液中の芳香族化合物 A，B，C，D を分離するための実験を行い，以下の結果を得た。ただし，分離は完全に行われたものとする（図1）。

実験1　試料溶液を分液漏斗に入れ，これに 2 mol/L 塩酸を加えた。よく振って静置し，上層のエーテル層(a1)と下層の水層(b1)に分離した。b1 には化合物 A 由来の化合物 E が含まれていた。

実験2　実験1のエーテル層(a1)に 3 mol/L 水酸化ナトリウム水溶液を加えた。よく振って静置し，上層のエーテル層(a2)と下層の水層(b2)に分離した。a2 中には化合物 D が含まれていた。

実験3　実験2の水層(b2)に**気体 X** を十分通じた後，この水溶液にエーテルを加えた。よく振って静置し，上層のエーテル層(a3)と下層の水層(b3)に分離した。a3 には化合物 B が含まれていた。b3 には化合物 C 由来の化合物 F が含まれていた。

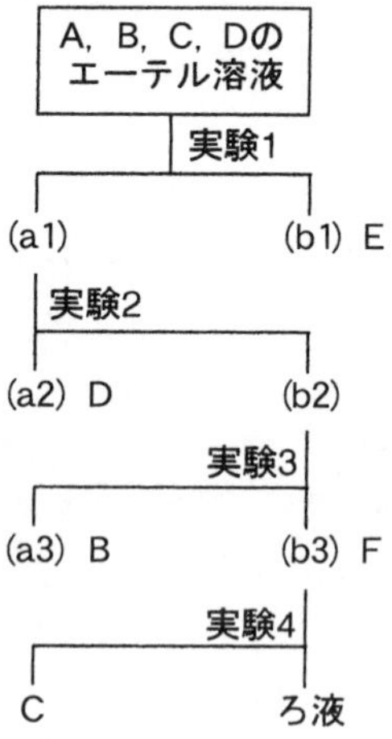

A，B，C，Dの
エーテル溶液
実験1
(a1)　(b1) E
実験2
(a2) D　(b2)
実験3
(a3) B　(b3) F
実験4
C　ろ液

図1

実験4　実験3の水層(b3)に 2 mol/L 塩酸を少しずつ加え，生じた沈殿をろ過し，化合物 C とろ液を分離した。

問 1　化合物 A〜C は次の 5 個の化合物のうちのいずれかである。化合物 A〜C の適切な構造式を示せ。

トルエン，フェノール，アニリン，安息香酸，ナフタレン

問 2　化合物 E，F の適切な構造式を示せ。

問 3　**気体 X** の実験室的発生方法を次の化学反応式(1)に示した。[(i)]〜[(iv)]に適切な化学式を記入し，化学反応式(1)を完成させよ。なお，[(iv)]が**気体 X** である。

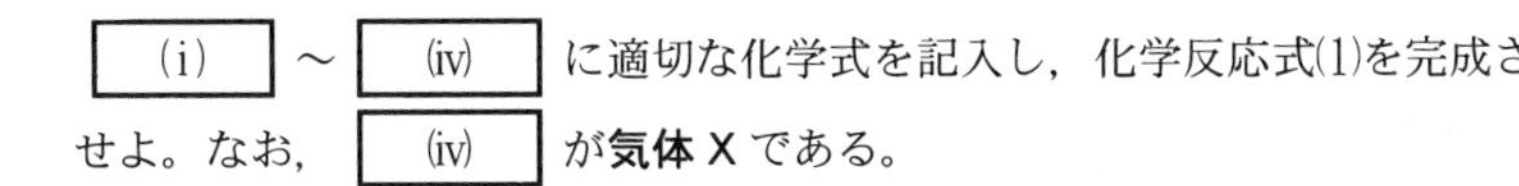

[(i)] + 2 HCl ⟶ [(ii)] + [(iii)] + [(iv)]　　(1)

問 4　化合物 D(分子量は 150 以下) 1.34 mg を燃焼したところ，二酸化炭素 4.40 mg と水 1.26 mg が得られた。化合物 D の分子式を記せ。また，化合物 D として考えられる化合物の中で，不斉炭素原子をもつものの構造式を一つ示せ。

解 答

問1 A. 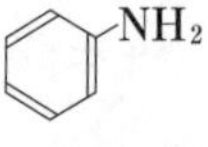 $C_6H_5-NH_2$ B. 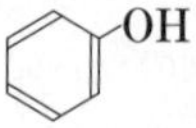 C_6H_5-OH C. $C_6H_5-C(=O)-OH$

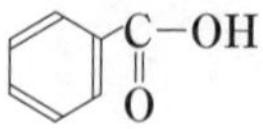

問2 E. 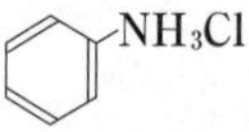 $C_6H_5-NH_3Cl$ F. 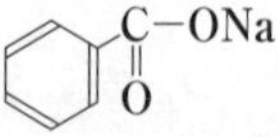 $C_6H_5-C(=O)-ONa$

問3 (i)$CaCO_3$ (ii)$CaCl_2$ (iii)H_2O (iv)CO_2 ((ii)・(iii)は順不同)

問4 分子式：$C_{10}H_{14}$ 構造式：$C_6H_5-CH(CH_3)-CH_2-CH_3$

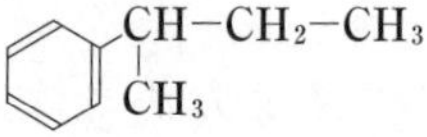

ポイント

芳香族化合物の分離の基本的な問題である。問4の化合物Dは，不斉炭素原子をもつことから構造式を決定する。

解 説

すべての結果をまとめると，図1は次に示す図のようになる。

実験1 ②アニリン：塩酸塩として希塩酸によく溶ける。

実験2 ①フェノールおよび③安息香酸：水酸化ナトリウム水溶液と反応しナトリウム塩になる。

④$C_{10}H_{14}$：エーテルのみに溶ける。これが化合物Dである。

実験3 ①と③のナトリウム塩にCO_2を通じると①のみが反応し

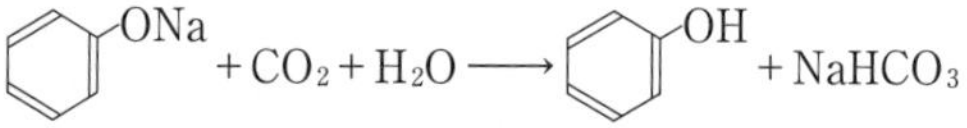

$$C_6H_5-ONa + CO_2 + H_2O \longrightarrow C_6H_5-OH + NaHCO_3$$

フェノールが遊離する。これが化合物Bである。

実験4 ③のナトリウム塩に希塩酸を加えると

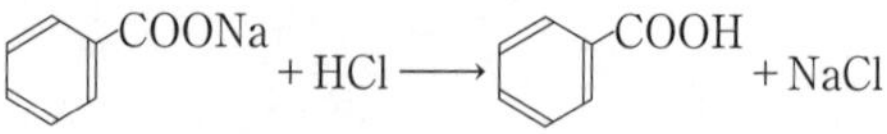

$$C_6H_5-COONa + HCl \longrightarrow C_6H_5-COOH + NaCl$$

安息香酸が遊離する。これが化合物Cである。

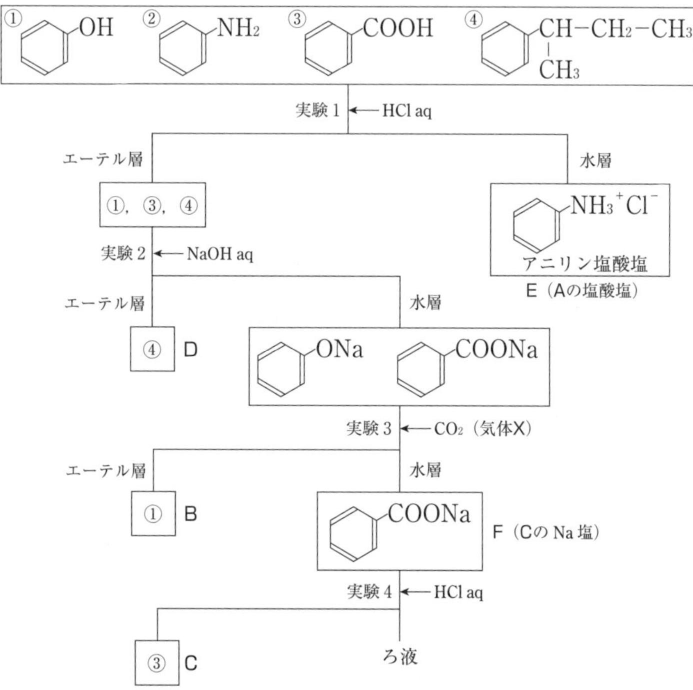

問2　化合物Eはアニリン塩酸塩で，化合物Fは安息香酸ナトリウムである。イオンの形で示してもよい。

問3　二酸化炭素の実験室的発生方法は，石灰石 $CaCO_3$ に希塩酸を反応させる。$NaHCO_3$ を用いても二酸化炭素は発生するが，反応式は

$$NaHCO_3 + HCl \longrightarrow NaCl + H_2O + CO_2$$

となり，(1)の反応式と一致しない。

問4　元素分析から

$$C\cdots 4.40\times\frac{12.0}{44.0}=1.20\,[\mathrm{mg}] \qquad H\cdots 1.26\times\frac{1.0\times 2}{18.0}=0.14\,[\mathrm{mg}]$$

この合計が，1.34 mg であるから，化合物Dは炭化水素である。

原子数比は

$$C : H=\frac{1.2}{12} : \frac{0.14}{1.0}=0.10 : 0.14=5 : 7$$

したがって，組成式は　C_5H_7

この化合物Dは芳香族化合物で，分子量が150以下であるから，分子式は $C_{10}H_{14}$ となる。

不斉炭素原子をもつから，化合物Dは炭素原子にフェニル基 $-C_6H_5$，エチル基 $-C_2H_5$，メチル基 $-CH_3$，水素が結合した，2-フェニルブタンになる。

第 5 章
高分子化合物

・天然高分子化合物
・合成高分子化合物
・高分子化合物と人間生活

73 多糖類

(2022年度 3 Ⅱ)

Ⅱ 次の文章を読み，問1～問6に答えよ。

化合物**E**，**F**，**G**および**H**は，天然高分子化合物の多糖に分類される。**E**～**G**は植物由来，**H**は動物由来の多糖である。**E**は，多数の*α*-グルコースが*α*- (ク) 結合によって直鎖状に連結した分子であり，**F**と**H**はこの結合に加えて*α*-グルコースが*α*- (ケ) 結合で縮合した枝分かれ構造をもつ。うるち米(通常の食用米)には，**E**と**F**が含まれる一方で，もち米にはほぼ**F**のみが含まれる。

天然繊維である木綿や麻の主成分である**G**は，*β*-グルコースが*β*- (ク) 結合によって直鎖状に連結した分子であり，直線状の構造をしている。この直線状の構造を保つのに，分子間での水素結合の形成が寄与している。

問1 空欄 (ク) ， (ケ) に当てはまる最も適切な結合の名称を，結合に関与する炭素の位置番号を含めて答えよ。

問2 下記の(か)～(こ)は，多糖の構造の一部分を示している。**E**と**G**に当てはまるものを(か)～(こ)から一つずつ選び，記号で答えよ。

(か)

(き)

（く）

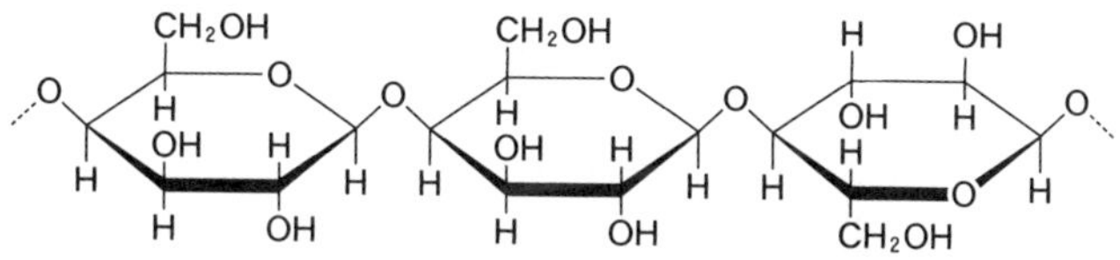

（け）

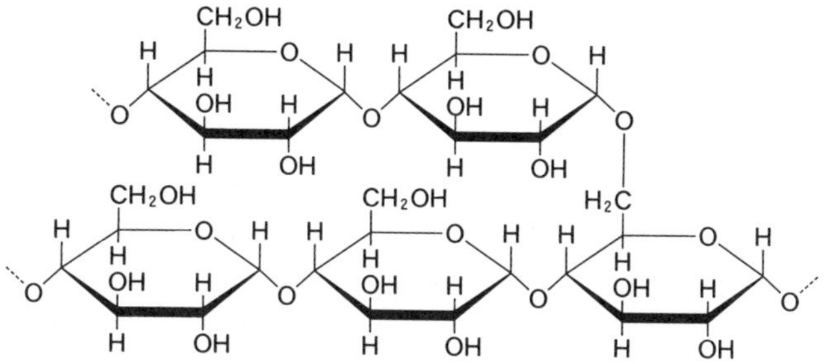

（こ）

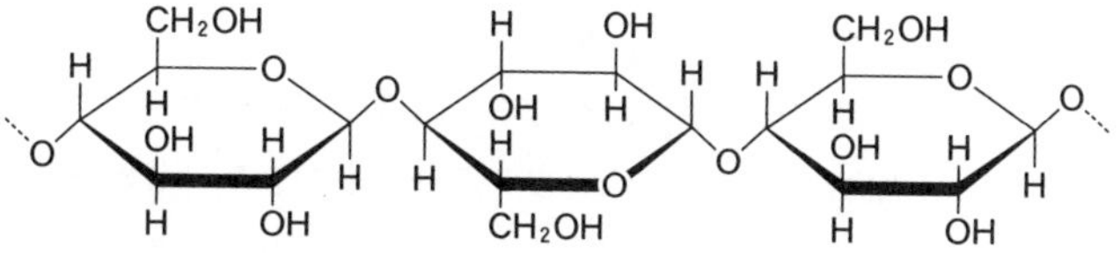

問 3　α-グルコース1分子に含まれる不斉炭素の数はいくつか。数字で答えよ。

問 4　次の（実験1）～（実験5）のうち，誤りを含む文章を二つ選び，実験番号で答えよ。それらの文章は，下線部を適切な語句または文章に置き換えることで正しい文章にすることができる。以下の（さ）～（に）から適切な語句または文章を選び，記号で答えよ。

（実験1）　温水に対して，化合物**E**は溶けたが，**G**は不溶または難溶であった。

（実験2）　冷水に対して，**H**は溶けたが，化合物**F**は不溶または難溶であった。

（実験3）　ジャガイモを水と共に充分にすり潰して穏やかに加熱したのち室温にし，上澄みにヨウ素ヨウ化カリウム水溶液を加えると青紫色に呈色し，加熱すると色が消失した。

（実験4）　もち米を水と共に充分にすり潰して穏やかに加熱したのち室温にし，上澄みにヨウ素ヨウ化カリウム水溶液を加えると呈色し，加熱すると色が濃くなり，冷却すると色が消失した。

(実験5) アサリを充分にすり潰して抽出した多糖を水に溶かし，ヨウ素ヨウ化カリウム水溶液を加えると赤紫色に呈色し，加熱すると色が消失した。

(さ) 化合物**E**

(し) 化合物**F**

(す) 化合物**H**

(せ) 赤褐色に呈色し，加熱すると色が濃くなった。

(そ) 赤褐色に呈色し，加熱すると色が消失した。

(た) 青紫色に呈色し，加熱すると色が濃くなった。

(ち) 青紫色に呈色し，加熱すると色が消失した。

(つ) 赤紫色に呈色し，加熱すると色が濃くなった。

(て) 赤紫色に呈色し，加熱すると色が消失した。

(と) 加熱すると色が濃くなり，冷却しても色は変化しなかった。

(な) 加熱すると色が消失し，冷却しても変化しなかった。

(に) 加熱すると色が消失し，冷却すると再び呈色した。

問 5 次の文章を読み，空欄 [(コ)] にあてはまる適切な語句と実験結果の組合せとして，最も適切なものを(ぬ)～(ふ)から一つ選び，記号で答えよ。

【実験】 少量の充分にすり潰したもち米と水を穏やかに加熱した後，1 mol/L の希硫酸を加えてさらに加熱した。冷却後，炭酸ナトリウムを加えて中和した。最後に，[(コ)] 水溶液と酒石酸ナトリウムカリウム四水和物と水酸化ナトリウムの水溶液を使用直前に混合した溶液を少量加えて穏やかに加熱し，変化を観察した。

	(コ)	実験結果
(ぬ)	酢酸鉛(Ⅱ)	黒色で水に溶けにくい物質に変化した。
(ね)	酢酸鉛(Ⅱ)	黄色の沈殿が生じた。
(の)	硫酸銅(Ⅱ)	青紫色を呈した。
(は)	硫酸銅(Ⅱ)	赤色の沈殿が生じた。
(ひ)	塩化鉄(Ⅲ)	青紫色を呈した。
(ふ)	塩化鉄(Ⅲ)	黄褐色を呈した。

問 6　平均分子量 4.22×10^5 のデンプン 5.06 g のすべてのヒドロキシ基(−OH)をメトキシ基($-OCH_3$)に変換したのちに，希硫酸で完全に加水分解したところ，化合物 **J** が 6.39 g，化合物 **K** が 0.28 g，化合物 **L** が 0.25 g 得られた。この際，メトキシ基は変化しなかった。このデンプンにおいて，平均してグルコース何分子ごとに 1 カ所の枝分かれ構造をもつか。有効数字 2 桁で答えよ。

解 答

問1 (ク)1,4-グリコシド (ケ)1,6-グリコシド

問2 E―(き) G―(こ)

問3 5

問4 実験番号：4・訂正：(に)

実験番号：5・訂正：(そ)

問5 (は)

問6 26

ポイント

問2のアミロースとセルロースの構造の違いを理解しておく必要がある。問4のヨウ素デンプン反応はグリコーゲンでは赤褐色である。また，ヨウ素デンプン反応は加熱すると色が消え，冷却すると再び呈色する。問6は，枝分かれ構造が化合物Lにあることがわかれば解答できる。

解 説

問1・問2 アミロース（化合物E）は，多数のα-グルコースが1位と4位の－OHで脱水縮合（α-1,4-グリコシド結合）しており，直鎖状の高分子化合物である。

セルロース（化合物G）は，となり合うグルコース単位が交互に糖の環平面の上下の向きを変えながら，多数のβ-グルコースが1位と4位の－OHで脱水縮合（β-1,4-グリコシド結合）しており，直線状構造をしている。

アミロペクチン（化合物F）とグリコーゲン（化合物H）は多数のα-グルコースが1位と4位の－OHで脱水縮合している直鎖状の構造と，1位と6位の－OHで脱水縮合（α-1,6-グリコシド結合）で形成される枝分かれ構造をあわせもつ。

問3 α-グルコース1分子に含まれる炭素原子のうち，$-CH_2OH$以外の5つの炭素原子は不斉炭素原子である。

問4 （実験1）正文。アミロース（化合物E）は，温水に可溶である。

（実験2）正文。アミロペクチン（化合物F）は，冷水に不溶である。

（実験3）正文。ジャガイモの主成分はデンプンで，デンプンの水溶液にヨウ素ヨウ化カリウム水溶液を加えると，青紫色を呈するが，加熱すると色が消える。

（実験4）誤文。もち米の成分はほとんどがアミロペクチンで，デンプンの水溶液のヨウ素デンプン反応では，加熱すると色が消失し，冷却すると再び呈色する。

（実験5）誤文。アサリはグリコーゲンを含んでおり，グリコーゲンはヨウ素デンプン反応では赤褐色に呈色し，加熱すると色が消失する。

問5 フェーリング液は，硫酸銅(Ⅱ)水溶液（A液）と酒石酸ナトリウムカリウムと水酸化ナトリウムの混合水溶液（B液）を使用直前に混合して使用する。もち米を

加水分解して生成したグルコースにフェーリング液を加えて加熱すると，酸化銅(Ⅰ) Cu_2O の赤色沈殿が生じる。

問6　化合物Jがグリコシド結合していたのは1,4位で，もとのデンプン鎖の連鎖部分である。化合物Kがグリコシド結合していたのは1位だけで，もとのデンプン鎖の非還元末端である。化合物Lが，グリコシド結合していたのは1,4,6位で，もとのデンプン鎖の分枝部分である。J，K，Lの物質量の比をとると

$$\mathrm{J}:\mathrm{K}:\mathrm{L}=\frac{6.39}{222}:\frac{0.28}{236}:\frac{0.25}{208}=0.0287:1.18\times10^{-3}:1.20\times10^{-3}$$

$$\fallingdotseq 24:1:1$$

したがって，このデンプンはグルコース26分子ごとに1カ所の枝分かれがあるとわかる。

74 核酸，水素結合

（2021 年度 3 Ⅱ）

Ⅱ 次の文章を読み，問1～問5に答えよ。

核酸とは，核酸塩基と糖およびリン酸が結合して形成されるヌクレオチドが脱水縮合によって多数連結したポリヌクレオチド鎖である。核酸は糖の種類によってDNAとRNAに分類される。DNAは糖部分が [(A)] であり，核酸塩基部位としてアデニン，グアニン，シトシン，チミンのいずれかをもち，2本のポリヌクレオチド鎖で構成されている。2本のポリヌクレオチド鎖は，特定の核酸塩基同士で複数の水素結合(i)を形成し特異的に塩基対をつくり，図1に示す繰り返し構造を形成する。(ii)図1に示すDNAに特徴的な構造は [(B)] 構造とよばれ，aで示される1周期の長さは，3.4×10^{-9} mで，10個の塩基対が含まれる。一方でRNAは糖部分が [(C)] であり，核酸塩基部位はチミンにかわって [(D)] が含まれる。DNAは遺伝情報の保存を担い，RNAはその遺伝情報からタンパク質を合成する際の転写，翻訳に関わっている。

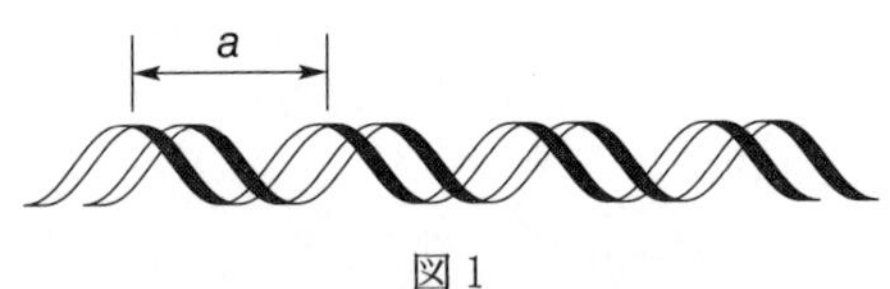

図1

（注） 塩基対は省略し，主鎖のみを示している。

問1 [(A)] ～ [(D)] にあてはまる適切な語句を記せ。

問2 RNAを構成するポリヌクレオチド鎖において，リン酸が結合するヒドロキシ基を以下の構造中の番号から二つ選び，数字で答えよ。

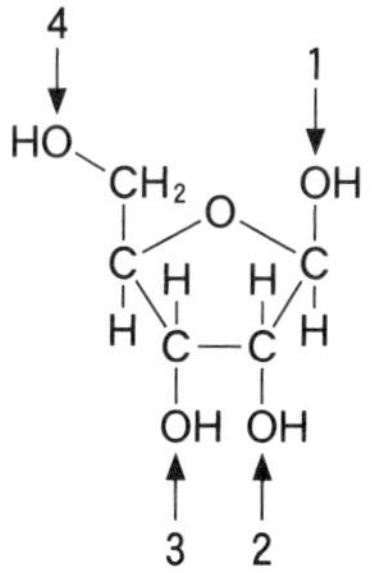

問 3　下線部(i)に関連して，化合物の性質を述べた(む)～(よ)の文章のうち，水素結合が影響しているものをすべて選び，記号で答えよ。

(む)　マレイン酸は加熱によって無水マレイン酸を生じるが，立体異性体であるフマル酸は加熱をしても酸無水物を生じない。

(め)　絹のような感触をもつナイロンは強度と耐久性に優れた合成繊維である。

(も)　ポリエチレンテレフタラートは飲料容器として使える強度をもつ。

(や)　フッ化水素は大気圧下において塩化水素よりも沸点が高い。

(ゆ)　タンパク質は二次構造としてα-へリックス構造やβ-シート構造をとる。

(よ)　多糖であるセルロースは還元性を示さない。

問 4　核酸塩基であるアデニンとチミンを表す構造式について，それぞれ二つずつ原子を丸で囲んだ。DNA の [(B)] 構造中で形成される水素結合に関与する原子を示した組み合わせとして正しいものを次の(ら)～(ん)の中から選び，記号で答えよ。

(ら)　アデニン　チミン

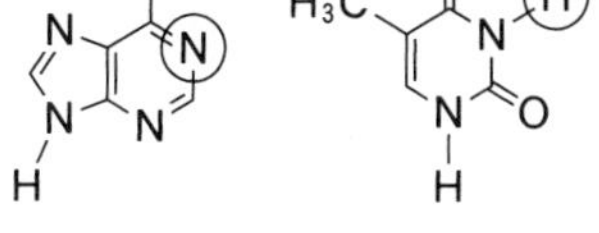

(り)　アデニン　チミン

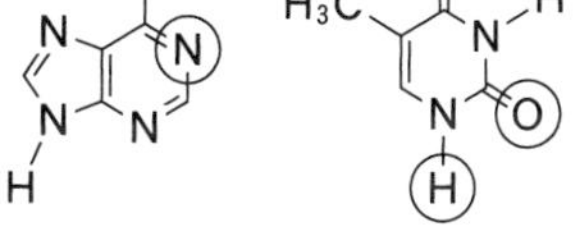

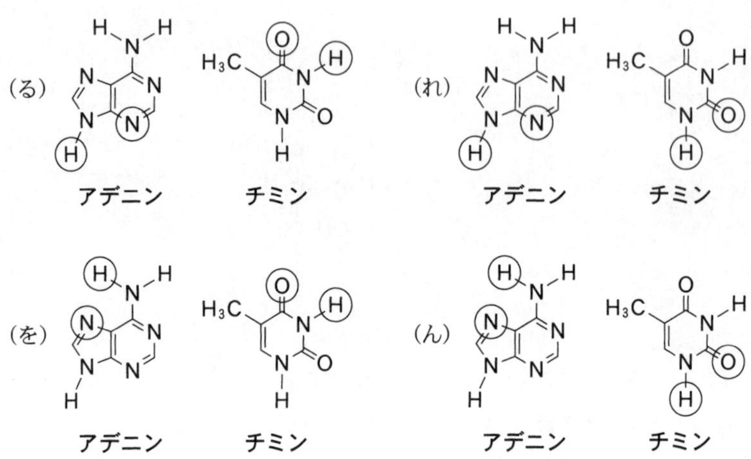

問 5　下線部(ii)に関連して，図1のように [(B)] 構造を形成したときのDNAの長さが 5.1×10^{-2} m であり，含まれる核酸塩基の組成(各塩基数の割合)のうちシトシンが20 % を占めるDNAについて以下の(1)，(2)に答えよ。

(1)　このDNA中に含まれる塩基対の数を有効数字2桁で答えよ。

(2)　このDNA中に含まれるアデニンの数を有効数字2桁で答えよ。

解　答

問1　(A)デオキシリボース　(B)二重らせん　(C)リボース　(D)ウラシル

問2　3・4

問3　(め)・(や)・(ゆ)

問4　(ら)

問5　(1)1.5×10^{8}個　(2)9.0×10^{7}個

ポイント

問2の，RNAを構成するポリヌクレオチド鎖においてリボースにリン酸が結合する位置，および問4の核酸塩基どうしで水素結合を形成する位置については，核酸の構造と核酸塩基についてしっかりと理解していたかどうかで差ができるだろう。

解　説

問1　核酸にはDNAとRNAがあり，核酸はそれぞれ，糖，核酸塩基，リン酸からなるヌクレオチドが多数つながったポリヌクレオチドからなっている。DNAは核酸を構成する糖部分がデオキシリボースであり，RNAではリボースである。核酸塩基は4種類あり，アデニン，グアニン，シトシンの3種類は共通であるが，残りの1つはDNAではチミン，RNAではウラシルである。DNAは2本のポリヌクレオチド鎖が二重らせん構造を形成している。

問2　RNAのポリヌクレオチド鎖では，リボースの5位のCに結合したOH基（問題の構造式中の番号の4）および3位のCに結合したOH基（問題の構造式中の番号の3）とリン酸との間でエステル結合を形成している。

問3　(め)　ナイロンは絹に比べて吸湿性は小さいが，分子間に多くの水素結合が形成されており，強度や耐久性に優れる。

(や)　フッ化水素は分子間にファンデルワールス力よりも強い水素結合がはたらいているから，同族のほかの水素化合物の沸点と比べて高い。

(ゆ)　タンパク質のポリペプチド鎖は，ペプチド結合の部分で水素結合が形成され安定化し，α-ヘリックス構造やβ-シート構造がつくられる。

問4　DNAの核酸塩基には相補性があり，アデニンとチミンの間では2本の水素結合によって，グアニンとシトシンの間では3本の水素結合によって，それぞれ塩基対をつくる。

問5　(1)　3.4×10^{-9}mの長さの中に10個の塩基対が含まれるから，このDNA中に含まれる塩基対の数は

$$\frac{5.1\times10^{-2}}{3.4\times10^{-9}}\times10=1.5\times10^{8}\text{ 個}$$

(2)　シトシンとグアニン，アデニンとチミンは相補性があり，それぞれ同数存在す

るから，アデニンの占める割合は

$$\frac{100-2\times20}{2}=30〔\%〕$$

このDNA中に(1)より塩基対が 1.5×10^8 個存在するから，アデニンの数は

$$1.5\times10^8\times2\times0.30=9.0\times10^7 \text{ 個}$$

75 合成高分子化合物，ゴム

（2020年度 [3] Ⅱ）

必要があれば次の数値を用いよ。
原子量：H＝1.0，C＝12.0，N＝14.0，O＝16.0

Ⅱ　高分子に関する問1～4に答えよ。構造式は記入例にならって記せ。

（記入例）

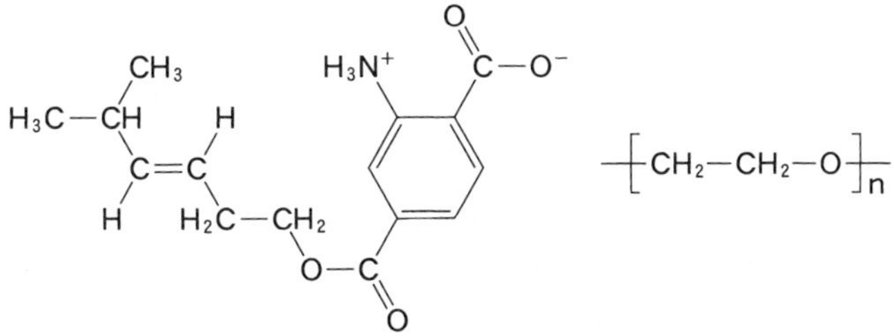

CH_3　$H_3C—CH$　H　C＝C　H　$H_2C—CH_2$　O—C　O　H_3N^+　O　C—O^-

$—\!\!\left[CH_2—CH_2—O\right]_n\!\!—$

問1　合成高分子について，あてはまらないものをすべて選び，記号で記せ。

（く）　合成高分子はおもに石油を原料として作られる。

（け）　ナイロン66の「66」という数字は，単量体の炭素原子及び窒素原子の数を表している。

（こ）　アラミド繊維は，ベンゼン環を含み，強度が大きいという特長がある。

（さ）　すべての合成高分子は電気を通さない。

（し）　使用した陽イオン交換樹脂は強酸の水溶液で処理し再生される。

問2　低密度ポリエチレンについて，正しいものをすべて選び，記号で記せ。

（す）　高圧で200℃前後で合成される。

（せ）　ポリ容器などに用いられる。

（そ）　枝分かれが多い。

（た）　フィルムに成形後も，白色のままであり，透明にはならない。

（ち）　硬く，加工性に優れる。

問 3 ゴムに関する以下の文章を読み，(1)，(2)に答えよ。

天然ゴムはゴムノキの樹液に含まれるポリイソプレンを主成分とする物質である。ポリイソプレンの構成単位の構造中には [(A)] があり，[(A)] が自由に回転できないことによる異性体が存在する。一般の天然ゴムの [(A)] はすべて [(B)] 形である。天然ゴムに少量の硫黄を加え加熱すると，[(C)] 構造が形成され，ゴム特有の弾性が生じ，強度および耐久性も向上する。また，アカテツ科の樹液から採れるグタペルカ(グッタペルカ)は，[(D)] 形のポリイソプレンであり，常温では硬い固体である。

一方，単量体であるイソプレンを [(E)] 重合させると，合成ゴムが得られる。人工的に合成されたイソプレンゴムでは [(B)] 形と [(D)] 形の両方が含まれる。しかし，目的・用途に合わせて，その比率を変えることで，様々な性質のゴムを合成することができる。

これらのゴムは長時間空気にさらされると，分子内にある [(A)] が空気中の [(F)] と反応して徐々に劣化する。現在では，炭素原子以外が骨格になっている合成ゴムとして，[(G)] ゴムが製造されている。このゴムは耐久性に優れている。

(1) 空欄 [(A)] ～ [(G)] にあてはまる最も適切な語句を答えよ。

(2) 下線部に関連して，天然ゴムに大量の硫黄(30～40 %)を加えて加熱した生成物は，少量の硫黄(5 ～ 8 %)を加えて加熱した生成物と比較して，どのような性質をもつと考えられるか。正しいものを1つ選び，記号で記せ。

(つ) ゴム弾性が下がり，硬くなる。
(て) ゴム弾性が上がり，柔らかくなる。
(と) ゴム弾性が下がり，柔らかくなる。
(な) ゴム弾性が上がり，硬くなる。

問 4 耐摩擦性(耐摩耗性)，耐寒性に優れるブタジエンゴムは1,3-ブタジエンから合成される。ブタジエンゴムの簡略した構造式を記し，平均分子量が6500であるブタジエンゴムの平均重合度を求め，整数値で答えよ。ただし，小数点以下は四捨五入せよ。

解　答

問1　(け)・(さ)

問2　(す)・(そ)

問3　(1) Ⓐ（炭素間）二重結合　Ⓑシス　Ⓒ架橋　Ⓓトランス　Ⓔ付加　Ⓕ酸素（オゾン）　Ⓖシリコーン

(2)—(つ)

問4　構造式：$\text{+}CH_2-CH=CH-CH_2\text{+}_n$

平均重合度：120

ポイント

低密度ポリエチレンやシリコーンゴムに関しても，しっかりと整理して理解しておく必要がある。

解　説

問1　(く)　正文。合成高分子は，石油などを原料としてつくられる。

(け)　誤文。ナイロン66の「66」という数字は，それぞれ単量体のジアミンとジカルボン酸の炭素原子の数を表している。

$$n\,HOOC-(CH_2)_4-COOH + n\,H_2N-(CH_2)_6-NH_2$$

アジピン酸　　ヘキサメチレンジアミン

$$\longrightarrow \left[\begin{array}{c}C\\ \| \\ O\end{array}-(CH_2)_4-\begin{array}{c}C\\ \| \\ O\end{array}-\begin{array}{c}N\\ | \\ H\end{array}-(CH_2)_6-\begin{array}{c}N\\ | \\ H\end{array}\right]_n + 2nH_2O$$

ナイロン66

(こ)　正文。アラミド繊維は，ナイロン66のメチレン鎖の部分をベンゼン環に置き換えた構造をもち，ナイロン66よりも強度，耐熱性に優れている。

$$n\,Cl-CO-C_6H_4-CO-Cl + n\,H_2N-C_6H_4-NH_2$$

テレフタル酸ジクロリド　　p-フェニレンジアミン

$$\longrightarrow \left[\begin{array}{c}C\\ \| \\ O\end{array}-C_6H_4-\begin{array}{c}C\\ \| \\ O\end{array}-\begin{array}{c}N\\ | \\ H\end{array}-C_6H_4-\begin{array}{c}N\\ | \\ H\end{array}\right]_n + 2nHCl$$

ポリ-p-フェニレンテレフタルアミド

(さ)　誤文。ポリアセチレン$\text{+}CH=CH\text{+}_n$などのように電気を通すことのできる導電性高分子が開発され，コンデンサーや電池などに応用されている。

(し)　正文。使用済みの陽イオン交換樹脂は，強酸の水溶液を通すことにより，再生される。

問2　(す)・(そ)　正文。低密度ポリエチレンは高圧，200℃前後で合成する。枝分かれが多く，結晶部分が少ない。

(せ)・(た)・(ち)　誤文。低密度ポリエチレンは透明で軟らかく，ポリ袋などに用いられる。

問3　(1)　天然ゴムのポリイソプレン鎖はC=C結合の部分がすべてシス形である。

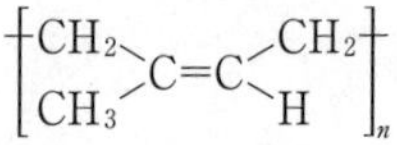

$$\left[\begin{array}{l}-CH_2\\ \quad\quad\;\, C=C\\ \;\;CH_3\end{array}\begin{array}{r}CH_2-\\ \\ H\end{array}\right]_n$$

生ゴムに少量の硫黄を加え加熱すると，架橋構造が生じて，ゴムの弾性，強度，耐久性が向上する。C=C結合の部分がトランス形の構造をもつポリイソプレンは，グッタペルカと呼ばれ，弾性にとぼしい硬いプラスチックである。

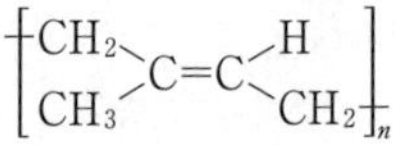

$$\left[\begin{array}{l}-CH_2\\ \quad\quad\;\, C=C\\ \;\;CH_3\end{array}\begin{array}{r}H\\ \\ CH_2-\end{array}\right]_n$$

ゴムを空気中に放置しておくと，ゴム分子中の二重結合の部分が空気中の酸素によって酸化され，弾性を失う。しかし，二重結合を含まないシリコーンゴムは耐久性に優れている。シリコーンゴムは，ジクロロジメチルシラン $(CH_3)_2SiCl_2$ などを加水分解して得られるシラノール類の縮合重合で得られる。

(2)　生ゴムに硫黄を30～40％加えて加熱すると，エボナイトと呼ばれる黒色の硬いプラスチック状の物質が得られる。

問4　1,3-ブタジエンを付加重合させると，ブタジエンゴムが得られる。

$$nCH_2=CH-CH=CH_2 \longrightarrow \left[CH_2-CH=CH-CH_2\right]_n$$

平均分子量6500であるブタジエンゴムの平均重合度 n は

$$n=\frac{6500}{54.0}=120.3\fallingdotseq 120$$

76 アミノ酸，タンパク質

（2019 年度 ③ II）

II　次の文章を読み，問 1 ～問 4 に答えよ。なお，構造式は記入例にならって記せ。

（記入例）

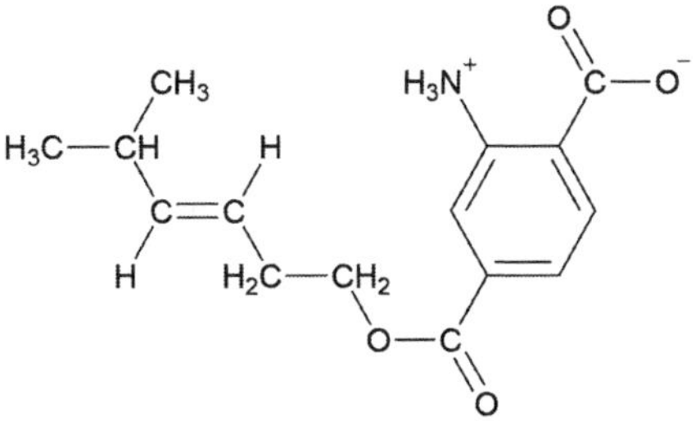

$$\mathrm{(CH_3)_2CH{-}CH{=}CH{-}CH_2{-}CH_2{-}O{-}CO{-}C_6H_3(NH_3^+){-}COO^-}$$

α-アミノ酸(i) 2 分子が脱水縮合により結合した分子はジペプチド，3 分子が結合した分子はトリペプチド(ii)，多数の α-アミノ酸が脱水縮合によって結合した分子はポリペプチドと呼ばれる。ポリペプチドを主成分として形成されるタンパク質(iii)は，生体内で様々な役割を担っている。また，生体内での化学反応を促進するタンパク質は酵素(iv)と呼ばれる。

問 1　下線部(i)に関する次の文章を読み，（1）～（3）に答えよ。

［(ア)］であるグルタミン酸の等電点は 3.2 である。グルタミン酸を pH 12 の緩衝溶液中で電気泳動させると，グルタミン酸は，［(イ)］。グルタミン酸を検出するために，［(ウ)］，赤紫色を呈した。

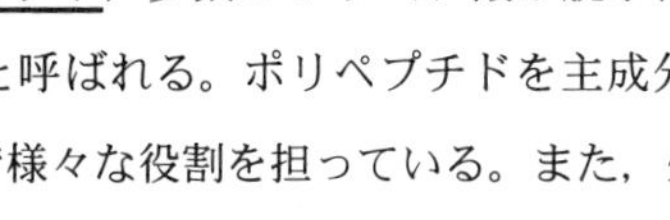

$$\mathrm{HO{-}CO{-}CH_2{-}CH_2{-}CH(NH_2){-}CO{-}OH}$$

グルタミン酸

（1）　空欄［(ア)］～［(ウ)］にあてはまる最も適切な語句および記

述を次の(あ)～(け)から選び，記号で記せ。

(あ)　塩基性アミノ酸　　(い)　酸性アミノ酸

(う)　必須アミノ酸　　(え)　陽極側に移動した

(お)　陰極側に移動した　　(か)　移動しなかった

(き)　水酸化ナトリウム水溶液と少量の硫酸銅(Ⅱ)水溶液を加えると

(く)　濃硝酸を加えて加熱後，アンモニア水を加えると

(け)　ニンヒドリン溶液を加えて加熱すると

(2)　グルタミン酸の水溶液では，図1に示す4種類のイオンA～Dが平衡状態にあり，A～Dの濃度は水溶液のpHに応じて変化する。ある一定の温度およびグルタミン酸の濃度において水溶液のpHを変化させると，図1に記載したpHを境にして，最も多く存在するイオンは変化した。pH 5.0の水溶液中で最も多く存在するCの構造式を記せ。

$$\mathrm{A} \underset{\mathrm{pH} < 2.1}{\overset{\mathrm{pH} > 2.1}{\rightleftarrows}} \mathrm{B} \underset{\mathrm{pH} < 4.1}{\overset{\mathrm{pH} > 4.1}{\rightleftarrows}} \mathrm{C} \underset{\mathrm{pH} < 9.5}{\overset{\mathrm{pH} > 9.5}{\rightleftarrows}} \mathrm{D}$$

図1

(3)　グルタミン酸の2つのカルボキシ基の両方を，スルホ基あるいはパラ位にヒドロキシ基を有するベンゼン環に置き換えた化合物**X**あるいは**Y**をpH 3.2の緩衝溶液中に溶解させ，それぞれを電気泳動させた。このときの**X**と**Y**の挙動について，最も適切な組合せを(こ)～(そ)から選び，記号で記せ。

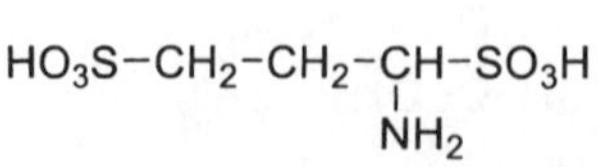

$HO_3S-CH_2-CH_2-CH(NH_2)-SO_3H$

化合物**X**

$HO-C_6H_4-CH_2-CH_2-CH(NH_2)-C_6H_4-OH$

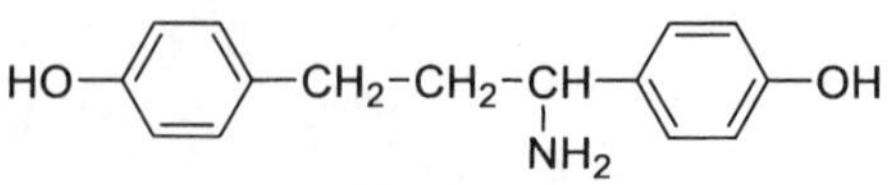

化合物**Y**

	X	Y
(こ)	陽極側に移動した。	陽極側に移動した。
(さ)	陽極側に移動した。	陰極側に移動した。
(し)	陽極側に移動した。	移動しなかった。
(す)	陰極側に移動した。	陽極側に移動した。
(せ)	陰極側に移動した。	陰極側に移動した。
(そ)	陰極側に移動した。	移動しなかった。

問 2　下線部(ii)について，３種の異なる α-アミノ酸（グリシン，フェニルアラニン，アラニン）の全てを含む鎖式のトリペプチドを合成するときに，立体異性体を含め，最大で何種類のトリペプチドが得られるか，数字で答えよ。なお，使用する α-アミノ酸はＤ体とＬ体の混合物である。

問 3　下線部(iii)に関する以下の（１），（２）に答えよ。

（１）　あるタンパク質を加水分解すると，α-アミノ酸だけでなく，糖や核酸も同時に得られた。このようなタンパク質の名称を記せ。

（２）　タンパク質分子において，ペプチド結合中の C＝O の酸素と，分子内の他のペプチド結合中の N–H の水素との間で水素結合が形成され，その結果，二次構造と呼ばれる構造が生じる。二次構造のうち，らせん状構造の名称を記せ。

問 4　下線部(iv)について，以下の（た）～（に）の記述のうち，誤りを含むものを二つ選び，記号で記せ。

（た）　酵素は活性化エネルギーに影響を与える。

（ち）　化学反応の反応熱に影響を与える酵素がある。

（つ）　反応温度を高くすればするほど，酵素反応の反応速度は大きくなる。

（て）　重金属イオンによって影響を受ける酵素がある。

（と）　アミラーゼはデンプンを加水分解する。

(な) リパーゼは脂肪を加水分解する。

(に) pH 2 付近に最適 pH をもつ酵素がある。

解　答

問1　(1) (ア)―(い)　(イ)―(え)　(ウ)―(け)

(2) $^{-}OCO-CH_2-CH_2-CH(NH_3^{+})-COO^{-}$

(3)―(さ)

問2　24種類

問3　(1)複合タンパク質

(2) α-ヘリックス

問4　(ち)・(つ)

ポイント

問2では，3種類のアミノ酸からできるトリペプチドには6種類の構造異性体が存在する。また，不斉炭素原子1つあたり立体異性体が2種類存在するから，不斉炭素原子が2つあると立体異性体は2^2種類存在する。

解　説

問1　(1)　(ア)　グルタミン酸はカルボキシ基を2個もつので，酸性アミノ酸である。

(イ)　グルタミン酸は塩基性水溶液中では，陰イオンになるから陽極側に移動する。

(ウ)　アミノ酸にニンヒドリン水溶液を加えて温めると，赤紫色を呈する。

(2)　アミノ酸の水溶液は，溶液のpHによりイオンとなって電離平衡の状態で存在する。

$$\underset{\text{A}}{HOOC-(CH_2)_2-CH(NH_3^{+})-COOH}$$

$$\underset{pH<2.1}{\overset{pH>2.1}{\rightleftarrows}} \underset{\text{B}}{HOOC-(CH_2)_2-CH(NH_3^{+})-COO^{-}}$$

$$\underset{pH<4.1}{\overset{pH>4.1}{\rightleftarrows}} \underset{\text{C}}{^{-}OCO-(CH_2)_2-CH(NH_3^{+})-COO^{-}}$$

$$\underset{pH<9.5}{\overset{pH>9.5}{\rightleftarrows}} \underset{\text{D}}{^{-}OCO-(CH_2)_2-CH(NH_2)-COO^{-}}$$

(3)　酸の強さは，スルホ基 $-SO_3H$＞カルボキシ基 $-COOH$＞フェノールの順である。カルボキシ基をもつグルタミン酸の等電点が3.2であるから，pH3.2の緩衝溶液中では化合物Xは陰イオン，化合物Yは陽イオンになっている。したがって，化合物Xは陽極側に移動し，化合物Yは陰極側に移動する。

問2　グリシン(Gly)，アラニン(Ala)，フェニルアラニン(Phe)のN末端をN，C末端をCとすると，3種類のアミノ酸の結合順序とペプチド結合の向きの違いによる構造異性体は，次の6種類が存在する。

（N末端）↑	Gly	Gly	Ala*	Ala*	Phe*	Phe*
	Ala*	Phe*	Gly	Phe*	Gly	Ala*
（C末端）↓	Phe*	Ala*	Phe*	Gly	Ala*	Gly

また，アラニンとフェニルアラニンには不斉炭素原子が存在するから，異性体の総数は　$6\times2^2=24$ 種類

問3 (1) 加水分解すると，アミノ酸以外に糖類，リン酸，核酸などを生じるタンパク質を複合タンパク質という。

(2) タンパク質ではペプチド結合の部分で >C=O…H−N< のような水素結合が形成され，ポリペプチド鎖がらせん構造をしている。この構造を α-ヘリックス構造という。

問4 (た) 正文。酵素は生体内ではたらく触媒であるから，触媒を用いると，活性化エネルギーがより小さい反応経路で反応が進行する。

(ち) 誤文。触媒（酵素）を用いても反応熱の値は変わらない。

(つ) 誤文。酵素には，最適温度がある。これより高温になると，酵素はその活性を失う。

(て) 正文。重金属イオンは酵素を変性させることがある。

(と) 正文。だ液に含まれる酵素アミラーゼはデンプンを加水分解し，マルトースにする。

(な) 正文。すい液に含まれる酵素リパーゼは，油脂を脂肪酸とモノグリセリドに分解する。

(に) 正文。胃液に含まれるペプシンの最適 pH は，pH 2 付近である。

77 芳香族化合物の反応，合成洗剤

（2018年度 3 Ⅱ）

必要があれば次の数値を用いよ。
原子量：H＝1.0，C＝12.0，O＝16.0，S＝32.0

Ⅱ　次の文章を読み，問1～問5に答えよ。なお，構造式は記入例にならって記せ。

（記入例）

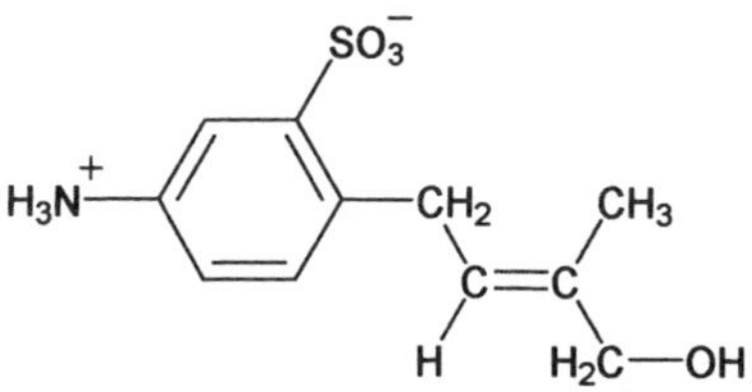

スルホ基（$-SO_3H$）をもつ化合物はさまざまなものが知られている。例えば，自然界に存在する化合物としては生体内物質である<u>タウリン</u>(i)が挙げられる。また，人工的に合成される化合物としては，芳香族スルホン酸がよく利用されている。

ベンゼンスルホン酸はベンゼンからフェノールを工業的に合成する際の中間体としても使われていた。ベンゼンを［　A　］とともに加熱してベンゼンスルホン酸とした後，ナトリウム塩のアルカリ融解によりナトリウムフェノキシドとする。最後に酸性にすることでフェノールが合成できるが，この方法では大量の副生成物を生じる。したがって，現在はフェノールは<u>クメン法</u>(ii)によって工業的に合成される。

アルキルベンゼンをスルホン化して得られるアルキルベンゼンスルホン酸は，<u>そのナトリウム塩が合成洗剤として利用される</u>(iii)。［　B　］と*p*–ジビニルベンゼンの共重合体にスルホ基を導入したものもアルキルベンゼンスルホン酸の一種であり，陽イオン交換樹脂として利用される。

p–アミノベンゼンスルホン酸は合成染料の原料として利用される。例えば，氷冷した*p*–アミノベンゼンスルホン酸ナトリウムと［　C　］の水溶液にゆっくりと希塩酸を加えジアゾニウム塩とした後，*N*, *N*–ジメチルアニリンとのジアゾカップリングによりメチルオレンジが得られる。また，［　D　］

基がアミノ基との脱水反応によりアミドを形成するのと同様に，スルホ基はスルホンアミドを形成することができる。*p*–アミノベンゼンスルホン酸からできるスルファニルアミドは抗菌剤として知られ，合成染料プロントジルの分解物として発見された。

問 1 下線部(i)について，タウリンは分子式 $C_2H_7NO_3S$ であり，スルホ基とアミノ基をもち，不斉炭素原子をもたない化合物である。タウリンの双性イオンの構造式を記せ。

問 2 空欄 [A] ～ [D] にあてはまる最も適切な語句を次の(ア)～(タ)から選び，記号で記せ。

(ア) 希硫酸	(イ) 濃硫酸	(ウ) 亜硫酸
(エ) 硫酸ナトリウム	(オ) レーヨン	(カ) メラミン
(キ) スチレン	(ク) テレフタル酸	(ケ) HNO_3
(コ) $NaNO_2$	(サ) さらし粉	(シ) $KMnO_4$
(ス) アルデヒド	(セ) ヒドロキシ	(ソ) ニトロ
(タ) カルボキシ		

問 3 下線部(ii)に関する以下の記述について，空欄 [E] および [F] にあてはまる炭素数3の化合物の構造式を記せ。

クメン法は，適切な触媒下でベンゼンと炭化水素 [E] を反応させて得られたクメンを，酸素で酸化してクメンヒドロペルオキシドとした後，酸で分解することによってフェノールを得るものであり，同時に有用な [F] も得られる。

問 4 ある直鎖のアルキル基を一つもつアルキルベンゼンをスルホン化し，アルキルベンゼンスルホン酸Gを得た。Gを元素分析したところ，成分元素の質量百分率は炭素 67.8 %，水素 9.6 %，硫黄 9.0 % であった。Gのアルキル基の炭素数はいくつか，数字で答えよ。なお，スルホン化はベンゼン環上のアルキル基のパラ位でのみ進行する。

問 5　下線部(iii)について，アルキルベンゼンスルホン酸ナトリウムに関する記述として最も適切なものを，次の(チ)～(ナ)から一つ選び，記号で記せ。

(チ)　植物プランクトンの栄養源となるため，河川・湖水で赤潮やアオコが発生する富栄養化の原因とされている。

(ツ)　弱酸と強塩基からなる塩であり，その水溶液は弱塩基性になるため，動物性繊維の洗濯には使用できない。

(テ)　直鎖のアルキル基は親水性であり，スルホン酸イオンは疎水性であるため，希薄水溶液中ではアルキル基を外側に向けて集まり，ミセルを形成する。

(ト)　Na^+ のかわりに Ca^{2+} や Mg^{2+} と塩を形成しても水に溶けるので，硬水や海水でも洗浄に用いることができる。

(ナ)　タンパク質や脂質を分解する働きがあるため，汚れを直接分解したり，繊維の奥に浸透した汚れを落としやすくしたりできる。

解　答

問1　$H_3N^+-CH_2-CH_2-SO_3^-$

問2　A―(イ)　B―(キ)　C―(コ)　D―(タ)

問3　E．$H_2C=CH-CH_3$　　F．$CH_3-CO-CH_3$

問4　14個

問5　(ト)

ポイント
問2のCはジアゾ化からカップリングする反応であるから，亜硝酸ナトリウムである。

解　説

問1　タウリンはスルホ基 $-SO_3H$ とアミノ基 $-NH_2$ をもち，不斉炭素原子をもたないから，構造式は $H_2N-CH_2-CH_2-SO_3H$ である。

問2　A．ベンゼンに濃硫酸を加えて加熱すると，ベンゼンスルホン酸が生じる。

B．スチレンと *p*-ジビニルベンゼンの共重合体に，スルホ基などの酸性の官能基を導入したものを，陽イオン交換樹脂という。

C．アニリンの希塩酸溶液を氷冷しながら，亜硝酸ナトリウム水溶液を加えると，ジアゾニウム塩が生成する。

D．カルボキシ基 $-COOH$ とアミノ基 $-NH_2$ との間で，脱水反応によりアミド結合 $-CO-NH-$ ができる。

問3　フェノールの製法をクメン法といい，ベンゼンとプロペンから触媒を用いてクメンをつくり，これを酸素で酸化したのち硫酸で分解すると，フェノールとアセトンが生成する。

問4　アルキルベンゼンスルホン酸Gの各元素の物質量の比は

$$\mathrm{C:H:S:O}=\frac{67.8}{12.0}:\frac{9.6}{1.0}:\frac{9.0}{32.0}:\frac{100-(67.8+9.6+9.0)}{16.0}$$

$$=5.65:9.60:0.281:0.85$$

$$\fallingdotseq 20:34:1:3$$

したがって，化合物Gの組成式は $C_{20}H_{34}SO_3$ になる。

アルキルベンゼンスルホン酸の示性式は $C_{14}H_{29}-C_6H_4-SO_3H$ である。

問5　アルキルベンゼンスルホン酸ナトリウムは強酸と強塩基の塩であるため，加水分解せず，水溶液は中性を示し，動物性繊維の洗濯にも適する。また，硬水中で使用しても，不溶性の塩をつくりにくく洗浄力を失わない。

直鎖のアルキル基は疎水性であり，スルホン酸イオンは親水性であるため，アルキル基の部分を内側に向け，スルホン酸イオンの部分を外側に向けて集まり，ミセルを形成する。

78 イオン交換樹脂，高分子化合物，アミノ酸

（2017年度[3]Ⅱ）

必要があれば次の数値を用いよ。
原子量：H＝1.0，C＝12.0，O＝16.0，S＝32，Cu＝64

Ⅱ　高分子化合物に関する次の文章を読み，問1～問6に答えよ。なお，構造式は記入例にならって記せ。

（記入例）

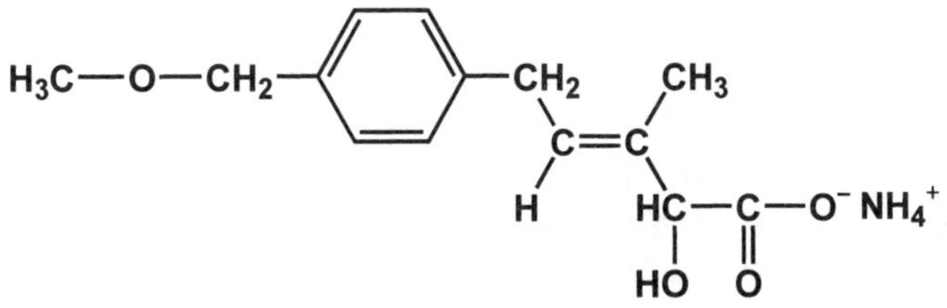

$$H_3C-O-CH_2-C_6H_4-CH_2-C(H)=C(CH_3)-CH(OH)-C(=O)-O^-\ NH_4^+$$

化合物Aはきわめて透明度が高いことから有機ガラスともいわれ，水族館の展示用水槽などに用いられる。Aは一種類の単量体より得られ，平均分子量 1.50×10^6 のAには 1.50×10^4 個の繰り返し単位が含まれる。

スチレンと *p*-ジビニルベンゼンの共重合体に，スルホ基やトリメチルアンモニウム基を導入した樹脂は一般に［　a　］とよばれるものの一種であり，塩類を含まない純水の製造などに用いられる。化合物Bはスルホ基を導入した樹脂である。

化合物Cはラテックスとよばれる樹液を加工することで得られるが，このままでは弾性，強度，耐久性などに乏しい。(i)<u>硫黄を数％加えて加熱することで，これらの性質が向上した物質が得られる</u>。

単量体の間から水などの簡単な分子がとれる反応を繰り返して結び付く重合を［　b　］重合といい，ポリエチレンテレフタラート(PET)は，テレフタル酸と1,2-エタンジオール(エチレングリコール)からこの重合によって得られる。石油資源の有効利用を促進する目的で，(ii)<u>PETはリサイクルが行われている</u>。

タンパク質は，さまざまな生命活動を支える重要な物質であり，熱，酸，塩

基などの作用で，凝固したり沈殿したりする。これをタンパク質の［ c ］という。単純タンパク質を適切な条件で完全に加水分解すると，その構成成分のアミノ酸が得られる。(iii)

問 1 Aの単量体の構造式として最も適切なものを次の(ア)～(オ)から一つ選び記号で記せ。

(ア) $H_2C{=}C(H)-CH_3$

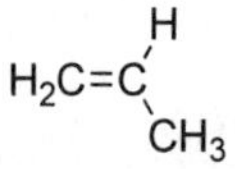

(イ) $H_2C{=}C(CH_3)-C(=O)-O-CH_3$

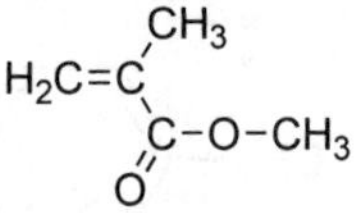

(ウ) $H_2C{=}C(H)-O-C(=O)-CH_3$

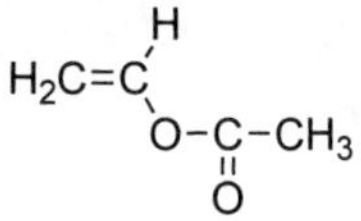

(エ) $H_2C{=}C(Cl)-C(H){=}CH_2$

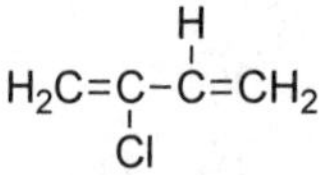

(オ) $H_2C{=}C(Cl)-Cl$

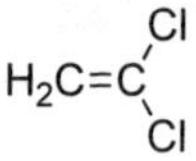

問 2 空欄［ a ］～［ c ］にあてはまる語句を記せ。

問 3 十分な量のBを詰めた円筒に濃度未知の硫酸銅(Ⅱ)水溶液 10.0 mL を通した後，純水で完全に洗い流した。この流出液を 5.00×10^{-2} mol/L の水酸化ナトリウム水溶液で中和滴定したところ，中和点までに要した水酸化ナトリウム水溶液の体積は 16.8 mL であった。用いた硫酸銅(Ⅱ)水溶液の濃度〔mol/L〕を有効数字 3 桁で答えよ。ただし，全ての反応は完全に進行するものとする。

問 4 下線部(i)のようになる理由として最も適切なものを，次の(カ)～(コ)から一つ選び記号で記せ。

(カ) 硫黄がCを適当な長さに切断するから。

(キ) 硫黄がCのシス形炭素—炭素二重結合をトランス形に変えるから。

(ク) Cに含まれる不純物を硫黄が取り除くから。

(ケ) Cのところどころに硫黄による架橋構造が生じるから。

(コ) 硫黄が加熱によるCの分解を防ぐから。

問 5　下線部(ii)に関して，高分子化合物を単量体まで分解し（解重合），再利用するケミカルリサイクルが行われている。PET の解重合の一例として，1, 2-エタンジオールによる方法があり，PET からビスヒドロキシエチレンテレフタラート（BHET）が生成する。9.60 g の PET を十分量の 1, 2-エタンジオールを用いて BHET まで完全に解重合した場合，得られる BHET の質量〔g〕を有効数字 3 桁で答えよ。

$$HO-CH_2-CH_2-O-\overset{\overset{\displaystyle O}{\|}}{C}-C_6H_4-\overset{\overset{\displaystyle O}{\|}}{C}-O-CH_2-CH_2-OH$$

BHET

問 6　下線部(iii)に関して，ある生体タンパク質の構成成分として不斉炭素原子をもたない α-アミノ酸 D が得られた。D の等電点に pH を調整した水溶液中で，D はどのようなイオンとして主に存在しているか。その構造式を記せ。

解　答

問1 (イ)

問2 a．イオン交換樹脂　b．縮合　c．変性

問3 4.20×10^{-2} mol/L

問4 (ケ)

問5 12.7 g

問6

$$H_3N^+-CH_2-\underset{\underset{\displaystyle O}{\|}}{C}-O^-$$

ポイント

スルホ基 $-SO_3H$ を導入した陽イオン交換樹脂では，Cu^{2+} とのイオン交換において，Cu^{2+} 1個に対して H^+ が2個の割合で交換されることに注意する。

解　説

問1　Aの単量体の分子量を M とすると

$$M\times1.50\times10^4=1.50\times10^6$$

$\therefore\ M=100$

各分子量は，(ア) 42.0，(イ) 100.0，(ウ) 86.0，(エ) 88.5，(オ) 97.0 だから，Aの単量体は(イ)になる。

問2　a．溶液中のイオンを別のイオンと交換するはたらきをもつ合成樹脂をイオン交換樹脂という。

b．単量体の間から簡単な分子がとれる縮合反応を繰り返して結びつく重合を縮合重合という。

c．タンパク質が，熱，酸，塩基などの作用により，凝固・沈殿する現象をタンパク質の変性という。

問3　$Cu^{2+}:H^+=1:2$（物質量比）でイオン交換され，さらに H^+ と OH^- は $1:1$（物質量比）で中和するから，硫酸銅(Ⅱ)水溶液の濃度を x〔mol/L〕とすると

$$x\times\frac{10.0}{1000}:5.00\times10^{-2}\times\frac{16.8}{1000}=1:2$$

$\therefore\ x=4.20\times10^{-2}$〔mol/L〕

問4　天然ゴムに硫黄を数%加えて加熱すると，ゴム分子のところどころに硫黄原子による架橋構造が生じて，ゴムの弾性，強度，耐久性などが向上した弾性ゴムになる。

問5　重合度を n とすると，1 mol の PET（分子量 $192n$）から n〔mol〕の BHET（分子量 254）が生成するから，得られる BHET の質量を x〔g〕とすると

$$\frac{9.60}{192n} \times n = \frac{x}{254}$$

∴　$x = 12.7$〔g〕

問6　不斉炭素原子をもたないα-アミノ酸はグリシンで，等電点では双性イオンとして存在する。

79 タンパク質，アミノ酸

（2016年度 [3] Ⅱ）

必要があれば次の数値を用いよ。
原子量：H＝1.0，C＝12.0，N＝14.0，O＝16.0，Na＝23.0，S＝32.0

Ⅱ　次の文章を読み，問1～問5に答えよ。なお，構造式は記入例にならって記せ。

（記入例）

```
      CH3               OH    Br
       |                |     |
H3C — CH — CH2 — CH — CH — CH2 — CH2 — NH2
```

あるタンパク質を部分的に加水分解すると，四つのアミノ酸分子を含む鎖状のテトラペプチドAが得られた。Aを完全に加水分解したところ，三種類のアミノ酸B，C，およびDが得られた。Bは不斉炭素原子を一つもち，Cは二つもっていた。また，Dは不斉炭素原子をもたなかった。Aを部分的に加水分解すると，三種類のジペプチドE，F，およびGが生じた。このうちGは不斉炭素原子をもたなかった。Aのカルボン酸部分のみを適切な条件で還元して第一級アルコールに変換すると，化合物Hが生じた（図1）。Hを完全に加水分解すると，B，C，Dと不斉炭素原子をもたない化合物Ⅰが得られた。A～Ⅰのそれぞれに水酸化ナトリウム水溶液を加えて熱し，酢酸で中和後，酢酸鉛(Ⅱ)水溶液を加えると，A，B，E，Hに硫化鉛(Ⅱ)の黒色沈殿が生じた。水酸化ナトリウムを用いて12.1gのBを完全に1価の陰イオンに変換すると，4.0gの水酸化ナトリウムが消費された。同様に，水酸化ナトリウムを用いて9.4gのFを完全に1価の陰イオンに変換すると，2.0gの水酸化ナトリウムが消費された。なお，このときペプチド結合は加水分解されないとする。

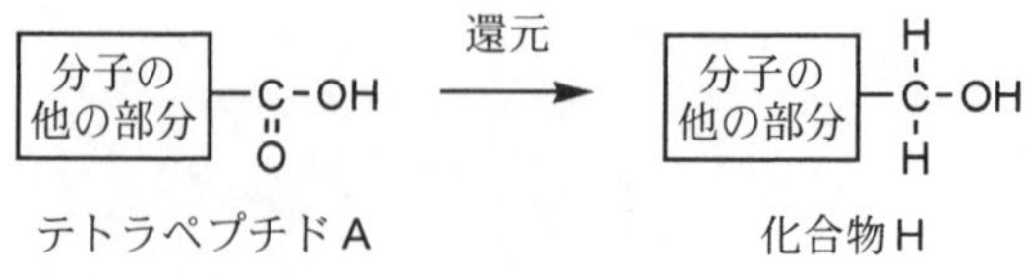

図1

問1　タンパク質について一般にあてはまらないものを次の(ア)～(オ)の中から二つ選び記号で記せ。

(ア)　芳香族アミノ酸を含むタンパク質は，濃硝酸を加えて加熱すると黄色になり，さらに，アンモニア水を加えて塩基性にすると橙黄色になる。

(イ)　タンパク質はアミラーゼによって加水分解されてアミノ酸を生じる。

(ウ)　タンパク質の水溶液にニンヒドリン溶液を加えて温めると，タンパク質中のアミノ基が反応して，赤紫～青紫色に発色する。

(エ)　タンパク質中のアミノ酸の配列順序をタンパク質の一次構造という。

(オ)　タンパク質の水溶液に水酸化ナトリウム水溶液を加えて塩基性にした後，少量の硫酸銅(Ⅱ)を加えると，酸化銅(Ⅰ)の赤色沈殿が生じる。

問2　Dの名称を記せ。

問3　Iの構造式を記せ。

問4　Aの構造式(図2)に示されている(あ)～(え)のそれぞれに対応するアミノ酸をB～Dから選び記号で記せ。

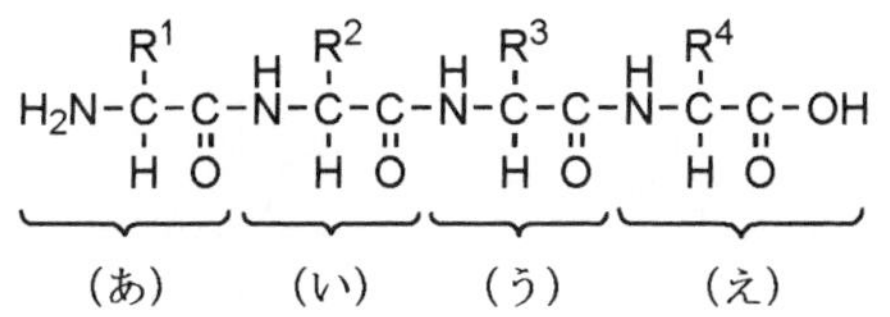

図2　Aの構造式(R^1，R^2，R^3，R^4は置換基を示す)

問5　BとCにあてはまる構造式を(カ)～(ソ)からそれぞれ一つ選び記号で記せ。

```
                     OH              CH3              CH3              SH
     CH3             CH2        H3C-CH          HO-CH              CH2
H2N-C-C-OH      H2N-C-C-OH      H2N-C-C-OH      H2N-C-C-OH      H2N-C-C-OH
    H O             H O             H O             H O             H O
   (カ)            (キ)            (ク)            (ケ)            (コ)

     CH3             CH3        H2N-CH2             SCH3          (C6H5)
     CH2        H3C-CH              CH2             CH2
H3C-CH              CH2             CH2             CH2             CH2
H2N-C-C-OH      H2N-C-C-OH      H2N-C-C-OH      H2N-C-C-OH      H2N-C-C-OH
    H O             H O             H O             H O             H O
   (サ)            (シ)            (ス)            (セ)            (ソ)
```

解　答

問1　(イ)・(オ)

問2　グリシン

問3　$H_2N-CH_2-CH_2-OH$

問4　(あ)—B　(い)—C　(う)—D　(え)—D

問5　B—(コ)　C—(サ)

ポイント

不斉炭素原子をもたないアミノ酸Dがグリシンであることと，テトラペプチドA，アミノ酸B，ジペプチドE，化合物Hが硫黄を含むことから，ほかの化合物を推論する。

解　説

問1　(イ)　あてはまらない。タンパク質はペプシンやトリプシンによって加水分解される。

(オ)　あてはまらない。タンパク質の水溶液に水酸化ナトリウム水溶液を加え，少量の硫酸銅(Ⅱ)を加えると，ペプチド結合部位で Cu^{2+} と配位結合を形成して赤紫色になるビウレット反応がおこる。

問2　Dは不斉炭素原子をもたないアミノ酸だから H_2N-CH_2-COOH（グリシン）である。

問3　Iは不斉炭素原子をもたないから，グリシンの $-COOH$ が $-CH_2OH$ に変わった化合物である。

問4　Gは不斉炭素原子をもたないジペプチドだから，グリシン2分子から脱水したジペプチドである。また，Aのカルボキシ基が還元され，第一級アルコールHが生じるから，テトラペプチドのカルボキシ基側の(う)と(え)に対応するアミノ酸はグリシンDである。A，B，E，Hには硫黄の原子が含まれている。また，ジペプチドではEのみに硫黄が含まれているから，(あ)は硫黄を含むBになり，(い)はCになる。

問5　Bは硫黄を含む一価の酸である。Bの分子量を M_B とすると

$$1\times\frac{12.1}{M_B}=1\times\frac{4.0}{40.0}\qquad\therefore\quad M_B=121$$

したがって，Bは(コ)のシステインである。

Fは一価の酸であり，分子量を M_F とすると

$$1\times\frac{9.4}{M_F}=1\times\frac{2.0}{40.0}\qquad\therefore\quad M_F=188$$

FはCとグリシンとのジペプチドであるから，Cの分子量は131になる。

また，Cは不斉炭素原子を2つもっている。したがって，Cは(サ)のイソロイシンである。

80 油脂・セッケンの性質

(2015年度 3 Ⅱ)

必要があれば次の数値を用いよ。
原子量：H＝1.0，C＝12.0，O＝16.0
1molの理想気体の標準状態での体積：22.4L

Ⅱ 次の文章を読み，問1～問4に答えよ。

(i)油脂に水酸化ナトリウム水溶液を加えて加熱すると，1分子の [a] と3分子の高級脂肪酸のナトリウム塩ができる。この反応を [b] といい，高級脂肪酸のナトリウム塩をセッケンという。セッケンのように，分子内に疎水基と [c] をあわせもつことにより，水の [d] を下げる性質を示す化合物を界面活性剤という。また，油脂の性質は，構成脂肪酸の化学構造によって決定され，常温で固体のものを脂肪といい，液体のものを脂肪油という。(ii)不飽和脂肪酸で構成される脂肪油の炭素−炭素二重結合に触媒を用いて水素を付加させると融点が [e] なる。

問1 [a] ～ [e] にあてはまる語句を下の(あ)～(す)から選び記号で記せ。

(あ) エタノール (い) グリセリン (う) グリシン
(え) けん化 (お) エステル化 (か) 酸 化
(き) 親水基 (く) 親油基 (け) 表面張力
(こ) ファンデルワールス力 (さ) 電子親和力
(し) 高 く (す) 低 く

問2 界面活性剤に関する文章(ア)～(エ)の中からあてはまらないものを二つ選び記号で記せ。

(ア) 界面活性剤の一種であるセッケンは，Ca^{2+} や Mg^{2+} を多く含む硬水中では塩析効果がはたらき，泡立ちが増す。

(イ) 界面活性剤が形成する球状のコロイド粒子をミセルという。

（ウ）　界面活性剤による洗浄は，汚れを包み込んで水中へ分散させることにより行われる。この作用を界面活性剤の浸透作用という。

（エ）　アルキルベンゼンスルホン酸ナトリウムは合成洗剤の一種であり，その水溶液は中性である。

問 3　油脂である化合物Aを下線部(i)のように処理すると，リノール酸のナトリウム塩とリノレン酸のナトリウム塩，ならびに［ a ］が生成した。化合物Aには，何種類の構造異性体が存在する可能性があるか示せ。ただし，幾何異性体については考慮しないものとする。

問 4　不飽和脂肪酸で構成される油脂B（分子式 $C_{57}H_{100}O_6$）1.00 g に下線部(ii)の操作で水素 H_2 を付加させた。消費された水素の標準状態での体積〔L〕を有効数字3桁で求めよ。ただし，油脂Bは環状構造を持たず，反応は完全に進行するものとする。

解 答

問1 a—(い) b—(え) c—(き) d—(け) e—(し)

問2 (ア)・(ウ)

問3 4種類

問4 1.27×10^{-1}L

ポイント

問3は，リノール酸とリノレン酸からなる油脂の有り得る形をすべて考える。問4は分子式から油脂の構造式を考え，二重結合の数を計算する。

解 説

問1 油脂に水酸化ナトリウム水溶液を加えて熱すると油脂はけん化されて1,2,3-プロパントリオール（グリセリン）と脂肪酸のナトリウム塩，すなわちセッケンを生じる。

$$\begin{array}{l} RCOOCH_2 \\ \quad\;\;| \\ RCOOCH \\ \quad\;\;| \\ RCOOCH_2 \end{array} + 3NaOH \longrightarrow 3RCOONa + \begin{array}{l} CH_2OH \\ | \\ CHOH \\ | \\ CH_2OH \end{array}$$

油脂　　　脂肪酸ナトリウム（セッケン）　　　グリセリン

セッケンは水になじみにくい疎水基の炭化水素基と，水になじみやすい親水基からなる。界面活性剤は水の表面張力を低下させ，浸透作用がある。脂肪油に，ニッケルを触媒として水素を付加すると不飽和脂肪酸の一部が飽和脂肪酸に変わり，硬化するので融点が高くなる。

問2 (ア) あてはまらない。セッケンはCa^{2+}やMg^{2+}を多く含む水中で使用すると，水に不溶性の塩をつくるため，洗浄力を失う。

(イ) あてはまる。セッケンは疎水基の部分を内側に向け，親水基の部分を外側に向けて集まり，ミセルをつくる。

(ウ) あてはまらない。セッケンが汚れを包み込んで水中へ分散する作用を乳化作用という。

(エ) あてはまる。アルキルベンゼンスルホン酸ナトリウムは強酸と強塩基からなる塩で，その水溶液は中性である。

問3 化合物Aで幾何異性体を区別しないとすれば，存在する可能性のある物質は次の4種類である。

$$\begin{array}{l} CH_2OCOC_{17}H_{31} \\ | \\ CHOCOC_{17}H_{31} \\ | \\ CH_2OCOC_{17}H_{29} \end{array} \qquad \begin{array}{l} CH_2OCOC_{17}H_{31} \\ | \\ CHOCOC_{17}H_{29} \\ | \\ CH_2OCOC_{17}H_{31} \end{array}$$

$$\begin{array}{l} CH_2OCOC_{17}H_{29} \\ | \\ CHOCOC_{17}H_{31} \\ | \\ CH_2OCOC_{17}H_{29} \end{array} \qquad \begin{array}{l} CH_2OCOC_{17}H_{29} \\ | \\ CHOCOC_{17}H_{29} \\ | \\ CH_2OCOC_{17}H_{31} \end{array}$$

問４　油脂Ｂ（$C_{57}H_{100}O_6$）の不飽和度は，$\dfrac{2\times57+2-100}{2}=8$ である。そのうちC=O結合が３つあるので，炭素原子間由来の不飽和度は５である。したがって，油脂Ｂ1mol（分子量880.0）に対して水素5molが付加するから，消費された水素の標準状態での体積は

$$\frac{1.00}{880.0}\times5\times22.4=0.1272\fallingdotseq1.27\times10^{-1}\text{〔L〕}$$

81 単糖と糖類の結合

(2014年度 3 II)

II 次の文章を読み，問1～問4に答えよ。

糖を構成成分にもつ天然有機化合物の構造を調べるため，以下の実験を行った。

(実験1)

カニの殻には，キチンとよばれる窒素原子を含む多糖が含まれている。キチンのグリコシド結合を加水分解すると，単糖A ($C_8H_{15}NO_6$) とB ($C_6H_{13}NO_5$) が主生成物として得られた。AとBそれぞれに無水酢酸を作用させると同一の生成物が得られた。キチンを濃アルカリ中で加熱して中和すると，Bのみから構成されるキトサンとよばれる多糖と酢酸が得られた。キトサンのヒドロキシ基(—OH)を，すべてメチル化してメトキシ基(—O—CH_3)としてから，グリコシド結合を加水分解すると，主生成物として以下に構造を示す単糖Cが得られた。

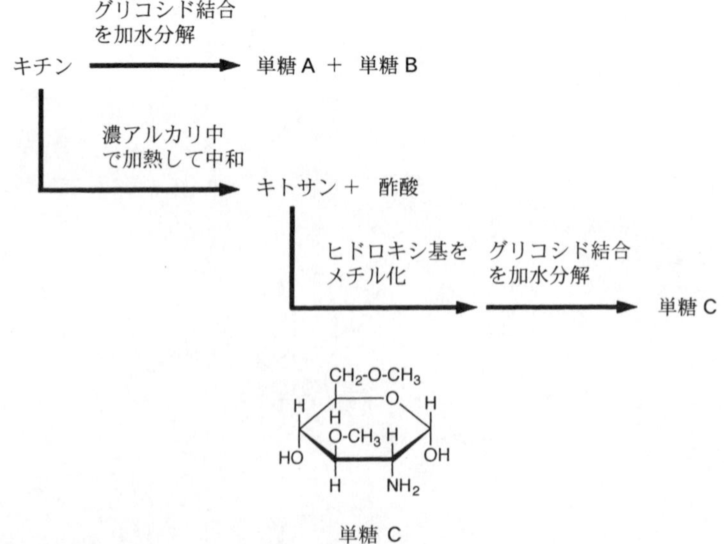

単糖 C

（実験2）

ジャガイモの新芽には，α−ソラニンとよばれる化合物が含まれている。α−ソラニンは，ソラニジンとよばれる化合物に，オリゴ糖がグリコシド結合でつながった化合物である。このオリゴ糖は3個の異なる単糖D，E，Fから構成されている。ソラニジンはヒドロキシ基を一つだけもっている。(i) α−ソラニンのヒドロキシ基を，すべてメチル化してメトキシ基としてから，グリコシド結合を加水分解すると，ソラニジンと以下に構造を示す単糖G，H，Iが得られた。

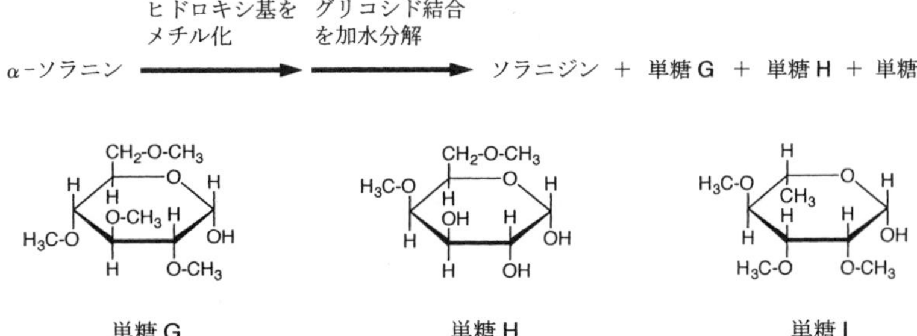

問1　単糖Cの性質として最も適切なものを次の(あ)～(お)の中から一つ選び，記号で答えよ。

(あ)　ニンヒドリン反応により紫色に呈色する。

(い)　塩化鉄(Ⅲ)水溶液を加えると紫色に呈色する。

(う)　キサントプロテイン反応により黄色に呈色する。

(え)　ビウレット反応により紫色に呈色する。

(お)　炭酸水素ナトリウム水溶液を加えると二酸化炭素が発生する。

問2　キトサンの構造の一部として最も適切なものを次の(か)～(こ)の中から一つ選び，記号で答えよ。

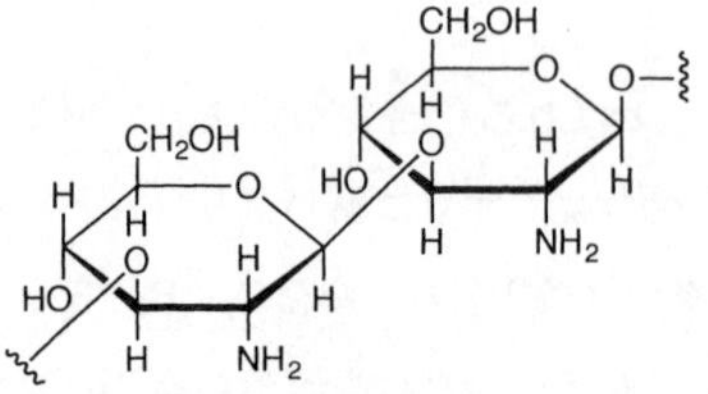

（か）

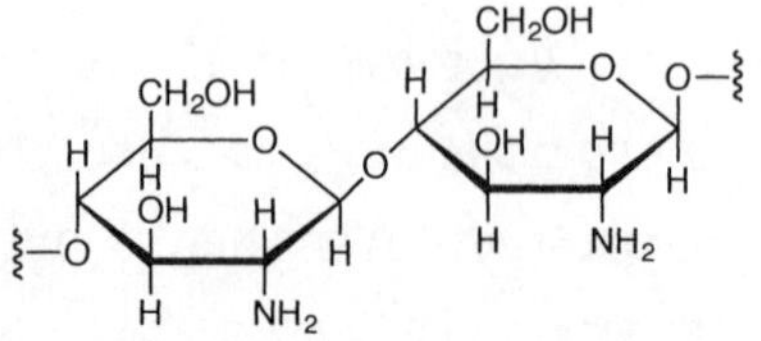

（き）

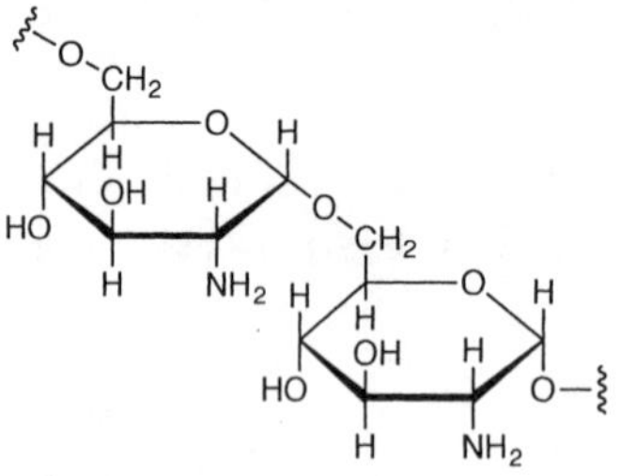

（く）

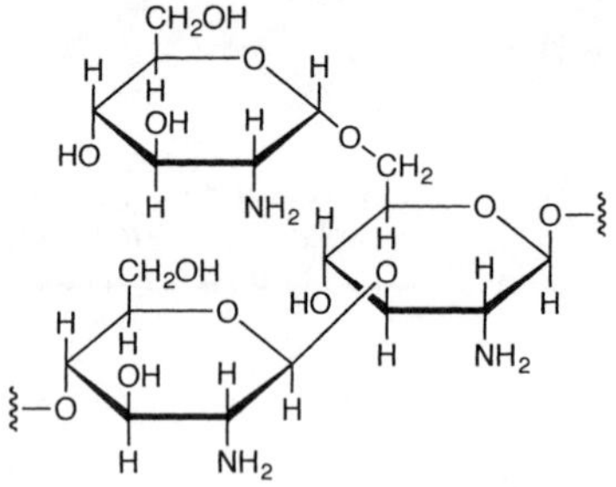

（け）

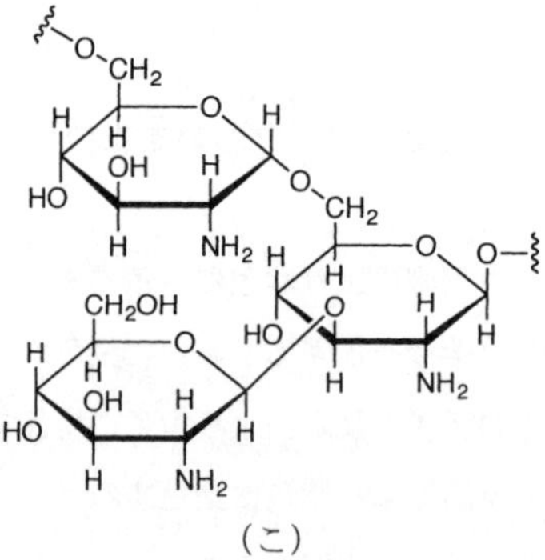

（こ）

問 3 単糖Aは塩基性を示さない。以下に構造を示すAの R^1，R^2，R^3 にあてはまる水素原子または置換基を，次の（さ）～（と）の中から一つずつ選び，記号で答えよ。なお，同じ記号を複数回選んでもよい。

（さ） —H　　（し） —NH_2　　（す） —OH　　（せ） —O—CH_3

（そ）$-\underset{|}{\overset{}{N}}(H)-CH_3$　（た）$-C(=O)-OH$　（ち）$-C(=O)-CH_3$

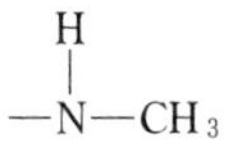

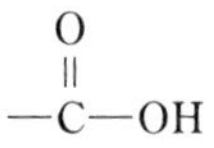

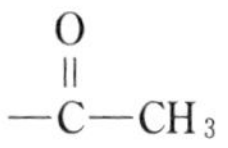

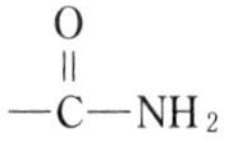

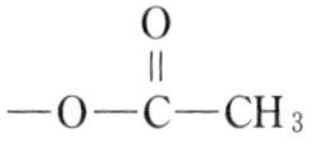

（つ）$-C(=O)-NH_2$　（て）$-O-C(=O)-CH_3$　（と）$-N(H)-C(=O)-CH_3$

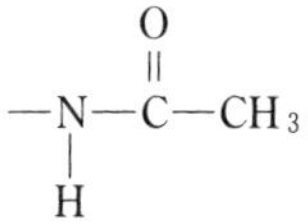

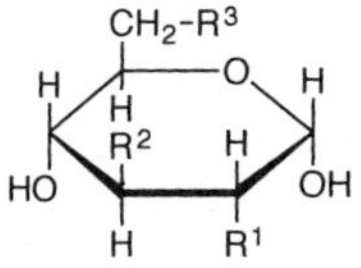

単糖A

問 4　実験2の下線部(i)において，オリゴ糖は単糖Dの部分でソラニジンにグリコシド結合でつながっている。また，単糖DとEは立体異性体の関係にある。単糖D，E，Fを，次の(な)～(の)の中から一つずつ選び，記号で答えよ。

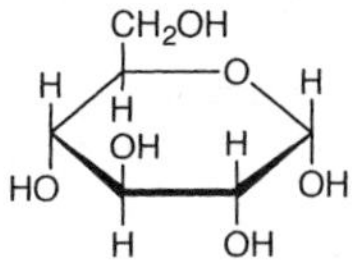

(な) 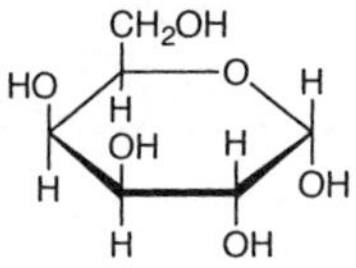　(に) 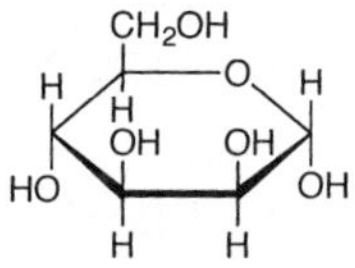　(ぬ)

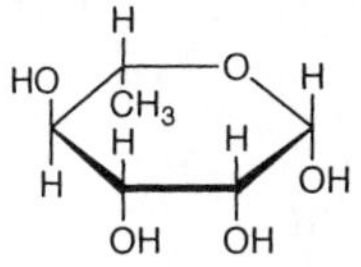

(ね) 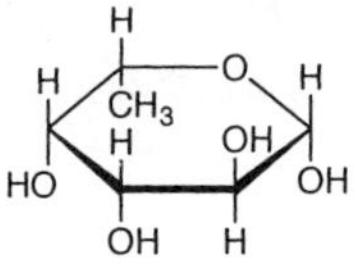　(の)

解 答

問1 (あ)

問2 (き)

問3 R^1：(と) R^2：(す) R^3：(す)

問4 D—(に) E—(な) F—(ね)

ポイント

見慣れない物質や反応が多く，取っ付きにくいかもしれない。単糖やエステル結合，グリコシド結合を，しっかりと理解しておこう。問3は，単糖Aが塩基性を示さないことから，アミノ基がアセチル化されていることがわかる。問4は，単糖はヒドロキシ基のところでグリコシド結合していることから，単糖Hを中心にソラニジン，単糖G，単糖Ⅰが結合していることがわかる。

解 説

問1 (あ) 正文。単糖Cはアミノ基をもつから，ニンヒドリン反応をする。

(い) 誤文。塩化鉄(Ⅲ)水溶液で呈色する物質はフェノール類である。

(う) 誤文。キサントプロテイン反応する物質は芳香族アミノ酸である。

(え) 誤文。ビウレット反応する物質は2個以上のペプチド結合をもつ。

(お) 誤文。炭酸水素ナトリウム水溶液を加えると二酸化炭素を発生する物質は炭酸より強い酸でなければならない。

問2 単糖Cの1位，4位の炭素原子にヒドロキシ基があるから，キトサンは1,4-グリコシド結合している。

問3 キトサンは単糖Bのみから構成されている。また，キトサンのヒドロキシ基をメチル化して加水分解すると単糖Cになる。したがって，BはCのメトキシ基をヒドロキシ基にした物質になる。

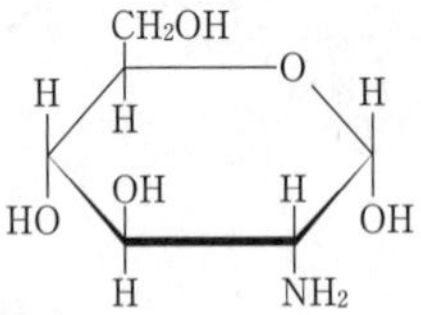

CH2OH, O, H, H, H, HO, OH, H, OH, H, NH2

単糖AとBそれぞれに無水酢酸を作用させるとヒドロキシ基およびアミノ基がアセチル化されて，同一の物質になる。

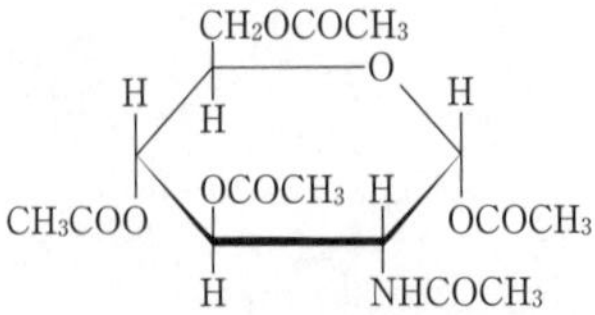

CH2OCOCH3, O, H, H, H, CH3COO, OCOCH3, H, OCOCH3, H, NHCOCH3

単糖Aは塩基性を示さないからアミノ基がアセチル化されている。したがって，A は次のようになる。

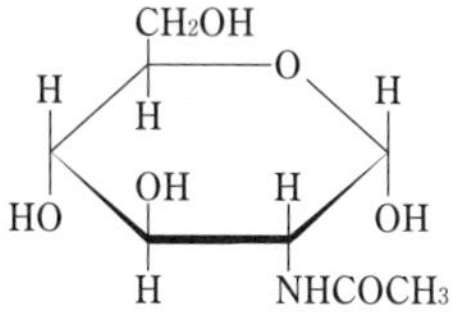

CH_2OH
H　O　H
H
OH　H
HO　OH
H　$NHCOCH_3$

問4　単糖Hはヒドロキシ基が3つあるから，3カ所でグリコシド結合する。ソラニジンはヒドロキシ基が1つしかなく単糖Dとグリコシド結合しているからDはHのメトキシ基をヒドロキシ基した物質(に)になる。DとEは立体異性体の関係になるから，Eは単糖Gのメトキシ基をヒドロキシ基した物質(な)になる。単糖Fは単糖Iのメトキシ基をヒドロキシ基した物質(ね)になる。

82 α-アミノ酸，トリペプチドのアミノ酸配列

(2013年度③Ⅰ)

必要があれば次の数値を用いよ。
原子量：H＝1.0，C＝12.0，N＝14.0，O＝16.0

Ⅰ　次の文章を読み，問1～問5に答えよ。なお，構造式は記入例にならって記せ。

(記入例)

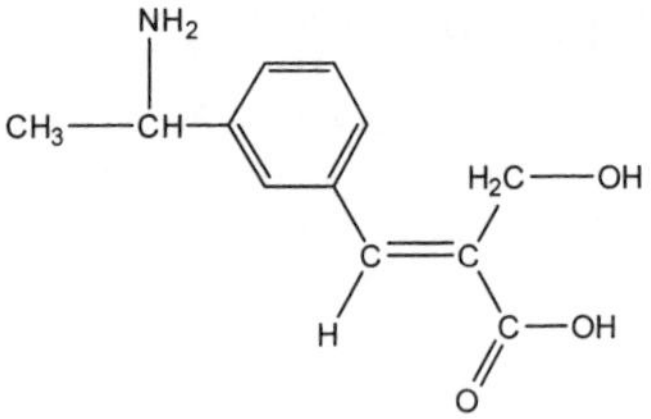

分子中にアミノ基(−NH_2)とカルボキシル基(−COOH)をもち，これらの二つの官能基が同一炭素原子上に結合している分子をα-アミノ酸という。トリペプチドAは図1に示す構造を有し，三つのα-アミノ酸が縮合したうえに末端のアミノ基がアセチル化されている。R^1，R^2，R^3は置換基を示す。ただし，これらはアミノ基あるいはカルボキシル基ではない。Aに水酸化ナトリウム水溶液を加えて塩基性にした後，硫酸銅(Ⅱ)の水溶液を少量加えると［(ア)］。Aは塩化鉄(Ⅲ)と反応し，青紫色を示した。

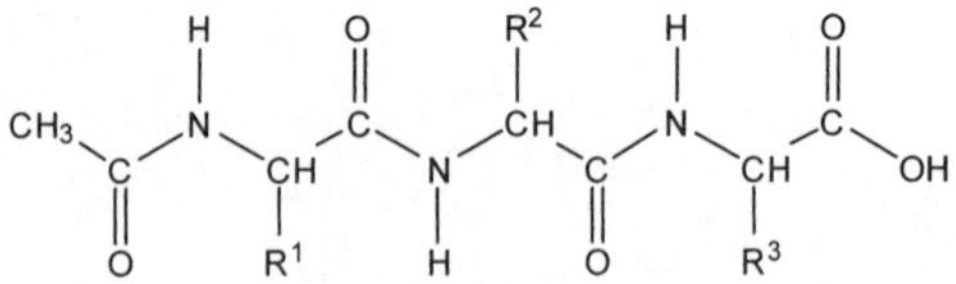

図1　トリペプチドAの構造式(R^1，R^2，R^3は置換基を示す)

Aを塩酸水溶液中で加熱して完全に加水分解したところ，酢酸とアミノ酸B，C，Dが得られた。分離したB，C，Dそれぞれに水酸化ナトリウム水溶液を加えて塩基性にした後，硫酸銅(Ⅱ)の水溶液を少量加えると［(イ)］。

Bは不斉炭素を有していなかった。Cに濃硝酸を加えて加熱すると黄色にな

り，さらにアンモニア水を加えて塩基性にすると橙黄色を示した。Dの分子式は$C_6H_{13}NO_2$であった。

問 1　文章中の［(ア)］と［(イ)］にあてはまる適切なものを(a)～(e)から選択し，記号で記せ。

(a)　赤色沈殿を生じた

(b)　黄色結晶が生成した

(c)　橙黄色を示した

(d)　赤紫色を示した

(e)　呈色しなかった

問 2　Bの構造式を記せ。

問 3　Cを水酸化ナトリウム水溶液に溶かした後，溶液のpHをCの等電点とした。この水溶液中でのCの構造として適切なものを次の(あ)～(く)から選択し，記号で記せ。

(あ)　(い) 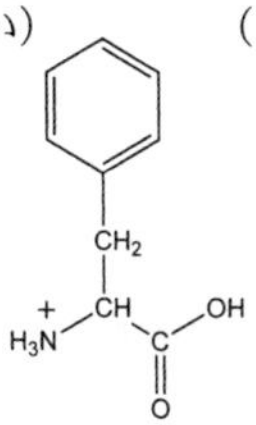　(う) 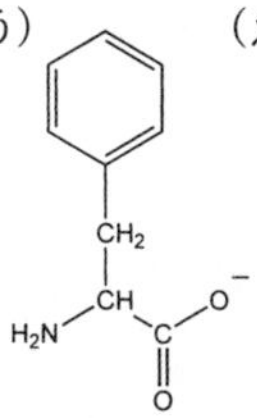　(え)

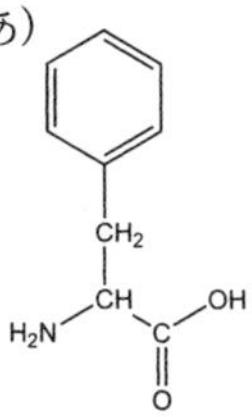

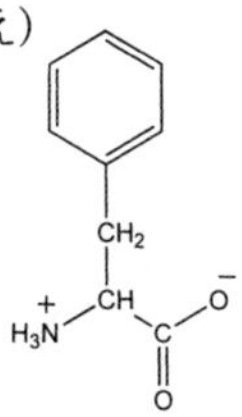

(お) 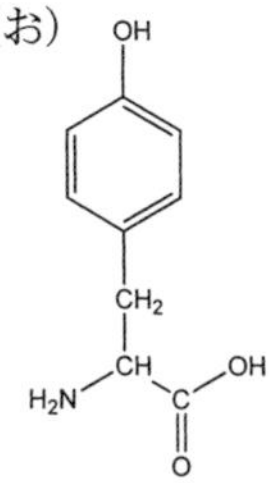　(か) 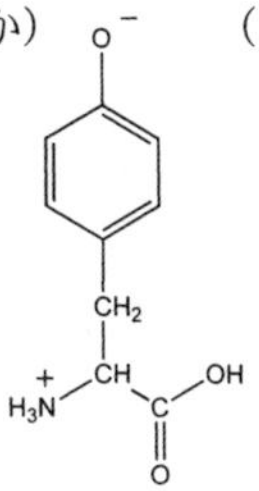　(き) 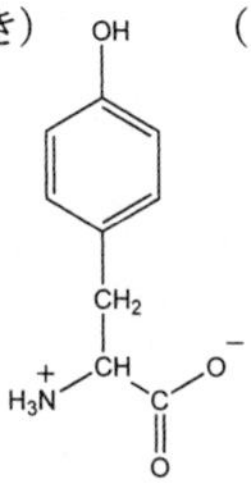　(く)

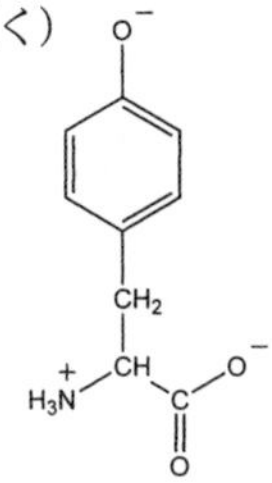

問 4　α-アミノ酸Dにあてはまる構造は何種類あるか答えよ。ただし立体異性体は考慮しないものとし，分子内に陰イオンあるいは陽イオンを含まな

いものとする。

問 5　15 g の B をエタノールに溶かし，少量の濃硫酸を加えて煮沸した。その後，中和して得られる化合物をさらに無水酢酸と反応させたところ，化合物 E が得られた。生成した E の質量 m〔g〕を，有効数字 2 桁で記せ。ただし反応は完全に進行するものとする。

解　答

問1　(ア)—(d)　(イ)—(e)

問2　$H_2N-CH_2-\underset{\underset{O}{\|}}{C}-OH$

問3　(き)

問4　4種類

問5　29g

ポイント

問3では，等電点では陽イオン，双性イオン，陰イオンの電荷の総和が全体として0になる。問4では，α-アミノ酸が一般に R−CH(NH$_2$)−COOH で表されることに注意する。問5では，化合物Eがグリシンのエチルエステルをアセチル化した化合物であることに着目する。

解　説

問1　ビウレット反応はトリペプチド（アミノ酸3個からなる）以上のペプチドで呈色するので，トリペプチドAは赤紫色を示すが，アミノ酸B，C，Dは呈色しない。

問2　Bは不斉炭素原子を有さないので，グリシン $CH_2(NH_2)COOH$ である。

問3　Cはキサントプロテイン反応を示すから，ベンゼン環をもつ。

Aが塩化鉄(Ⅲ)反応を示すことより，フェノール性 OH 基を有し，それはベンゼン環をもつCに含まれることになる。

Cの構造式は，問3の選択肢の(お)～(く)になるが，等電点においては $-NH_3^+$ と $-COO^-$ をもつ双性イオンになっているから，(き)の構造が該当する。

問4　α-アミノ酸は一般に R−CH(NH$_2$)−COOH で表されるから，Dは $C_4H_9CH(NH_2)COOH$ で表される。Dの構造として考えられるものは，次の4種類である。

$$CH_3CH_2CH_2CH_2CH\begin{cases}NH_2\\COOH\end{cases}\qquad (CH_3)_2CHCH_2CH\begin{cases}NH_2\\COOH\end{cases}$$

$$CH_3CH_2CH(CH_3)CH\begin{cases}NH_2\\COOH\end{cases}\qquad (CH_3)_3CCH\begin{cases}NH_2\\COOH\end{cases}$$

問5　グリシンをエタノールでエステル化し，次に無水酢酸でアセチル化する。

$$\underset{\text{B（グリシン，分子量 75.0）}}{CH_2\begin{cases}NH_2\\COOH\end{cases}}\xrightarrow{C_2H_5OH}CH_2\begin{cases}NH_2\\COOC_2H_5\end{cases}$$

$$\xrightarrow{(CH_3CO)_2O}\underset{\text{E}}{CH_2\begin{cases}NHCOCH_3\\COOC_2H_5\end{cases}}$$

反応は完全に進行するので，B（グリシン，分子量 75.0）1mol から E（分子量 145.0）が 1mol 生成する。よって，E の生成量は

$$\frac{15}{75.0}\times 145.0=29\,[\mathrm{g}]$$

83 糖類の性質，アルデヒド基の検出，逆滴定

（2012年度 3 Ⅱ）

必要があれば次の数値を用いよ。
原子量：H＝1.0，C＝12.0，O＝16.0，Na＝23.0，Cu＝63.5

Ⅱ　次の文章を読み，問1～問5に答えよ。

多糖類は多数の単糖がグリコシド結合により縮合重合したものである。例えば，穀類に多く含まれるデンプンはグルコース($C_6H_{12}O_6$)が重合したアミロースと［(a)］の混合物であり，その水溶液は［(b)］との反応によって青色～紫色に呈色する。一方，植物の細胞壁の主成分であるセルロースもグルコースがその構成単位であるが［(b)］との反応で呈色せず，水に不溶である。アミロースとセルロースは，構成するグルコースの立体構造が異なっている。デンプンまたはセルロースに酸を加えて加水分解すると，ともにグルコースの水溶液を生じる。この水溶液は［(c)］種類のグルコースの異性体を含み，フェーリング液と反応して赤色沈殿を生じる。酵母のはたらきによってグルコースからエタノールと二酸化炭素を生じる。このような反応をアルコール発酵という。

問1　［(a)］と［(b)］にあてはまる適切な語句，［(c)］にあてはまる適切な数値を記せ。

問2　アミロースとセルロースの部分構造を次の(あ)～(か)から選択せよ。

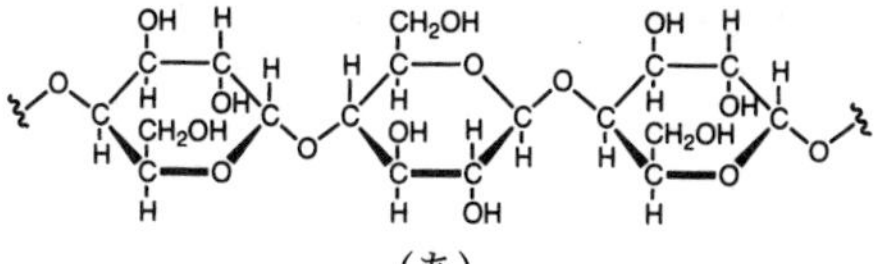

(あ)

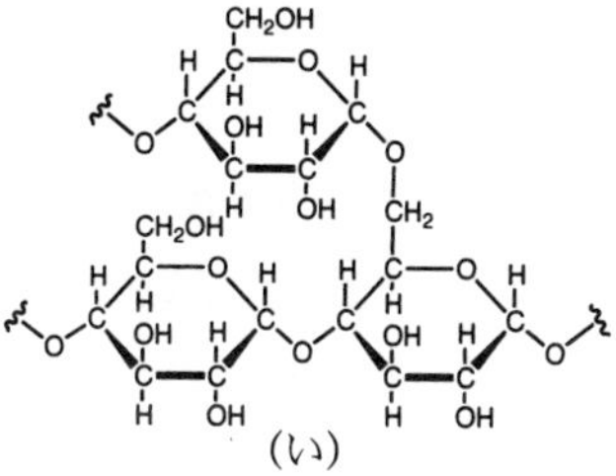

(い)

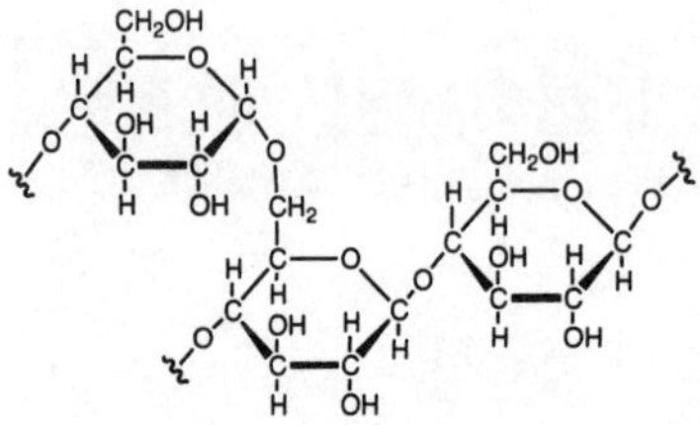

（う）

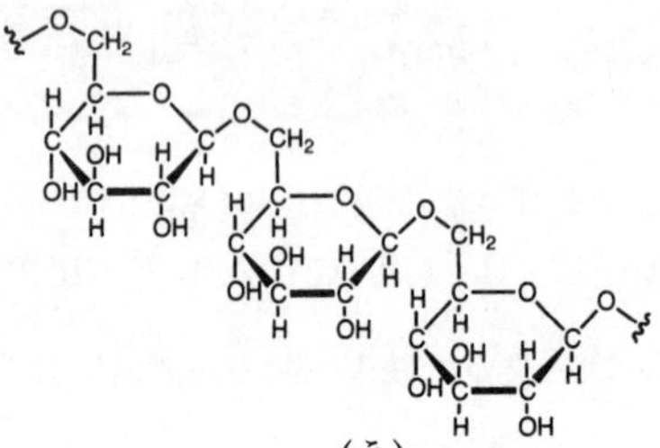

（え）

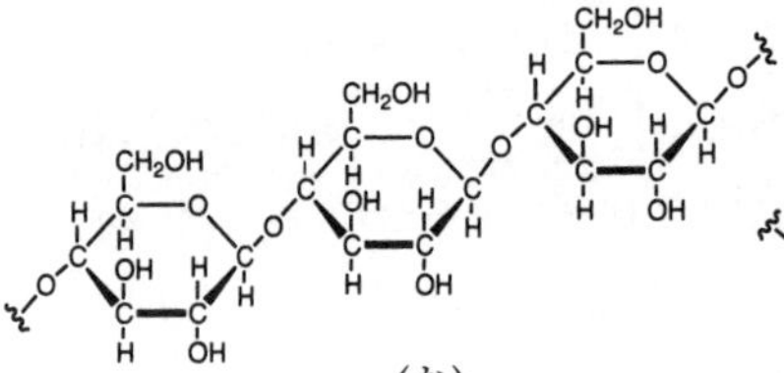

（お）

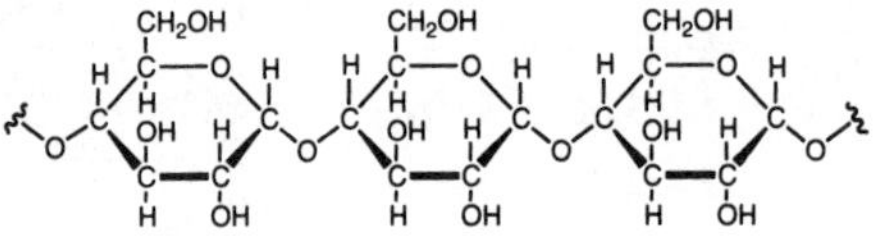

（か）

問 3　下線部は，ある官能基の性質を利用した反応である。この官能基についての記述(ア)～(エ)について，誤っているものを一つ選べ。

(ア)　クメンヒドロペルオキシドと硫酸との反応により，この官能基をもつ化合物が得られる。

(イ)　還元すると第一級アルコールを与える。

(ウ)　アンモニア性硝酸銀水溶液を加えて加熱すると，単体の銀が析出する。

(エ)　塩化パラジウム(Ⅱ)と塩化銅(Ⅱ)の存在下でエチレンと酸素を反応させると，この官能基をもつ化合物が得られる。

問 4　フェーリング液は銅(Ⅱ)イオンを含むアルカリ水溶液であり，グルコースの水溶液を加えると酸化銅(Ⅰ)を生じる。グルコース 1.20 g から何 g の酸化銅(Ⅰ)が生じるか，有効数字 3 桁で答えよ。ただし，グルコースは完全に消費されるものとし，1 mol のグルコースから 1 mol の酸化銅(Ⅰ)が生じる。

問 5　アルコール発酵により 1 分子のグルコースから 2 分子のエタノールと 2 分子の二酸化炭素が生じる。デンプン 20.0 g を加水分解して得られたグルコースを完全にアルコール発酵させ，発生した二酸化炭素を 2.00 mol/L の水酸化ナトリウム水溶液 300 mL に通じ，すべての二酸化炭素を吸収させた。この溶液を 15.0 mL 取り，フェノールフタレイン数滴を加えた後，1.50 mol/L 塩酸を滴下した。溶液が無色になるまでに要した塩酸の量は何 mL か，有効数字 3 桁で答えよ。ただし，二酸化炭素の吸収過程における溶液の体積は変化しないものとする。

解　答

問１　ⓐアミロペクチン　ⓑヨウ素（ヨウ素溶液）　ⓒ３
問２　アミロース：㈿　セルロース：㈵
問３　㈠
問４　9.53×10^{-1} g
問５　1.18×10 mL

ポイント
問２は，アミロースとセルロースの構造の違いを把握しておきたい。問５は，過剰の水酸化ナトリウムと生じた炭酸ナトリウムを塩酸で滴定する。指示薬にフェノールフタレインを用いて滴定すると，炭酸ナトリウムから炭酸水素ナトリウムを生じる二段滴定の第一段階で止まっていることに注意したい。

解　説

問１　(a)　デンプンは直鎖状のアミロースと分枝状のアミロペクチンの混合物である。

(b)　デンプン分子はらせん構造をしており，そのらせん中にヨウ素分子が入り込んで，青色～紫色に呈色する。これをヨウ素デンプン反応という。らせん構造をとらないセルロースでは，この反応がおこらない。

(c)　グルコースは水溶液中では，α-グルコース，β-グルコース，鎖状グルコースの３種類の異性体が存在する。

α-グルコース　⇄　グルコース（鎖状構造）　⇄　β-グルコース

問２　アミロースは，α-グルコースがα-1,4-グリコシド結合で重合しており，㈿の構造をしている。セルロースは，β-グルコースがβ-1,4-グリコシド結合して重合しており，㈵の構造をしている。

問３　下線部はフェーリング液の還元反応についての記述である。アルデヒド基をもつ化合物に陽性を示す。

㈠　誤文。生じる化合物は，フェノールとアセトンであり，ともにアルデヒド基をもたない。

㈡　正文。アルデヒドを還元すると第一級アルコールになる。

$$\mathrm{R{-}CHO \xrightarrow{\text{還元}} R{-}CH_2OH}$$

(ウ)　正文。アルデヒド基の検出反応で，銀鏡反応という。

(エ)　正文。生成する化合物は，アセトアルデヒドである。

$2CH_2{=}CH_2 + O_2 \longrightarrow 2CH_3CHO$

問4　1mol のグルコースから 1mol の酸化銅(Ⅰ) Cu_2O（式量 143.0）が生じるから，1.20g のグルコース $C_6H_{12}O_6$（分子量 180.0）から生じる酸化銅(Ⅰ)は

$$\frac{1.20}{180.0} \times 143.0 = 0.9533 \fallingdotseq 9.53 \times 10^{-1} \text{〔g〕}$$

問5　デンプン $(C_6H_{10}O_5)_n$（分子量 162.0n）を加水分解すると，グルコース $C_6H_{12}O_6$ が得られる。

$$(C_6H_{10}O_5)_n + nH_2O \longrightarrow nC_6H_{12}O_6$$

20.0g のデンプンから得られるグルコースは，$\dfrac{20.0}{162.0n} \times n$〔mol〕である。

したがって，アルコール発酵により発生する二酸化炭素は

$C_6H_{12}O_6 \longrightarrow 2C_2H_5OH + 2CO_2$ より

$$\frac{20.0 \times 2}{162.0} = 0.2469 \text{〔mol〕}$$

である。

2.00mol/L の水酸化ナトリウム水溶液 300mL 中に NaOH は

$$2.00 \times \frac{300}{1000} = 0.600 \text{〔mol〕}$$

存在するので，CO_2 は NaOH と完全に反応する。

$$2NaOH + CO_2 \longrightarrow Na_2CO_3 + H_2O$$

この反応で生じた Na_2CO_3 は 0.2469mol で，未反応の NaOH は

$$0.600 - 0.2469 \times 2 = 0.1062 \text{〔mol〕}$$

である。この溶液を 15.0mL とり，フェノールフタレインを指示薬に用いて塩酸で滴定すると次の2つの反応がおこる。

$$NaOH + HCl \longrightarrow NaCl + H_2O$$

$$Na_2CO_3 + HCl \longrightarrow NaHCO_3 + NaCl$$

1.50mol/L 塩酸の滴下量を v〔mL〕とすると

$$1.50 \times \frac{v}{1000} = 0.1062 \times \frac{15.0}{300} + 0.2469 \times \frac{15.0}{300}$$

$$\therefore \quad v = 11.77 \fallingdotseq 11.8 \text{〔mL〕}$$

84 アミノ酸，テトラペプチドのアミノ酸配列

（2011 年度 ③ Ⅱ）

必要があれば，次の数値を用いよ。
原子量：H＝1.0，C＝12.0，N＝14.0，O＝16.0

Ⅱ 次の文章を読み，問 1 ～問 4 に答えよ。なお，構造式は記入例にならって記せ。

（記入例）

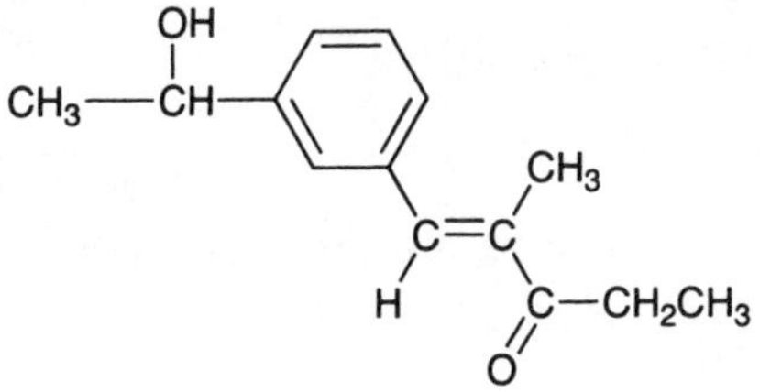

α-アミノ酸は，分子中にアミノ基-NH_2 およびカルボキシル基-COOH の 2 種類の官能基を持ち，これらが同一炭素原子に結合している。テトラペプチド A は，表 1 に示した α-アミノ酸のうちの互いに異なる 4 つが直鎖状に縮合したものである。A に水酸化ナトリウム水溶液を加えて塩基性にした後，硫酸銅(Ⅱ)の水溶液を少量加えると赤紫色を示した(1)。また A を部分的に加水分解したところ，3 種類のジペプチド B，C および D が得られた。B と C のそれぞれの水溶液に水酸化ナトリウム水溶液を加えて加熱し，酢酸で中和した後，酢酸鉛(Ⅱ)の水溶液を加えると，いずれも硫黄の存在を示す黒色沈殿が生じた。C と D のそれぞれに，濃硝酸を加えて熱した後，アンモニア水を加えて塩基性にすると，いずれも橙黄色を示した(2)。D を加水分解したところ，不斉炭素原子を持たないアミノ酸が含まれていることがわかった。さらに A を完全に加水分解したところ，アミノ基-NH_2 を 2 個もつ塩基性アミノ酸が含まれていることがわかった。

表1

名　称	略記号	分子量
グリシン	Gly	75
アラニン	Ala	89
システイン	Cys	121
リシン	Lys	146
グルタミン酸	Glu	147
フェニルアラニン	Phe	165

問 1　アラニンの構造異性体のうち，アミノ基-NH_2およびカルボキシル基-COOH の2種類の官能基を持ち，不斉炭素原子を持たない化合物の構造式を記せ。

問 2　下線部(1)，(2)にあてはまる呈色反応の名称を記せ。

問 3　テトラペプチドＡの分子量を有効数字3桁で記せ。ただし，アミノ酸の分子量は表1の数値を用いること。

問 4　テトラペプチドＡに含まれるアミノ酸は，どのような順序で結合していると考えられるか。適切なものを次の(あ)～(こ)から1つ選べ。

(あ)　Phe-Gly-Cys-Glu　　(い)　Phe-Cys-Gly-Lys
(う)　Ala-Cys-Phe-Lys　　(え)　Ala-Cys-Glu-Gly
(お)　Gly-Cys-Phe-Lys　　(か)　Gly-Phe-Cys-Lys
(き)　Lys-Ala-Cys-Gly　　(く)　Lys-Phe-Cys-Glu
(け)　Glu-Cys-Phe-Gly　　(こ)　Ala-Phe-Cys-Gly

解　答

問1 $H_2N-CH_2-CH_2-\overset{O}{\overset{\|}{C}}-OH$

問2 (1)ビウレット反応 (2)キサントプロテイン反応

問3 453

問4 (か)

ポイント

問1は，β-アミノ酸になる。問3は，条件から4つのα-アミノ酸を決定する。問4は，ジペプチドCがテトラペプチドAの中央に存在することに着目する。ペプチドの配列順序の方向は考慮しなくてよい。

解　説

問1 アラニン $CH_3-\underset{NH_2}{\underset{|}{C}}{}^*H-COOH$ の異性体は $NH_2-CH_2-CH_2-COOH$ である。

問2 (1) ビウレット反応は，2つ以上のペプチド結合をもつトリペプチド以上のペプチドを検出できる呈色反応である。

(2) キサントプロテイン反応は，ベンゼン環をもつアミノ酸がニトロ化されることによる呈色反応である。

問3 Aは硫黄反応とキサントプロテイン反応を示すから，システイン Cys とフェニルアラニン Phe を含む。また，不斉炭素原子を含まないグリシン Gly や NH_2 基を2つもつリシン Lys を含む。したがって，Aの分子量は

$$Gly + Cys + Lys + Phe - 3H_2O = 75 + 121 + 146 + 165 - 3 \times 18 = 453$$

問4 テトラペプチドのアミノ酸配列を

（N端）W−X−Y−Z（C端）

とすると，加水分解で生じた3種のジペプチドは，W−X，X−Y，Y−Zである。硫黄反応とキサントプロテイン反応を示すジペプチドはともに2種類あるので，ジペプチドC（X−Y）は Cys と Phe の組み合わせでなければならない。ジペプチドDは不斉炭素原子をもたないα-アミノ酸とキサントプロテイン反応をするα-アミノ酸を含むから，Gly と Phe の組み合わせである。したがって，ジペプチドBはアミノ基を2つもつ塩基性アミノ酸 Lys と Cys の組み合わせである。

これらのことにより，考えられるテトラペプチドは次の2種類である。

① Lys−Cys−Phe−Gly　　② Gly−Phe−Cys−Lys

この問題では，アミノ酸配列順序の方向を考慮していないので，①と②は同一視され，選択肢の(か)が該当する。

85 エステルの構造決定，高分子化合物

（2010年度[3] I）

必要があれば次の数値を用いよ。
原子量：H＝1.0，C＝12，O＝16

I　次の文章を読み，問1～問5に答えよ。なお，構造式については記入例にならって記せ。

（記入例）

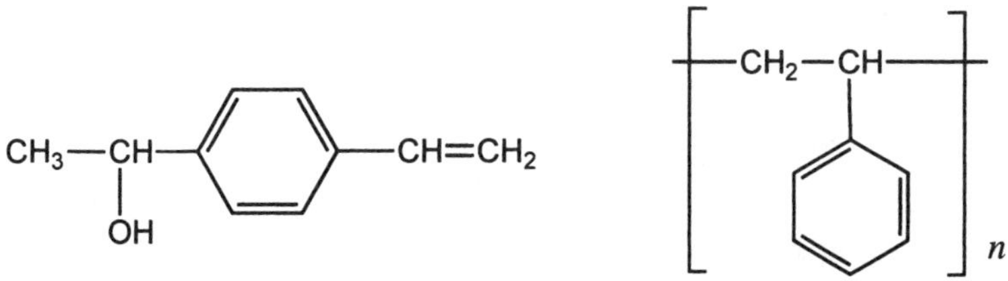

CH3—CH—（ベンゼン環）—CH=CH2
OH

—[CH2—CH(ベンゼン環)]—n

あるプラスチック製品の添加物を調べるために，粉末にしたプラスチックをエーテルに浸したところ，分子式 $C_{16}H_{22}O_4$ の化合物 A が抽出された。A をアルカリ存在下で完全に加水分解した後，その溶液を十分に酸性にすると，水にほとんど不溶の化合物 B と水に可溶の化合物 C のみが得られ，それぞれの分子式が $C_8H_6O_4$ と $C_4H_{10}O$ であることがわかった。B と C の縮合反応により，再び A が合成できた。

B はベンゼン環を有しており，炭酸水素ナトリウム水溶液に溶解した。また，B を加熱すると水分子がとれた分子式 $C_8H_4O_3$ の化合物 D が得られた。一方，C は硫酸による脱水反応を起こし，不飽和化合物としては1種類のみの生成物として 2-メチルプロペンを生じた。また，C を適当な酸化剤で酸化して得られる化合物をアンモニア性硝酸銀溶液に加えて穏やかに加熱すると，金属銀が容器の内壁に付着した。

問1　B とベンゼン環の置換基の位置のみが異なる構造異性体(位置異性体)は，B のほかに2つある。それらの構造式を記せ。

問 2 Bの位置異性体の1つとエチレングリコールを縮合重合させると，合成繊維や合成樹脂として日常生活に用いられている高分子化合物を生じる。この高分子化合物の構造式を記せ。

問 3 Cと構造異性体の関係にあり，かつ金属ナトリウムと反応しない化合物が3種類ある。この3種類の化合物が共通して示す，Cと顕著に異なる性質として適切なものを下の(あ)～(え)から1つ選び，記号で答えよ。

(あ) Cよりも沸点が低い。
(い) Cよりも容易に酸化されてケトンを生じる。
(う) ヨードホルム反応を示す。
(え) 鏡像異性体が存在する。

問 4 Aの構造式を記せ。

問 5 Bはナフタレンの酸化反応によって合成される。139 g のAを合成するために原料として必要なナフタレンとCの質量(g)を有効数字2桁で求めよ。ただし，反応は完全に進行するものとする。

解　答

問１

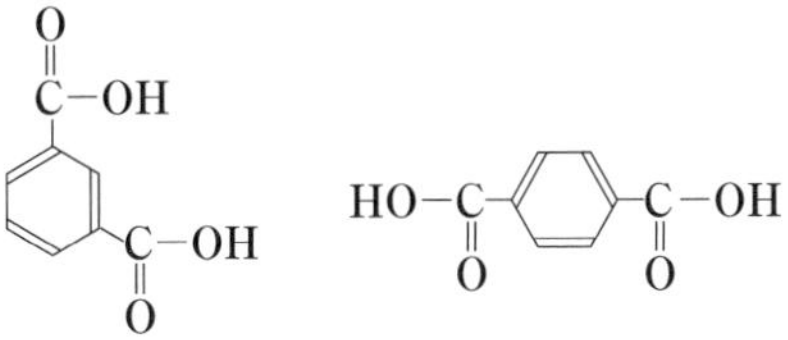

O
‖
C−OH

C−OH
‖
O

HO−C−　−C−OH
‖　　‖
O　　O

問２

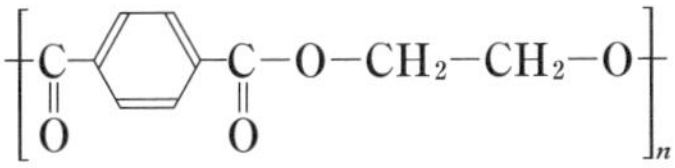

$\left[\mathrm{C}-\ \ -\mathrm{C}-\mathrm{O}-\mathrm{CH_2}-\mathrm{CH_2}-\mathrm{O}\right]_n$
‖　　‖
O　　O

問３　㋐

問４

O　　　　　CH₃ は下記
‖　　　　　　|
C−O−CH₂−CH−CH₃

C−O−CH₂−CH−CH₃
‖　　　　　　|
O　　　　　CH₃

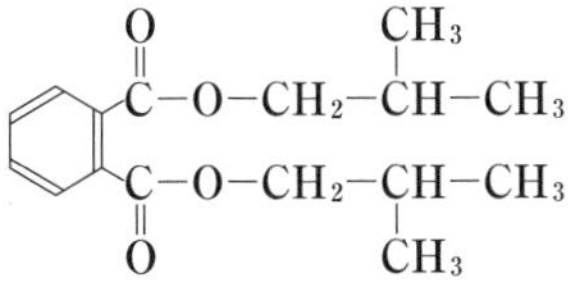

問５　ナフタレン：64g

化合物Ｃ：74g

ポイント

化合物Ｂは芳香族カルボン酸で，加熱すると酸無水物が得られることから，フタル酸であることがわかる。化合物Ｃは酸化するとアルデヒドが生じることから，第一級アルコールであることがわかる。化合物Ａは，Ｂ１分子とＣ２分子から脱水縮合した物質である。

解　説

この添加物は可塑剤といわれるものである。一般に化合物Ａのようなエステルが使われる。Ａの分子式が $C_{16}H_{22}O_4$ であり，Ａを加水分解してできる化合物Ｂの分子式が $C_8H_6O_4$ で，化合物Ｃの分子式が $C_4H_{10}O$ であるから，加水分解の反応は

$$\mathrm{A} + 2\mathrm{H_2O} \longrightarrow \mathrm{B} + 2\mathrm{C}$$

と推定される。Ｂは炭酸水素ナトリウム水溶液に溶解し，ベンゼン環を有するから芳香族カルボン酸である。

また，Ｂを加熱すると H_2O がとれて分子式 $C_8H_4O_3$ の酸無水物が得られることから，Ｂはジカルボン酸のフタル酸とわかる。

Ｃは酸化するとアルデヒドを生じるので，第一級アルコールであり，硫酸による脱水反応により 2-メチルプロペン１種類のみが得られるから，Ｃは次に示す 2-メチル-1-プロパノールとわかる。

$$\begin{array}{c} CH_3 \\ | \\ CH_3-CH-CH_2-OH \end{array}$$

問1 (イソフタル酸の構造式：ベンゼン環の1,3位に COOH)　　$HOOC-C_6H_4-COOH$（パラ位）

イソフタル酸　　テレフタル酸

問2 テレフタル酸とエチレングリコールを縮合重合させると，ポリエチレンテレフタラートが得られる。反応式は次のようになる。

$$nHO-(CH_2)_2-OH + nHOOC-C_6H_4-COOH$$

$$\longrightarrow \left[O-(CH_2)_2-O-\underset{\underset{O}{\|}}{C}-C_6H_4-\underset{\underset{O}{\|}}{C} \right]_n + 2nH_2O$$

問3 アルコールとエーテルは異性体の関係にある。問題文中の3種類の化合物は，$CH_3-O-CH_2-CH_2-CH_3$，$CH_3-CH_2-O-CH_2-CH_3$，$CH_3-O-\underset{\underset{CH_3}{|}}{CH}-CH_3$ であり，

金属ナトリウムと反応しない。

エーテルの沸点は水素結合が存在するアルコールと比べてかなり低くなる。

問4 化合物Aはフタル酸1分子と2-メチル-1-プロパノール2分子を脱水縮合させたものだから

$$C_6H_4(COOH)_2 + 2HO-CH_2-\underset{\underset{CH_3}{|}}{CH}-CH_3 \longrightarrow C_6H_4\left(COO-CH_2-\underset{\underset{CH_3}{|}}{CH}-CH_3\right)_2 + 2H_2O$$

問5 Bの合成反応は

$$\text{ナフタレン} \xrightarrow{(O)} \text{無水フタル酸 } C_6H_4(CO)_2O \xrightarrow{H_2O} C_6H_4(\overset{\overset{O}{\|}}{C}-OH)_2$$

ナフタレン　　無水フタル酸

A 1mol の生成に必要なナフタレンは1mol である。Aの分子量は278 なので

$$\frac{139}{278} = 0.50〔mol〕$$

したがって，必要なナフタレンの質量は $C_{10}H_8 = 128$ より

$$128 \times 0.50 = 64〔g〕$$

また，B 1mol はC 2mol と反応し，A 1mol を生成するので，必要なCの質量は $C_4H_9OH = 74$ であるから　　$74 \times 0.50 \times 2 = 74〔g〕$

86 糖類の性質と構造

（2010年度 3 Ⅱ）

Ⅱ　次の文章を読み，問1～問4に答えよ。

二糖類は2分子の単糖類が脱水縮合した構造をもち，加水分解によって2分子の単糖類を生じる。マルトースは2分子のグルコースが［(a)］結合した二糖類で，マルターゼにより加水分解される。一方，スクロースは，［(b)］により加水分解され，1分子のグルコースと1分子のフルクトースを生じる。

グルコースのように炭素数が6の単糖類を［(c)］という。グルコースは水溶液中で，2種類の六員環構造および鎖状構造の平衡状態にある。一方，フルクトースは，五員環構造と，六員環構造および鎖状構造の間の平衡混合物として存在する。五員環構造をとった単糖類は［(d)］形とよばれる。単糖類は［(e)］によりアルコール発酵を受けて，エタノールと二酸化炭素を生じる。

問1　文章中の［(a)］～［(e)］にあてはまる適切な語句を下の(あ)～(し)から選び，記号で答えよ。

(あ)　ペプチド	(い)　アミド	(う)　グリコシド
(え)　水　素	(お)　インベルターゼ	(か)　セロビアーゼ
(き)　チマーゼ	(く)　ラクターゼ	(け)　ピラノース
(こ)　フラノース	(さ)　ヘキソース	(し)　ペントース

問2　図1はグルコースの水溶液中の平衡状態を示したものである。構造式中の［X］～［Z］にあてはまる原子または原子団を，元素記号を用いて記せ。

α−グルコース　鎖状構造　β−グルコース

図1

問 3 図2に示す二糖類 (A) ～ (D) に関して以下の問に答えよ。

(1) マルトースの立体異性体を (A) ～ (D) から1つ選び，記号で答えよ。

(2) 還元性を示さない二糖類を (A) ～ (D) から1つ選び，記号で答えよ。

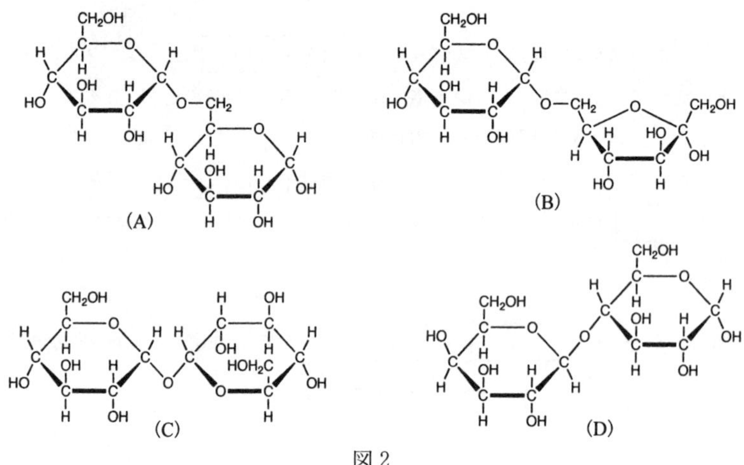

図2

問 4 β-フルクトース(五員環構造)の鏡像異性体を，図3に示す (E) ～ (I) から1つ選び，記号で答えよ。

β−フルクトース

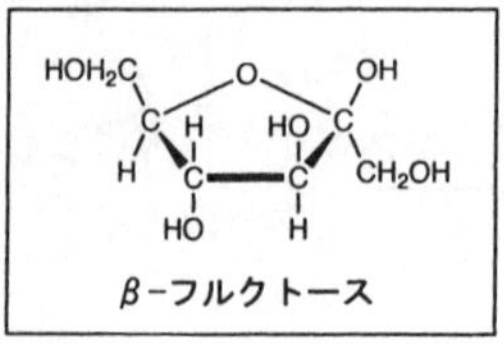

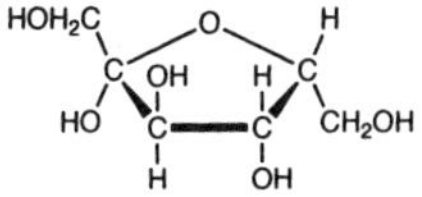

(E) 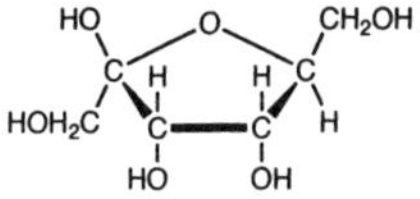　(F) 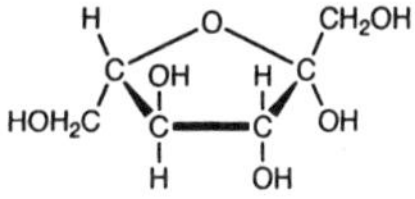　(G)

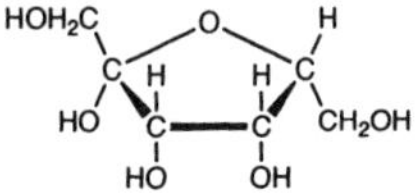

(H) 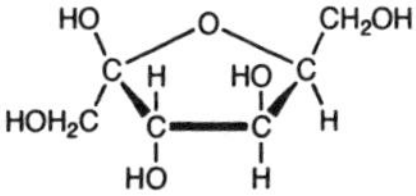　(I)

図3

解 答

問1 (a)―(う) (b)―(お) (c)―(さ) (d)―(こ) (e)―(き)

問2 X：H Y：OH Z：CHO

問3 (1)―(D) (2)―(C)

問4 (G)

ポイント

グルコースのように炭素数が6の単糖類を六炭糖（ヘキソース），リボースのように炭素数が5の単糖類を五炭糖（ペントース）という。また，六員環構造をもつ糖をピラノース，五員環構造をもつ糖をフラノースという。問3・問4はやや難レベルである。立体構造に注意が必要である。

解 説

問1 2分子の単糖類が脱水縮合により二糖類になる。−O−の結合で結びつけられているが，このエーテル結合を特にグリコシド結合という。

マルトースはマルターゼを作用させると2分子のグルコースになる。スクロースはスクラーゼ（またはインベルターゼ）を作用させると，1分子のグルコースと1分子のフルクトースになる。

単糖類は炭素原子の数により次のように分類される。

炭素数6の糖：ヘキソース (例)グルコース，フルクトース

炭素数5の糖：ペントース (例)デオキシリボース

またフルクトースには，五員環構造と六員環構造も存在する。この両者を区別して，五員環構造のものをフラノース，六員環構造のものをピラノースという。

酵素チマーゼによるアルコール発酵の化学反応式は

$$C_6H_{12}O_6 \longrightarrow 2C_2H_5OH + 2CO_2$$

問3 (1) マルトースは，2つのα-グルコースが，1,4-グリコシド結合により縮合して生じたものである。この点から，(A)と(B)は除外される。

次に(C)と(D)を比較すると，(C)は1,1-グリコシド結合で二糖類になっていることがわかる。以上から，(D)が該当することがわかる。

(2) 1位の炭素に−OHが結合しているとアルデヒドになり得る。逆に，その部分がグリコシド結合の形成に使われていると開環せずアルデヒド構造をとれない。そのため還元性を示さない。この条件に合うのは(C)である。1,1-グリコシド結合を形成し，還元性を示さない。トレハロースという二糖類がこの例である。

問4 鏡を介する実像と鏡像の関係にある化合物を，互いに鏡像異性体であるという。2位の炭素の結合に注目すると，(G)が鏡像異性体とわかる。

87 糖，アミノ酸

（2009年度 ③ Ⅱ）

必要があれば次の数値を用いよ。
原子量：H＝1.0，C＝12，N＝14，O＝16

Ⅱ　次の文章を読み，問1～問5に答えよ。

化合物Aは，生物の細胞の表面に分布して細胞どうしの認識などに重要な役割を果たしている高分子化合物Bの構成成分である。Bは［(a)］タンパク質に分類される。Aの糖部分では，β-グルコースのヒドロキシ基の1つがアセトアミド基($-NH-CO-CH_3$)に置き換わった単糖2分子が縮合して［(b)］結合を形成している。

Aを塩酸中で加熱して完全に加水分解したところ，1種類の糖C，3種類のα-アミノ酸D，E，Fのほかに，アンモニアと弱酸である［(c)］が生成した。Cにニンヒドリン水溶液を加えて加熱すると，液が赤紫色になった。(1) また，Cにフェーリング液を加え加熱したところ，［(ア)］。次に，Dの水溶液に濃硝酸を加えて加熱すると，液は黄色になった。なお，Dは酸性を示す官能基を側鎖に含む。Eの元素分析を行ったところ，質量百分率で炭素34.3％，水素6.7％，窒素13.3％，硫黄0％とわかった。Fは，総電荷が0となるpHを示す［(d)］が2.77であった。

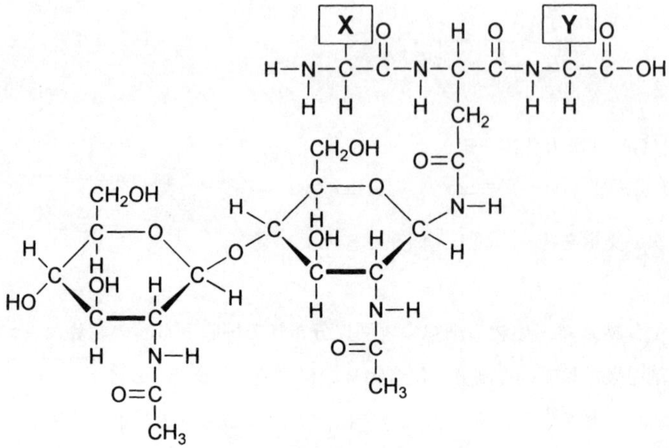

化合物 A

問 1　文章中の〔(a)〕～〔(d)〕にあてはまる適切な語句または化合物名を記せ。

問 2　下線部(1)の変化が生じるのは C のどの官能基によるか，官能基名を記せ。

問 3　文章中の〔(ア)〕に入る現象を(あ)～(お)の中から選び，記号で答えよ。また，理由を 20 字以上 30 字以内で記せ。

(あ)　何も変化は起こらなかった　　(い)　赤色沈殿が生じた

(う)　液が青紫色になった　　(え)　黒色沈殿が生じた

(お)　銀が析出した

問 4　A の構造式中の〔X〕，〔Y〕にあてはまる置換基を(あ)～(こ)の中から選び，記号で答えよ。ただし，〔X〕と〔Y〕を区別する必要はない。

(あ)　$-CH_2-OH$　　(い)　$-CH_2-CH_2-COOH$　　(う)　$-(CH_2)_4-NH_2$

(え) $-\overset{\displaystyle OH}{\overset{|}{C}}H-CH_3$　　(お) 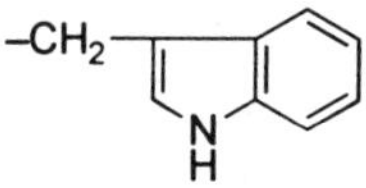 $-CH_2-$（3-インドリル基：インドール環の3位に結合）　　(か) $-CH_3$

(き) $-CH_2-SH$　　(く) 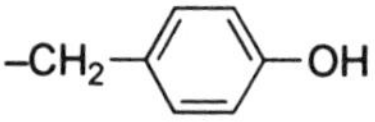 $-CH_2-C_6H_4-OH$（p-ヒドロキシフェニル基）　　(け) $-CH_2-\overset{\displaystyle O}{\overset{||}{C}}-NH_2$

(こ) 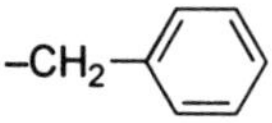 $-CH_2-C_6H_5$

問 5　pH 5の緩衝液中でD，E，Fの混合物を電気泳動させた場合に，もっとも陽極側に移動するものの記号を記せ。

解 答

問1 (a)複合 (b)グリコシド (c)酢酸 (d)等電点

問2 アミノ基

問3 記号：(い)

理由：Cの一部が水溶液中で鎖状構造をとりアルデヒド基を生じるため。

(20字以上30字以内)

問4 (あ)・(く)

問5 F

ポイント

化合物Aを加水分解して，アンモニアができる過程が難しい。糖が1種類しかできないところから考察しよう。(c)の生成物に関しては，Aにアセチル基があることに気づきたい。問5は，Fの等電点がpH＝2.77であることがヒントになる。pH＝5の緩衝液中でどのようなイオンになるかに注目する。

解 説

問1 (a) タンパク質は，加水分解をしたときにアミノ酸だけを生じる単純タンパク質と，アミノ酸のほかに糖やリン酸なども生じる複合タンパク質に分類される。

(b) 2分子の単糖が，1位の −OH と4位の −OH で脱水縮合によってグリコシド結合を形成している。

(c) −NH−CO− のアミド結合およびペプチド結合の部分が加水分解される。また糖のグリコシド結合も同時に加水分解される。糖構造の部分に注目すると，$-NH-CO-CH_3$ の部分があり，ここが加水分解されて，$-NH_2$ と CH_3COOH になる。

(d) 総電荷が0となっているので，等電点といえる。

問2 化合物Aの加水分解によって次の2種類の糖が生じると考えられる。

CH_2OH, C, O, H, H, OH, C, HO, OH, H, C, C, H, H, NH_2

糖C

CH_2OH, C, O, H, H, NH_2, C, HO, OH, H, C, C, H, H, NH_2

糖C′

糖C′は開環した後，さらに加水分解し，糖Cとなる。

糖 C′ —開環→

```
        CH2OH
          |
          C───OH
   H     /|          NH
    \   / H          //
     C  OH    H     C
    /  \|     |   /  \
  HO    C ━━ C       H
        |     |
        H    NH2
```

—加水分解→

```
        CH2OH
          |
          C─OH
   H     /|     HO   NH2
    \   / H       \ /
     C  OH    H    C
    /  \|     |  /  \
  HO    C ━━ C      H
        |     |
        H    NH2
```

→

```
        CH2OH
          |
          C───OH
   H     /|          O
    \   / H          //
     C  OH    H     C
    /  \|     |   /  \
  HO    C ━━ C       H
        |     |
        H    NH2
```

$+ NH_3$ → 糖 C

ニンヒドリン反応は，一般的にアミノ酸の検出に用いられ，ニンヒドリン中の $-OH$ とアミノ酸中のアミノ基の反応でおこる。この糖Cは $-NH_2$ をもつためニンヒドリン反応を示す。

問3　環状構造の糖が開環して鎖状構造をとり，$-CHO$ をもつため，フェーリング液を還元し，Cu_2O 酸化銅(Ⅰ)の赤色沈殿を生じる。

問4　3種類のアミノ酸は

```
     X  O              H  O                 Y  O
     |  ||             |  ||                |  ||
H2N─C─C─OH       H2N─C─C─OH         H2N─C─C─OH
     |                 |                    |
     H                 CH2─COOH             H
    (1)               (2)                  (3)
```

Fは酸性アミノ酸で等電点が pH＝2.77 であるから(2)と決まる。

Dはキサントプロテイン反応をおこすのでベンゼン環をもつ。さらに，酸性を示す官能基を側鎖に含むので，フェノール性ヒドロキシ基の存在が考えられる。

Eは，元素分析値から

$$C:H:N:O=\frac{34.3}{12}:\frac{6.7}{1.0}:\frac{13.3}{14}:\frac{45.7}{16}=2.86:6.7:0.95:2.86$$

$$\fallingdotseq 3:7:1:3$$

組成式は，$C_3H_7NO_3$ となる。これが分子式と一致するので，Eは

```
          H  O
          |  ||
HO─CH2─C─C─OH
          |
          NH2
```

と考えられる。

以上から，X，Yにあてはまる置換基が決定できる。

問5　D：$HO-C_6H_4-CH(NH_2)-COOH$　　E：$HO-CH_2-CH(NH_2)-COOH$

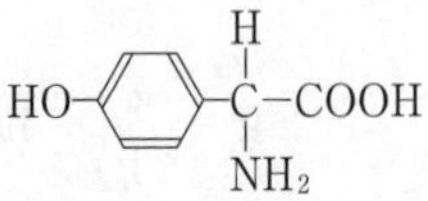

F：$H_2N-CH(CH_2COOH)-COOH$

$$
\begin{array}{l}
\qquad\quad H \\
\qquad\quad | \\
H_2N-C-COOH \\
\qquad\quad | \\
\qquad\quad CH_2 \\
\qquad\quad | \\
\qquad\quad COOH
\end{array}
$$

pH＝5の緩衝溶液中で，Fはどういうイオンの状態になっているかを考えればよい。等電点（pH＝2.77）では

$$
\begin{array}{l}
HOOC-CH_2-CH-COO^- \\
\qquad\qquad\qquad\ | \\
\qquad\qquad\qquad NH_3^+
\end{array}
$$

の双性イオンが主に存在する。これにアルカリを加え，pH＝5程度にすると

$$
\begin{array}{l}
{}^-OOC-CH_2-CH-COO^- \\
\qquad\qquad\qquad\ | \\
\qquad\qquad\qquad NH_3^+
\end{array}
$$

つまり，陰イオンが主に存在するようになる。このため電気泳動の実験を行うと，陽極側に移動する。なお，DとEの等電点はともにpH＝5.7で，双性イオンが主に存在する。

88 天然高分子化合物，糖，発酵

（2008年度［3］Ⅱ）

必要があれば次の数値を用いよ。
原子量：H＝1.0，C＝12.0，O＝16.0

Ⅱ　次の文章を読み，問1～問4に答えよ。

セルロースは植物により作られる天然高分子化合物で，$(C_6H_{10}O_5)_n$ の分子式で示される。セルロースは［(あ)］単位が直鎖状に連なった構造をもつ。セルロースは酵素により二糖類に分解され，さらに別の酵素により単糖である［(a)］へ分解される。

一方，デンプンは，［(い)］単位で構成され，直鎖状の［(b)］と枝分かれのある［(c)］の二種類の成分を含む。デンプンは［(d)］という酵素により二糖類である［(e)］に分解され，さらに［(f)］という酵素で［(a)］へ分解される。［(a)］は別の酵素の働きによりエタノールと二酸化炭素に分解される。

問1　文中の［(a)］～［(f)］にあてはまる物質名を記せ。

問2　文中の［(あ)］，［(い)］にもっとも適する語句を下から選び，記号で答えよ。

(ア)　α-グルコース　　(イ)　β-フルクトース
(ウ)　β-ガラクトース　　(エ)　β-グルコース
(オ)　ε-カプロラクタム　　(カ)　α-アミノ酸

問3　［(a)］からエタノールを生成する反応式を記入例にならって記せ。

（記入例）

$$2C_3H_7OH \longrightarrow C_3H_7-O-C_3H_7 + H_2O$$

問4　セルロースから［(a)］を経てエタノールを生成する反応が完全に進

行した場合，324 g のセルロースから得られるエタノールは何グラムか。
有効数字 3 桁で答えよ。

解　答

問1　ⓐグルコース　ⓑアミロース　ⓒアミロペクチン　ⓓアミラーゼ
ⓔマルトース　ⓕマルターゼ

問2　(あ)―(エ)　(い)―(ア)

問3　$C_6H_{12}O_6 \longrightarrow 2C_2H_5OH + 2CO_2$

問4　184 g

ポイント

糖に関する基本的な問題である。分類や，酵素を用いた加水分解は，きちんと整理しておく必要がある。

解　説

問1　デンプンは，直鎖構造をもつアミロースと枝分かれした構造をもつアミロペクチンの二種類の成分を含む。セルロースとデンプンは代表的天然高分子化合物で，多糖類に分類される。いずれも酵素により最終的にはグルコースまで分解される。酵素名とそのはたらきについて理解しておく必要がある。

セルロースの加水分解：

$$\underset{\text{セルロース}}{(C_6H_{10}O_5)_n} \xrightarrow{\text{セルラーゼ}} \underset{\text{セロビオース}}{C_{12}H_{22}O_{11}} \xrightarrow{\text{セロビアーゼ}} \underset{\text{グルコース}}{C_6H_{12}O_6}$$

デンプンの加水分解：

$$\underset{\text{デンプン}}{(C_6H_{10}O_5)_n} \xrightarrow{\text{アミラーゼ}} \underset{\text{マルトース}}{C_{12}H_{22}O_{11}} \xrightarrow{\text{マルターゼ}} \underset{\text{グルコース}}{C_6H_{12}O_6}$$

問2　デンプンは，α-グルコースが縮合重合して高分子化した構造をもち，セルロースは，β-グルコースが縮合重合して高分子化した構造をもつ。

問3　グルコースは，チマーゼのはたらきでアルコール発酵し，エタノールと二酸化炭素に分解される。

問4　セルロース（$(C_6H_{10}O_5)_n$）（分子量 162.0n）1 mol を加水分解すると，グルコース $C_6H_{12}O_6$ が n mol 生じる。

また，$C_6H_{12}O_6$ 1 mol から C_2H_5OH 2 mol を生じるので，セルロース 1 mol からエタノール（分子量 46.0）2n mol を生じる。したがって，324 g のセルロースから得られるエタノールは

$$\frac{324}{162.0n} \times 2n \times 46.0 = 184〔\text{g}〕$$

年度別出題リスト

年度	大問	中問	問題番号	章	ページ
2022	1	Ⅰ	1	第１章　物質の構造・状態	18
	1	Ⅱ	2	第１章　物質の構造・状態	23
	2	Ⅰ	46	第３章　無機物質	214
	2	Ⅱ	47	第３章　無機物質	220
	3	Ⅰ	59	第４章　有機化合物	272
	3	Ⅱ	73	第５章　高分子化合物	336
2021	1	Ⅰ	22	第２章　物質の変化	106
	1	Ⅱ	23	第２章　物質の変化	111
	2	Ⅰ	3	第１章　物質の構造・状態	28
	2	Ⅱ	48	第３章　無機物質	224
	3	Ⅰ	60	第４章　有機化合物	277
	3	Ⅱ	74	第５章　高分子化合物	342
2020	1	Ⅰ	4	第１章　物質の構造・状態	32
	1	Ⅱ	5	第１章　物質の構造・状態	37
	2	Ⅰ	6	第１章　物質の構造・状態	42
	2	Ⅱ	49	第３章　無機物質	229
	3	Ⅰ	61	第４章　有機化合物	282
	3	Ⅱ	75	第５章　高分子化合物	347
2019	1	Ⅰ	7	第１章　物質の構造・状態	46
	1	Ⅱ	24	第２章　物質の変化	116
	2	Ⅰ	50	第３章　無機物質	233
	2	Ⅱ	25	第２章　物質の変化	121
	3	Ⅰ	62	第４章　有機化合物	287
	3	Ⅱ	76	第５章　高分子化合物	351
2018	1	Ⅰ	8	第１章　物質の構造・状態	50
	1	Ⅱ	26	第２章　物質の変化	126
	2	Ⅰ	9	第１章　物質の構造・状態	53
	2	Ⅱ	10	第１章　物質の構造・状態	58
	3	Ⅰ	63	第４章　有機化合物	292
	3	Ⅱ	77	第５章　高分子化合物	357
2017	1	Ⅰ	27	第２章　物質の変化	131
	1	Ⅱ	28	第２章　物質の変化	136
	2	Ⅰ	51	第３章　無機物質	239
	2	Ⅱ	29	第２章　物質の変化	141
	3	Ⅰ	64	第４章　有機化合物	298
	3	Ⅱ	78	第５章　高分子化合物	361
2016	1	Ⅰ	30	第２章　物質の変化	146
	1	Ⅱ	11	第１章　物質の構造・状態	61
	2	Ⅰ	52	第３章　無機物質	244
	2	Ⅱ	12	第１章　物質の構造・状態	66
	3	Ⅰ	65	第４章　有機化合物	303
	3	Ⅱ	79	第５章　高分子化合物	366

年度	大問	中問	問題番号	章	ページ
2015	1		31	第2章　物質の変化	152
	2	Ⅰ	53	第3章　無機物質	249
	2	Ⅱ	13	第1章　物質の構造・状態	69
	3	Ⅰ	66	第4章　有機化合物	306
	3	Ⅱ	80	第5章　高分子化合物	370
2014	1	Ⅰ	14	第1章　物質の構造・状態	73
	1	Ⅱ	15	第1章　物質の構造・状態	76
	2	Ⅰ	32	第2章　物質の変化	157
	2	Ⅱ	33	第2章　物質の変化	162
	3	Ⅰ	67	第4章　有機化合物	310
	3	Ⅱ	81	第5章　高分子化合物	374
2013	1	Ⅰ	34	第2章　物質の変化	166
	1	Ⅱ	35	第2章　物質の変化	169
	2	Ⅰ	54	第3章　無機物質	252
	2	Ⅱ	55	第3章　無機物質	256
	3	Ⅰ	82	第5章　高分子化合物	380
	3	Ⅱ	68	第4章　有機化合物	315
2012	1	Ⅰ	16	第1章　物質の構造・状態	81
	1	Ⅱ	36	第2章　物質の変化	173
	2	Ⅰ	56	第3章　無機物質	260
	2	Ⅱ	37	第2章　物質の変化	176
	3	Ⅰ	69	第4章　有機化合物	319
	3	Ⅱ	83	第5章　高分子化合物	385
2011	1	Ⅰ	17	第1章　物質の構造・状態	85
	1	Ⅱ	38	第2章　物質の変化	179
	2	Ⅰ	57	第3章　無機物質	264
	2	Ⅱ	39	第2章　物質の変化	182
	3	Ⅰ	70	第4章　有機化合物	323
	3	Ⅱ	84	第5章　高分子化合物	390
2010	1	Ⅰ	18	第1章　物質の構造・状態	89
	1	Ⅱ	40	第2章　物質の変化	186
	2	Ⅰ	58	第3章　無機物質	268
	2	Ⅱ	41	第2章　物質の変化	191
	3	Ⅰ	85	第5章　高分子化合物	393
	3	Ⅱ	86	第5章　高分子化合物	397
2009	1		42	第2章　物質の変化	195
	2	Ⅰ	19	第1章　物質の構造・状態	94
	2	Ⅱ	43	第2章　物質の変化	200
	3	Ⅰ	71	第4章　有機化合物	327
	3	Ⅱ	87	第5章　高分子化合物	401
2008	1	Ⅰ	44	第2章　物質の変化	205
	1	Ⅱ	20	第1章　物質の構造・状態	97
	2	Ⅰ	45	第2章　物質の変化	209
	2	Ⅱ	21	第1章　物質の構造・状態	101
	3	Ⅰ	72	第4章　有機化合物	330
	3	Ⅱ	88	第5章　高分子化合物	407

MEMO

MEMO

MEMO

MEMO